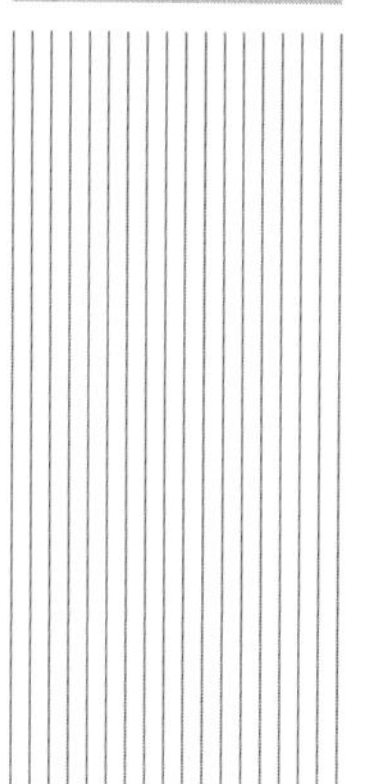

"十四五"时期
国家重点出版物出版专项规划项目

航天先进技术研究与应用系列

王子才　总主编

空天智能结构系统设计及控制

Design and Control of Aerospace Smart Structronic Systems

岳洪浩　陆一凡　陈　纲　著

哈爾濱工業大學出版社
HARBIN INSTITUTE OF TECHNOLOGY PRESS

内容简介

本书概述了智能结构系统的特点、分类和发展现状，重点介绍了智能结构系统在航空航天领域的应用。书中详细介绍了基于压电材料、光电材料、形状记忆材料等多种空天智能结构系统的设计理论与控制方法，围绕智能结构系统在形状主动控制、振动主动控制、刚度主动控制、精密微驱动、能量采集等方向的应用进行了阐述。

本书面向航空航天领域的科研工作者，同时可供航空宇航科学与技术、机械工程等相关专业的高等院校师生参考。

图书在版编目(CIP)数据

空天智能结构系统设计及控制/岳洪浩，陆一凡，陈纲著. —哈尔滨：哈尔滨工业大学出版社，2022.1
(航天先进技术研究与应用系列)
ISBN 978－7－5603－8815－1

Ⅰ.①空… Ⅱ.①岳… ②陆… ③陈… Ⅲ.①航空航天工业-智能结构 Ⅳ.①V1

中国版本图书馆 CIP 数据核字(2020)第 087477 号

空天智能结构系统设计及控制
KONGTIAN ZHINENG JIEGOU XITONG SHEJI JI KONGZHI

策划编辑 张 荣
责任编辑 周一瞳 谢晓彤 鹿 峰 陈雪巍
出 版 哈尔滨工业大学出版社
社 址 哈尔滨市南岗区复华四道街 10 号 邮编 150006
传 真 0451-86414749
网 址 http://hitpress.hit.edu.cn
印 刷 哈尔滨市工大节能印刷厂
开 本 710 mm×1 000 mm 1/16 印张 15.5 字数 304 千字
版 次 2022 年 1 月第 1 版 2022 年 1 月第 1 次印刷
书 号 ISBN 978－7－5603－8815－1
定 价 88.00 元

前言

随着航空航天技术的不断进步和空天应用对各类结构性能需求的不断提高，空天智能结构系统的研究已经成为航空航天领域的研究重点之一，也被公认为21世纪的关键工程技术之一。本书在国内外已有的智能结构系统的研究和应用基础上，概述了空天智能结构系统的特点、分类、发展方向和应用前景，详细介绍了多种不同类型的空天智能结构系统的设计理论与控制方法。

全书共8章：第1章概述了智能材料、智能结构和智能结构系统空天应用；第2章介绍了压电智能薄膜反射镜面型主动控制；第3章介绍了压电智能柔性抛物壳振动主动控制；第4章介绍了形状记忆合金智能结构刚度主动控制；第5章介绍了基于PLZT光电效应的月尘主动清除技术；第6章介绍了PLZT陶瓷光控微镜的驱动与控制；第7章介绍了轴向预压缩压电双晶片大位移变形作动器；第8章介绍了压电流体俘能器。

本书主要由岳洪浩、陆一凡、陈纲撰写，其余参与撰写人员均为从事空天智能结构与系统研究的科研人员，具体分工如下：第1章由陈纲撰写；第2章由陆一凡撰写；第3章由岳洪浩撰写；第4章由王雷、陈纲撰写；第5章由姜晶、岳洪浩撰写；第6章由王新杰、岳洪浩撰写；第7章由胡凯明、陆一凡撰写；第8章由李华、陆一凡撰写。岳洪浩和陆一凡对全书进行了统稿。

邓宗全院士与邹鸿生教授开创了作者所在团队的空天智能结构系统研究方向，在全书的撰写过程中给出了指导性的意见和建议，并对全书进行了审读，在此表示特别感谢。邵琦、张荣茹、赵宏跃、严晓腾、汪豪蒂、陆飞、王双双等参加了相关资料的整理、文字的校核与图表绘制工作，在此表示感谢。

本书相关的研究工作得到了国家自然科学基金项目（50705017、51175103、11102182、51205205、51405105、51575125、51675282、51875115、52005125）的资助，所采用的 PLZT 陶瓷作动器实验样本由中国科学院上海硅酸盐研究所提供，特此对国家自然科学基金委和各项目资助单位表示衷心感谢。

限于作者水平，书中难免存在不足之处，恳请读者批评指正。

作　者

2021 年 10 月

目录

第1章 绪论

材料是人类用于制造物品、器件、构件、机器或其他产品的物质,是人类生活和生产的基础,是人类认识自然和改造自然的工具。任何工程技术都离不开材料的设计和制造工艺,因此材料的发展也促进着文明的发展和技术的进步。从人类出现到21世纪的今天,材料大致经历了五个阶段:使用纯天然材料的初级阶段、人类单纯利用火制造材料的阶段、利用物理与化学原理合成材料的阶段、材料的复合化阶段和材料的智能化阶段。

自然界中的材料往往具有自适应性和自修复的功能,但人工材料目前还不能做到这一点。因此,材料的智能化是当今材料发展的大势所在。目前,人类研制出的一些材料已具备自然界材料的部分功能,如最受瞩目的形状记忆合金、光致变色玻璃等。在航空航天领域中,材料的智能化是使材料具有连接、感知、自诊断、自修复的功能,使其可以在外界高温差、强振动等复杂的环境中有效提升服役航空航天器结构的安全性能。

1.1 智能材料

智能材料是指具有感知环境(包括内环境和外环境)刺激的能力,能够对其进行分析、处理、判断,并采取一定的措施进行适当响应的含智能特征的材料。智能材料也称敏感材料,一般由传感器或敏感元件等与传统材料结合而成。

1.1.1 智能材料的分类

智能材料在功能上需具备感知、驱动和控制三个基本要素，单一材料往往无法满足要求。因此，一般由两种或者两种以上的材料复合构成一个智能材料系统。

1. 按照自身结构组成划分

按照自身结构组成，智能材料可分为以下几种。

(1) 嵌入式智能材料。

嵌入式智能材料是指在基体材料中嵌入具有传感、处理和执行功能的三种原始材料。传感元件采集和检测外界环境给予的信息，处理后的信号反馈给处理器以实现对驱动元件指挥和激励，使智能材料执行相应的动作。

(2) 自身型智能材料。

自身型智能材料微观结构本身就具有智能功能，能够随着环境和时间的变化改变自己的性能，如自滤玻璃和受辐射时性能自衰减的 InP 半导体等。

2. 按照在系统中的功能属性划分

按照在系统中的功能属性，智能材料可以分为以下几种。

(1) 基体材料。

基体材料担负着承载的作用，一般选用轻质材料。

(2) 敏感材料。

敏感材料担负着传感的任务，主要作用是感知环境变化(包括压力、应力、温度、电磁场、pH 等)。

(3) 驱动材料。

驱动材料承担响应和控制的任务，在一定条件下可产生较大的应变和应力。

(4) 其他功能材料。

其他功能材料包括导电材料、磁性材料、光纤和半导体材料等。

3. 按照智能材料的“智能”特性划分

按照智能材料的“智能”特性，智能材料也可以分为光导纤维(简称光纤)、形状记忆合金、形状记忆聚合物、压电材料、挠电材料、光电材料、电(磁)流变体和电(磁)致伸缩材料等。

1.1.2 典型智能材料介绍

目前，智能材料已经在土木、建筑、工业、医疗、航天等诸多领域得到了广泛应用，有些智能材料的发展已经逐渐形成了体系，包括光纤、形状记忆材料、压电

材料等。本节将对几种典型智能材料进行简要介绍。

(1) 光纤。

光纤是光导纤维的简称,是一种利用光在玻璃或塑料制成的纤维中的全反射原理制成的光传导工具。由于光在光导纤维中的传导损耗比电线传导低得多,因此光纤常用于长距离的信息传输。光纤按传输模式可分为多模光纤和单模光纤;按最佳传输频率窗口可分为常规型单模光纤和色散位移型单模光纤;按折射率分布情况可分为突变型光纤和渐变型光纤。光纤在传输过程中具有频带宽、损耗低、抗干扰能力强、保真度高、成本低等特点。

(2) 形状记忆材料。

具有一定初始形状的固体材料,在某一较低温度下经历塑性变形后,通过升高温度到材料的某一临界温度以上,材料可以恢复到塑性变形前的初始形状,则称具有形状记忆效应。具有形状记忆效应的材料称为形状记忆材料。形状记忆材料又可分为形状记忆合金及形状记忆聚合物,其集感知和驱动功能于一体,已经成为备受瞩目的新型智能材料。目前,形状记忆合金已经广泛应用于机器人和自动控制系统、仪器仪表、医疗设备、人造卫星及天线等领域。近年来,在高分子聚合物、陶瓷材料、超导材料中也发现了形状记忆效应,并且在性能上各具特色,进一步促进了形状记忆材料的发展和应用。

(3) 压电材料。

压电材料是一种可以因机械变形产生电场,也可以因电场作用产生机械变形的具有固有机电耦合效应的智能材料。利用压电材料的这种特性可实现机械振动(声波)信号和电信号的互相转换。因此,压电材料广泛用于传感器元件中,如地震传感器,力、速度和加速度的测量元件以及电声传感器等。此外,压电材料还可以承受复杂的高温环境,除具有自承载能力外,还具有自诊断性、自适应性和自修复性等功能,因此在飞行器设计中占有重要的地位。

(4) 铁磁材料。

铁磁材料是一种具有磁致伸缩效应,可以用于实现机械能与磁能相互转化的智能材料。铁磁材料又可以分为易磁化、易去磁的软磁材料,不易磁化也不易去磁的硬磁材料,以及磁滞回线接近矩形的矩磁材料。软磁材料常用于制作电动机等电器的铁芯和高频磁路中的磁芯;硬磁材料主要用于制作各式永磁铁;矩磁材料则主要用于制作记忆元件,如电子计算机中储存器的磁芯。

(5) 电流变液材料。

电流变液材料是一种典型的常用电流变体材料,是由高介电常数、低导电率的电介质颗粒分散于低介电常数的绝缘液体中形成的悬浮体系。它可以快速对电场做出反应,且反应可逆。当电流变液材料受到电场作用时,其黏度急剧增大,屈服强度成倍增加,表现为类似固体的性质;而当撤除外加电场时,流体又恢复到原来的流动性质。并且,这种流体与固体性质的转换是无级可逆、可控的,响应时间仅为毫秒级,转换所需能耗很低。

1.2 智能结构

20 世纪 80 年代,美国军方为提高其飞行器的性能,首先提出了“智能结构”的概念。所谓智能结构,就是一种能够感知周围环境变化,并针对这些变化做出适当反应,即具有智能化自适应调节能力的主动结构。它由连接或埋入的智能材料感测、控制单元及常规弹性结构组成,感测单元获取系统的特定信息,经过处理后再通过控制单元实现主动控制。

1.2.1 智能结构的分类

智能结构的特点是将智能材料与传统结构结合,使之具有自感知、自诊断、自驱动、自修复等智能化的功能属性。因此,可以按照智能结构具有的特殊功能进行分类。

1. 自诊断智能结构

(1) 埋入光纤的复合材料结构。

基于光纤传感器的结构健康监测方法是利用光纤测得应变场变化,以此来表征结构损伤以及载荷等情况。常用的光纤传感器是光栅光纤传感器。布拉格光栅光纤传感器(FBG) 是光栅光纤传感器最为典型的一种,具有轻质微小、测量精度高、响应时间短、抗干扰能力强、远程感应等优点。 美国国家航空航天局(National Aeronautics and Space Administration,NASA)在 X - 33 计划中安装了测量应变和温度的光栅光纤传感网络,将其用于准分布式应变和氢浓度的测量,欧洲航天局(European Space Agency,ESA) 也将其作为重点光纤传感器研究。图 1.1 所示为 X - 33 航天飞机及其光纤传感系统,图 1.2 所示为复合材料机翼加载条件下状态感知结果[1]。

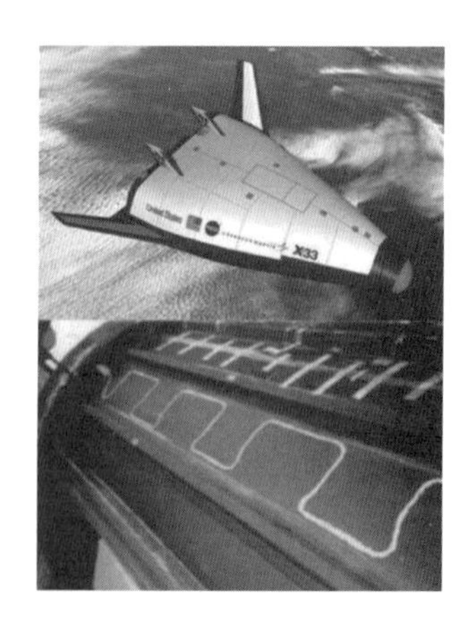

图 1.1　X - 33 航天飞机及其光纤传感系统

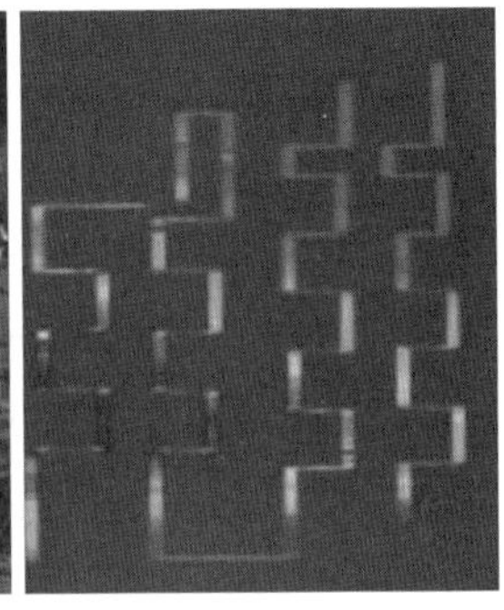

图1.2 复合材料机翼加载条件下状态感知结果

(2) 集成声发射监测系统的复合材料结构。

材料中局域源快速释放能量产生瞬态弹性应力波的现象称为声发射(Acoustic Emission,AE)。这些瞬态弹性应力波信号微弱,超出人耳听觉范围,因此必须借助先进的设备进行检测。声发射具有动态检验、适用于复杂构件、监测范围大、敏感性高等优点,广泛应用于航空航天领域,尤其是复合材料的监测。声发射可对活性缺陷(晶体材料塑性变形、断裂和复合材料基体开裂、纤维和基体脱开、纤维拔出、纤维断裂和纤维松弛等)随载荷、时间、温度等外变量而变化的实时或连续信息进行监测。图1.3所示为声发射监测技术在航空航天曲面蜂窝夹层板上的健康监测应用。

图1.3 声发射监测技术在航空航天曲面蜂窝夹层板上的健康监测应用

声发射自诊断智能结构发展较为成熟,但是在结构的功能性和可靠性方面仍需要继续开发研究,进一步开发声发射信号处理分析技术和神经网络模式识别技术。

(3) 集成超声导波监测系统的复合材料结构。

超声导波监测法传播距离远,且易与结构集成实现在线实时监测,是目前国际结构健康监测技术的研究热点和前沿技术。超声导波监测利用激发传感器在结构中激发超声导波，导波在结构中进行传播，由接收传感器对导波信号进行接收，再通过对接收到的信号进行处理分析得到结构的在线状态。超声导波具有监测面积大、效率高、可检测多种损伤类型、可离线或在线监测等优点，不仅可以用于监测结构中的腐蚀、疲劳损伤和裂纹损伤，监测螺栓松动等连接状态，还可以监测胶层破坏和脱粘。超声导波自诊断智能结构对微小裂纹的损伤十分敏感，因此可以监测材料的疲劳裂纹、脱粘、腐蚀等损伤。但是传感器布置的离散性使得监测系统对结构响应的提取具有一定程度的非均一性，导波对环境的变化也比较敏感，因此尚需开发适当的损伤诊断技术。

2. 自修复智能结构

复合材料在航空航天领域中的应用日益增多，而飞行器在使用期限内使用和维护费用高昂，达整个制造材料耗费的50%。复合材料本身的二维平面结构决定了其抗冲击损伤性能差，飞行器在使用过程中经受的不利天气条件、降落过程中石头或者岩石对龙骨的冲击、维修时偶然触碰及鸟击等影响会破坏复合材料完整性，在内部微观层面型呈厚度方向(损伤容限能力最低)上的微裂纹和纤维与基体的分层。微裂纹一方面会联合扩展，另一方面还提供了污染物进入结构内部的通道，大大降低了结构承载能力，影响其使用寿命。为解决材料内部微裂纹难修复的问题，同时受生物体损伤自愈合机理的启发，自修复智能结构应运而生，成为目前研究的热点。自修复智能结构能够对遭受冲击损伤和疲劳破坏的结构进行自行判断，处理发生损伤的部位并恢复其性能，还可以减少航空航天领域复合材料结构在损伤容限设计时增加的低效结构，使结构更加轻质高效，具有高强度、高韧性、自修复过程相对容易、成本低廉、维护费用较少、提高产品安全性、延长产品使用寿命及维护能力等特点，大大降低了维修和检测等相关成本。但是目前对自修复结构的可靠性和极端环境的研究较少，自修复结构的实际应用较少，需要加强这些方面的研究。

3. 主动减振降噪智能结构

国内外飞行器出现过多起由振动和噪声引起的疲劳损伤现象，因此飞行器减振降噪技术的研究非常重要。F/A-18飞机飞行时间不超过1 000 h就产生了后机身段的振动疲劳损伤。对于该型号飞机的振动问题，包括美国在内的多个国家开展了减振研究，主要是利用压电主动控制技术减少振动问题的产生，通过优化压电作动器配置来控制垂尾的振动，并通过实验测试了其应力应变状态。实验表明，对垂尾振动进行有效控制后，尾翼根部应变得到有效的控制。F/A-18飞机垂尾振动压电主动控制如图1.4所示[2]。

图 1.4 F/A－18 飞机垂尾振动压电主动控制

德国航空航天中心针对 ARIANE 5 运载火箭开发了一种代替传统适配器的主动有效载荷适配器(图 1.5)[3]。该适配器的作用是将火箭有效载荷中的振动隔离开,主要隔振类型包括升压器点火、增压器压力、振荡以及助推器分离等,可以在低频段内有效改善航天器载荷环境。

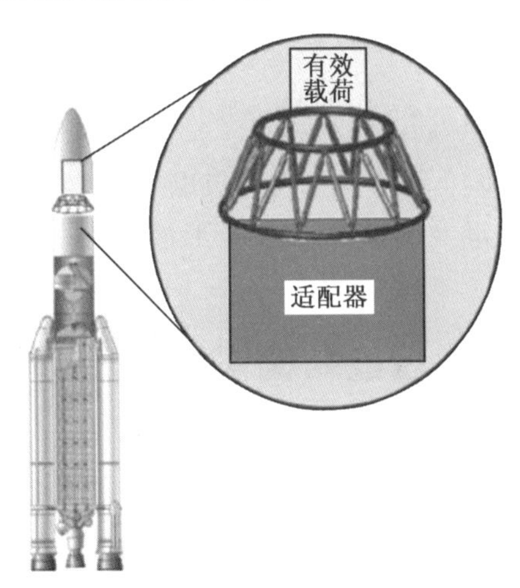

图 1.5 主动有效载荷适配器在 ARIANE 5 中安装

1.2.2 智能结构研究范围

智能结构研究涉及材料学、化学、力学、生物学、微电子技术、分子电子技术、计算机、自动控制、人工智能等多学科与技术,是多学科交叉的研究领域,因此其研究范围十分广泛,涉及的学科领域众多。当前的智能结构研究主要包括如下方面。

1. 传感器和驱动器材料研究

传感器和驱动器材料研究主要是对新型传感器和驱动器材料的研究，是智能材料和结构的基础，其研究进展很大程度上决定了智能结构的实用化进程。目前广泛应用的智能传感和驱动材料主要有电流变阻尼器、磁流变阻尼器、压电材料、形状记忆合金材料、磁致伸缩材料及磁电驱动器等。

2. 智能结构系统设计和模拟

智能结构系统设计和模拟包括智能材料与结构的优化设计、智能结构分析和性能模拟技术、传感器优化布局、驱动器优化铺放等。

3. 信号处理方法及高速中央处理器

信号处理方法及高速中央处理器包括神经网络、强化学习、小波分析等人工智能信号处理技术以及高速并行处理芯片的研究。

4. 智能材料和系统集成制造技术

智能材料和系统集成制造技术包括智能材料传感器、驱动器的置入技术、组装及自动化生产技术。

5. 智能结构系统应用研究

智能结构系统应用研究包括复合材料成型工艺在线监控技术、智能结构健康监测系统、智能结构振动及其主动控制、变形智能结构、智能蒙皮结构等。

1.3 智能结构系统空天应用

近年来，随着航空航天技术的不断进步，空天应用对各类结构的性能需求不断提高，也促进了空天智能结构系统的产生与发展[4]。前面已经介绍了智能材料与智能结构的概念，利用智能材料可以构成智能结构，而智能结构可以组成智能结构系统。换言之，智能结构系统可视为一个或多个智能结构与数据采集系统、数据通信传输系统、数据处理分析系统等组成的系统的集合[5]。在智能结构系统形成过程中，智能材料作为传感器和驱动器，保证整个结构具有连接、感知、自诊断、自修复等功能，帮助结构更好地适应外界的环境和变化，从而提升整个航空航天结构的性能[6]。当前对智能结构系统的研究已经成为航空航天领域的研究重点之一，也被公认为 21 世纪的关键工程技术之一。本节将简要介绍智能结构系统在空天领域的六个应用方向。

1.3.1 结构减振抑振

新一代航天器多带有柔性结构，如卫星天线、高精度光学系统及其支撑结构、太阳能电池阵列、空间机器臂等(图1.6)。航天器需要在相当长的时间内保证其运行精度，而由于大型柔性结构刚度低、内阻小等特性，因此在恶劣的太空环境中一旦受到某种激励作用，结构将会产生长时间难以自然衰减的振动。若不采取措施对其振动进行控制，持续的大幅度振动不仅会直接影响航天结构的运行精度，还将造成结构过早地产生疲劳破坏、降低空间飞行器的使用寿命等。例如，柔性太阳能帆板的持续振动将会妨碍太阳能帆板面跟踪太阳，影响卫星天线和光学系统的指向精度以及空间机械手的定位精度等，而船箭或星箭接口支架的振动将会在发动机点火与级间分离时引起对航天器的冲击[7]。因此，对空间大型柔性结构的振动进行有效控制十分必要。

图1.6 空间大型柔性结构

对空间大型柔性结构在轨振动的控制存在着许多困难，主要是因为结构存在以下特点：一是结构复杂，建模困难；二是结构柔性大，阻尼小，低频模态密集且模态耦合程度高；三是空间环境多场耦合对结构动态响应及其分析与控制有重要影响[8]。因此，常规的结构优化方法与传统的作动器控制方法对空间大型柔性结构的振动控制效果并不理想。

利用智能结构对空间结构进行在轨振动主动控制，能够提高空间结构的工作性能和精度。对于空间柔性太阳翼的振动控制，有研究将压电层合板作为太阳能板,柔性太阳翼振动控制结构如图1.7所示。针对含压电传感器、作动器的智能太阳翼,研究采用特定的控制算法与相应控制器进行了振动特性分析与振动控制仿真计算[9]。空间桁架的主动振动控制是在原桁架结构中加入主动构件,拉索桁架振动控制结构如图1.8所示,设计的压电主动控制复合构件由传感器、杆单元、预压弹簧、球铰等组成。研究将压电陶瓷叠堆作动器连接到杆件中,从而构成压电主动控制杆,通过压电作动器的作动达到抑制振动的目的[10]。目前的研究主要集中在智能材料及其振动控制的简单模型研究和实验研究,尚未形成系统分析理论和方法。

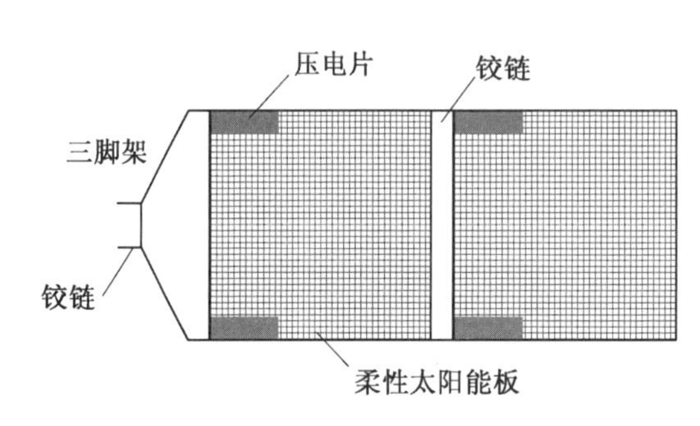

图1.7 柔性太阳翼振动控制结构

图1.8 拉索桁架振动控制结构

1.3.2 结构形状控制

航天器的工作环境包括调姿、变轨和环境温度变化等多种复杂因素,热载荷、静载荷及动载荷的变化时刻干扰着大型空间结构的面型与位置精度。某些空间结构为实现其特定功能,需要精确地控制其位置和指向,如大口径微米波天线、高灵敏度射电望远镜的反射镜面等,而褶皱等面型变形的出现给这些空间设备与结构的工作带来了极大的不利影响。

2003年,加州理工大学喷气推进实验室(JPL)研制了薄膜反射面天线模型,如图1.9所示[11]。实验结果表明,当反射面型面精度(RMS)为0.5 mm时,将会造成Ka频段(30 GHz)天线的增益损失0.635 dB;当反射面型面精度达到1 mm时,将导致其增益损失2.541 dB,意味着作用距离缩短约8 880 km。2008年,欧洲航天局进行了帆面9 m^2的四边形NanoSail - D太阳帆发射实验(图1.10)[12]。太阳帆利用太阳风光子产生推力,但要想获得足够大的推力,太阳帆面必须足够大并且足够轻,同时要保证太阳帆表面光滑。因此,减少褶皱、提高表面精度对大型太阳帆的研制来说至关重要。NASA已于1987年启动用于高精度大型天线结构的形状控制的智能结构研究计划,日本NASDA宇航局和ISAS宇航研究院也开始研究大型空间结构的形状控制问题。

图1.9 薄膜反射面天线模型

图1.10 NanoSail - D 太阳帆发射实验

然而,传统的控制方法却很难使这些航天结构在各种环境下均能达到必要的形状精度,智能结构却可以有效地实现型面控制功能。在天线反射面边界布置的传感器测出表面误差不符合要求时,由控制电路通过编码器激励驱动器,改变缆索长度,实现反射面形状的自适应控制。空间站天线的形状和方向的精度要求很高,在其由地面收拢态到空间展开态的过程中,空间无重力、无阻尼状态极易使其结构型面达不到要求,因此必须采用智能桁架结构,以实现形状控制和结构振动控制。加拿大航空局与美国空军研究院分别采用了形状记忆合金(SMA) 与压电聚合物薄膜聚偏氟乙烯(PVDF) 作为作动器,实现了对平面薄膜结构和薄膜反射镜的面型进行精密的控制(图1.11、图1.12)[13,14]。

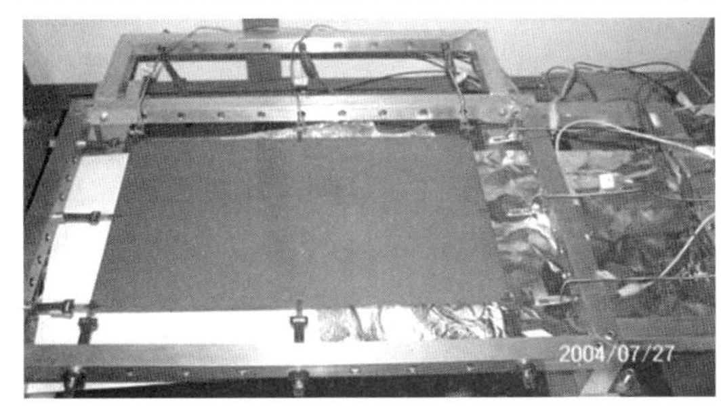

图1.11 SMA 驱动平面薄膜结构面型控制

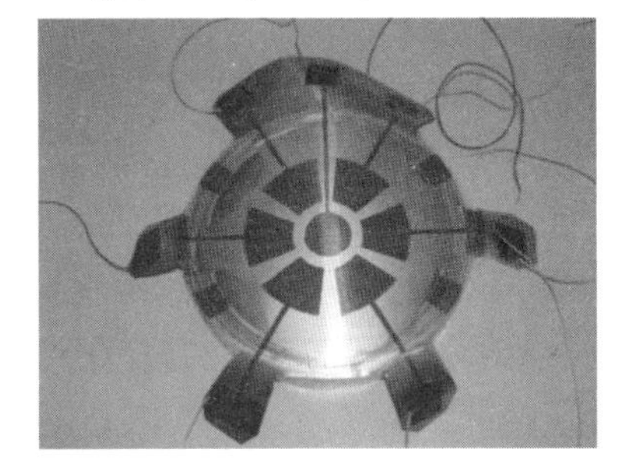

图1.12 PVDF 驱动薄膜反射镜面型控制

1.3.3 结构损伤监测和寿命延长

1986 年,苏联第三代空间站“和平 1 号” 发射成功,从此拉开了长寿命、大挠度、高可靠性空间站工程的序幕。空间站的主要载荷形式是冲击载荷,其来源有微流星和空间垃圾、轨道修正、轨道机动、舱体对接和分离。这些冲击载荷的特点是局域性强、危害面广、受损位置是时变且随机的,因此给损伤的人工监测带来很大的困难。20 世纪 80 年代后期以来,世界各航天大国加紧了航天结构的在轨自主实时损伤监测、故障隔离与控制的研究工作。智能结构因具有感知、辨识、寻优和控制四种基本功能而成为空间结构损伤监测与寿命延长的主要应用结构。因此,大型空间站和轨道平台技术进步与发展趋势极大地促进了智能结构的产生与应用[15]。

空间飞行器的某些构件在飞行中可能会被微流星体、陨石和空间垃圾等外来物体击伤,智能结构将分析构件损伤程度,针对不同损伤做出改变外部载荷的指令,如调整飞行姿态或利用调节器改变结构的内部受力分布等,使损伤处的受力状态得到控制,从而达到阻止或者减慢损伤扩展的目的,以提高飞行器在使用过程中的生存能力。有研究从模态应变的角度对压电智能层合板结构的损伤进行识别(图 1.13),利用 PVDF 等压电材料对层合板的结构参数与模态特性进行感知与测量,提取其中对受损最敏感的参数并建立指标,根据分析结果对层合板损伤进行定位与定量分析[16]。

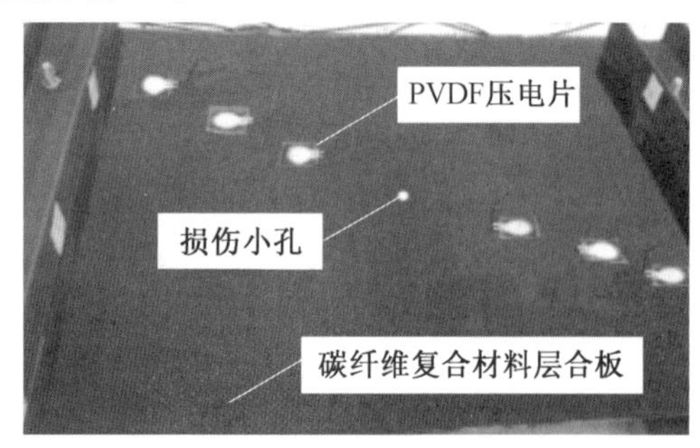

图 1.13　压电智能层合板结构的损伤识别

智能结构中的自修复有以下两种方式[17]。

(1) 在材料中预先嵌入具有修复功能的“颗粒”,在材料发生破坏时,可通过某种反应填补裂缝。

(2) 在结构中另设修复执行器。信息处理单元实时处理状态诊断结果并判断是否需要修复,然后根据一定的规则和结构当时的状态判别是否需要修复,最后选择最优的修复方案。

空间飞行器中的一些关键构件是由复合材料制造的,而这些部件要与金属相连接,由于结构的不连续性,因此结点处的应变通常比较大。若采用智能结构自适应调节结构内的应变,并将其从结点集中处转移,则可以延长结构疲劳寿命。当可修复聚合物材料被加热到 110 ℃ 时,马来酰亚胺基团与呋喃基团之间

的Diels - Alder可逆反应被激发,而激发聚合物的单体良好运动性赋予材料良好的修复能力。可修复聚合物材料的自修复过程如图1.14所示,损伤的材料在110 ℃下加热1 h即可被完全修复[18]。

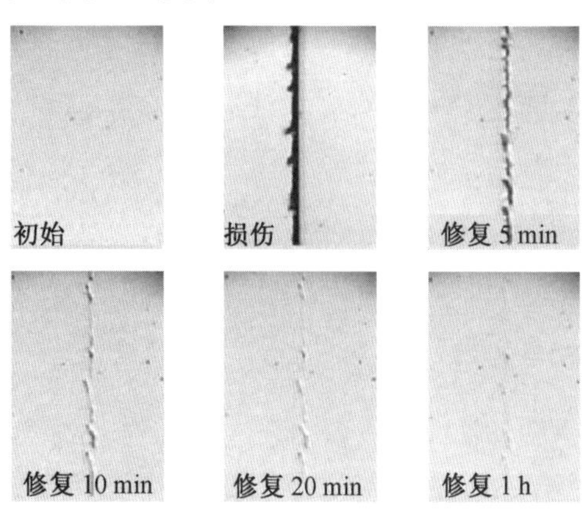

图1.14 可修复聚合物材料的自修复过程

1.3.4 环境自适应结构

飞机在不同的飞行状态和飞行条件下需要不同的机型和翼型:在遇有阵风等情况时,飞机翼片的受力分布将发生变化,从而不能始终保持最佳升力/阻力比;在起飞和降落时,需要升降副翼。智能结构与空气动力学控制技术相结合制造出的自适应机翼可实时感知外界环境的变化,并根据不同的飞行条件驱动机翼变形而改变翼形和攻角,以获得最佳气动特性,降低机翼阻力系数,延长结构的疲劳寿命。

美国陆军研究局经过多年的基础性研究,于1998年开始研发直升机旋翼主动控制技术,将用于RAH - 66武装直升机及未来的联合运输旋翼机。美国波音公司和麻省理工学院通过在桨叶中嵌入智能纤维,可使桨叶扭转变形达到±5°。美国国防部和航空航天局也对形状自适应结构和空气动力载荷的智能化控制进行了研究,DARPA形状记忆合金变弦向弯曲度设计方案如图1.15所示[19]。

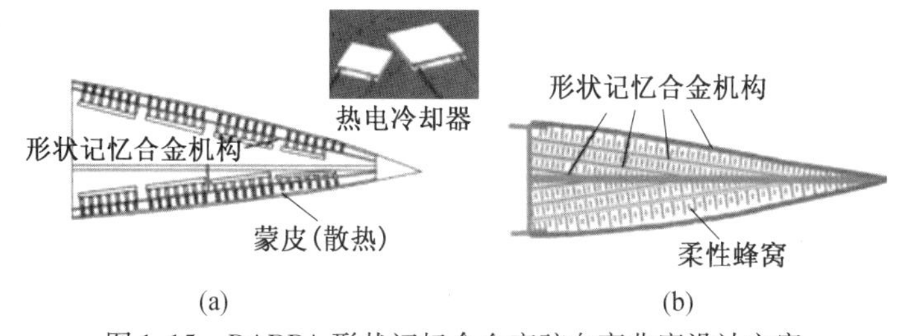

图1.15 DARPA形状记忆合金变弦向弯曲度设计方案

这些自适应结构不仅可使机翼扭曲，还可以使机翼的前缘和后缘变形，并通过记忆合金致动器提高飞行器的机动性和升力，通过对记忆合金机构（薄层或柱状）进行电加热和冷却处理改变机构形状来实现变形驱动，压电结构分布式驱动示意图如图 1.16 所示[20]。目前，这种集传感、驱动和控制电路于一体的自适应机翼已经开始用于控制无人机与微型飞行器，并取得良好的控制性能，某自适应变形机翼的实验系统如图 1.17 所示[21]。

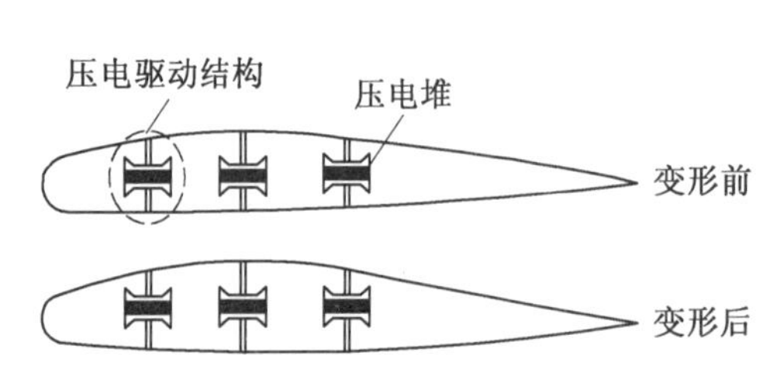

图 1.16　压电结构分布式驱动示意图

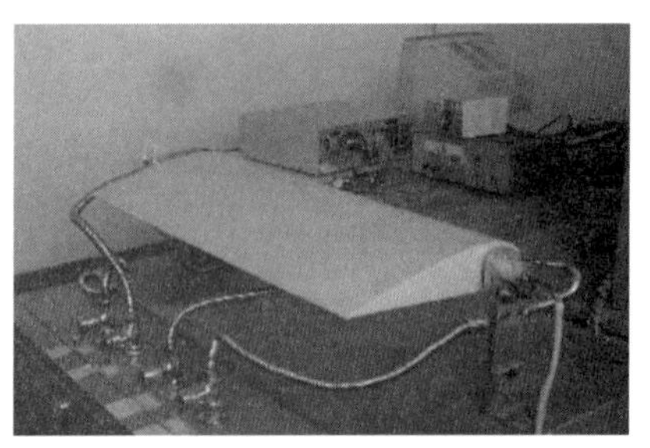

图 1.17　某自适应变形机翼的实验系统

1.3.5　智能蒙皮结构

1985 年，美国空军的“预测计划 Ⅱ”首次提出了智能蒙皮的概念。随着进一步的研究发展，1994 年，美国空军动力飞行实验室进行了结构飞行演示，麦道公司对 F－15 战斗机的外侧前缘、F－18 战斗机的蒙皮进行了智能结构飞行实验[22]。智能蒙皮这项技术主要用于提高飞机的综合性能，优点在于飞机表层不仅能承受载荷和维持外形，而且具有监测、自适应变形等功能，可以部分替代离散的电子设备，不仅减轻了飞行器结构质量和体积，还能够有效改善飞行器的空气动力性能和天线性能，在提高飞行器生存能力的同时还降低了生产成本和维护费用。

智能蒙皮结构是指将传感元件、驱动元件和微电子处理控制芯片与主体结构材料集成为一体，使结构材料本身具有智能特性的结构，飞行器智能蒙皮系统如图 1.18 所示[23]。相比常规结构，智能结构具有识别、分析、处理及控制等多种功能，不仅能对应变、温度、振动、压力等参数进行实时监测，还能通过微电子处理芯片的计算实现驱动，具有自适应、自修复等功能，可用于预警、隐身和通信。目前，智能蒙皮正在逐步取代雷达和红外探测系统，飞行器的蒙皮表面大部分区域都可以装配成智能蒙皮，从而大面积覆盖飞行器的外表面，以防止地面和空中目标对其探测、捕捉和跟踪[24]。

图 1.18 飞行器智能蒙皮系统

智能蒙皮结构研究已经得到了越来越多的国家和科研机构的重视，目前在航空领域前沿，各国正在进行大量的研究实验，在部分领域已取得了一定的研究成果并得到了应用。在损伤探测方面，美国正在开发一种可以测量裂纹生长“声音”的传感器，它可以在整个蒙皮结构范围内发射出声音信号，然后测量蒙皮结构响应信号的变化，据此指出蒙皮内裂纹的产生或生长。在超高速飞行器温度监测方面，航天飞机采用复合材料冷却板，在冷却板内埋置光纤传感器，测量复合材料板的健康状况和温度分布的数据。在空间电子信息装备方面，在空间结构的关键部位埋置光纤传感器，便可监测结构的牢固性。在噪声控制方面，智能蒙皮结构可以减振降噪，美国正在开发使用压电制动器的主动控制系统。在相控阵机载雷达方面，美国提出了共型阵列天线技术的概念，即把有源相控阵雷达天线和飞机蒙皮机构结合起来，这就是所谓的“智能蒙皮”技术。在流场控制方面，通过改变翼面型状或向翼面流场注入能量，影响非定常流动的流场结构，实现对流动的控制，智能蒙皮流场控制系统原理图如图 1.19 所示[25]。

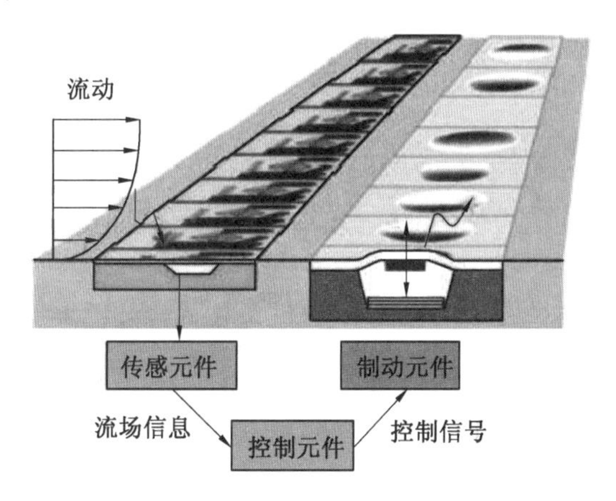

图 1.19 智能蒙皮流场控制系统原理图

1.3.6 空间重复解锁分离

有效载荷随运载器发射升空过程中，需要对其进行可靠锁紧以提高在飞行过程中的结构刚度和振动基频，从而克服运载过程中恶劣的力学环境。进入预定轨道后，需在适当的时机进行解锁释放以保证载荷能够正常工作。传统航天器上采用的锁紧释放装置多为火工作动，包括爆炸螺栓、火工螺母、拔销器等，反应迅速，分离推力大，技术已经颇为成熟。然而，火工装置工作时会产生较大的冲击，对卫星的姿态控制和敏感设备造成很大的影响；火工装置爆炸后释放出的化学气体具有污染性，会对镜头和电子器件等精密器械造成损害；这些传统装置只能使用一次，单机产品可靠性难以验证，同时存在安全隐患。

随着航天技术的快速发展，传统的火工装置已经无法满足新型航天器的要求，这使得研制新型低振动、无污染、可重复使用的非火工装置成为必然。与火工装置相比，非火工装置具有冲击小、污染低等优点。在非火工装置的研究上，主要的焦点是应用形状记忆合金的记忆效应实现空间解锁功能，这种装置具有分离冲击小、解锁过程无污染、可重复使用的能力[26]。因此，将 SMA 作为主要锁紧/解锁功能的设计成为锁紧/解锁装置的主流发展方向。在航天器的连接和分离方面，国外已成功地将 SMA 应用于空间锁紧释放装置。NASA 是较早将 SMA 应用于航空航天领域的研究部门之一，他们成功地研制了用于航天器与运载火箭分离的重载 SMA 解锁机构，如图 1.20 所示[27]。美国 Starsys 研究公司采用旋转触发解锁和滚柱减磨结构，研制了一种回转式的低冲击快速分瓣螺母 QWKNUT，如图 1.21 所示[28,29]。

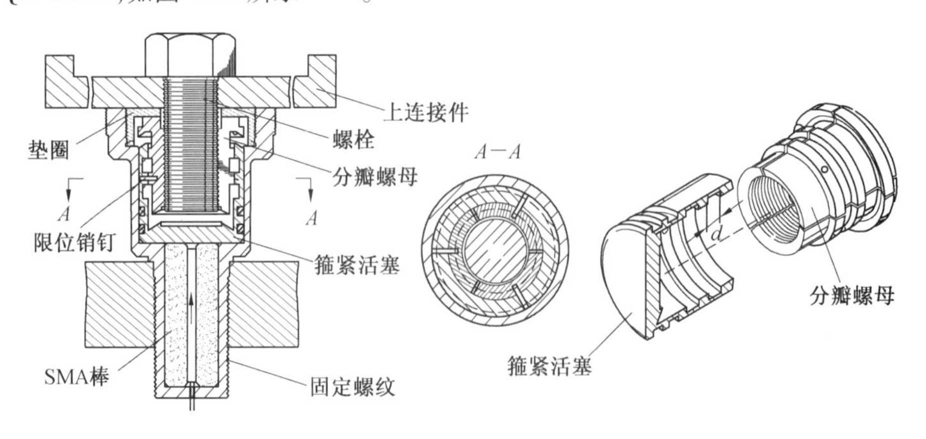

图 1.20 用于航天器与运载火箭分离的重载 SMA 解锁机构

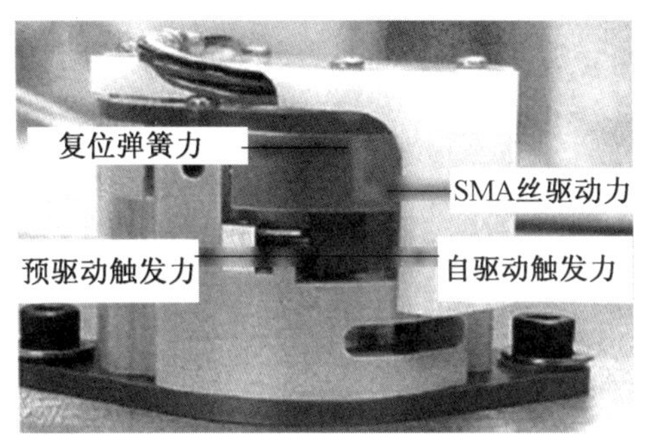

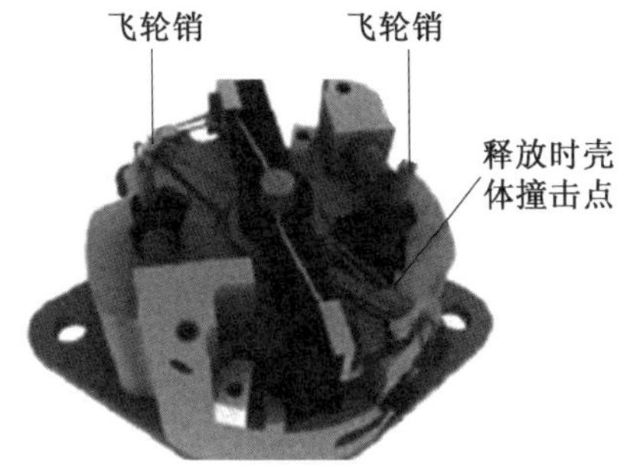

图1.21　回转式的低冲击快速分瓣螺母QWKNUT

1.4　本章小结

本章对智能材料与智能结构进行了分类与概述，并对典型智能材料进行了介绍，对智能结构的研究范围和发展方向进行了归纳分析，同时对智能结构系统在航空航天领域的应用进行了重点介绍，其应用领域包括结构减振抑振、形状控制、损伤监测和寿命延长、环境自适应、智能蒙皮、重复解锁分离等。

本章参考文献

[1] BODAN P, BOUVIER C. X－33/RLV reusable cryogenic tank VHM using fiber optic distributed sensing technolgy[C]. Long Beach: Proceedings of the 1998 39th AIAA/ASME/ASCE/AHS/ASC Structures, Structural Dynamics, and Materials Conference and Exhibit and AIAA/ASME/AHS Adaptive Structures Forum. AIAA, 1998.

[2] GALEA S, HENDERSON D, MOSES R, et al. Next generation active buffet suppression system[C]. Dayton: AIAA International Air and Space Symposium and Exposition—The Next 100 Years. American Institute of Aeronautics and Astronautics Inc., 2003.

[3] CLAEYSSEN F, GROHMANN B, CHRISTMANN M, et al. New actuators for aircraft and space applications[C]. Breman: Proceedings of the 11th International Conference on New Actuators. Euspen, 2011.

[4] BREITBACH E J, LAMMERING R, MELCHER J, et al. Smart structures

research in aerospace engineering[C]. Glasgow:2nd European Conference on Smart Structures and Materials. SPIE,1994.

[5] 戴江浩. 航空航天智能材料与智能结构探究及进展[J]. 科技创新导报,2018,435(3):22-23.

[6] 刘天雄,林益明,陈烈民. 智能结构及其在空间飞行器中的应用[J]. 强度与环境,2004,31(2):27-31.

[7] 黄文虎,王心清,张景绘,等. 航天柔性结构振动控制的若干新进展[J]. 力学进展,1997,27(1):5-18.

[8] 陈塑寰, 马爱军. 智能结构的梁有限元模型[J]. 宇航学报,1997,18(2):72-77.

[9] 蒋建平,李东旭. 智能太阳翼有限元建模与振动控制研究[J]. 动力学与控制学报,2009,7(2):164-170.

[10] 赵浩江. 空间可展开桁架结构动力学分析及振动主动抑制研究[D]. 哈尔滨:哈尔滨工业大学,2011.

[11] BAHADORI K, RAHMAT-SAMII Y. Ku/Ka bands precipitation radar antenna:half-scale offset cylindrical reflector model[C]. Columbus:IEEE AP - S Int. IEEE,2003.

[12] LEIPOLD M. Recent european advances in solar sail technolgies and fresh plans for a gossamer structure in-orbit deployment of DLR in collaboration with ESA[C]. New York:2nd Annual Meeting of the International Society for the Systems Sciences. ISSS,2010.

[13] PENG F,JIANG X X,HU Y R,et al. Application of shape memory alloy actuators in active shape control of inflatable space structures[C]. Big Sky,MT:Aerospace Conference. IEEE,2005.

[14] SHEPHERD M,PETERSON G,COBB R,et al. Quasi-static optical control of in-plane actuated,deformable mirror:experimental comparison with finite element analysis[C]. Newport,RI:47th AIAA/ASME/ASCE/AHS/ASC Structures,Structural Dynamics,and Materials Conference 14th AIAA/ASME/AHS Adaptive Structures Conference 7th. American Institute of Aeronautics and Astronautics Inc. ,2006.

[15] 董聪,夏人伟. 智能结构设计与控制中的若干核心技术问题[J]. 力学进展,1996,26(2):166-178.

[16] 刘银纬. 基于应变模态的压电智能层合板结构损伤识别方法研究[D]. 南京:南京航空航天大学,2015.

[17] 杨明,梁大开,潘晓文. 智能材料结构自修复的策略研究[J]. 电子产品可

靠性与环境实验,2004(6):16-19.

[18] 王晓晗. 高力学强度自修复聚合物材料的构筑及功能[D]. 长春:吉林大学,2019.

[19] 祝连庆,孙广开,李红,等. 智能柔性变形机翼技术的应用与发展[J]. 机械工程学报,2018,54(14):28-42.

[20] 周哲,王登攀,张祖伟,等. 应用于智能机翼的压电致动器技术研究[J]. 压电与声光,2016,38(3):420-422,426.

[21] 宋培恩. 基于自适应结构与智能蒙皮技术的流场主动控制仿真研究[D]. 南京:南京航空航天大学, 2011.

[22] 魏凤春, 张恒, 张晓, 等. 智能材料的开发与应用[J]. 材料导报,2006,20(5):375-378.

[23] 张磊. 智能蒙皮结构测试系统集成化研究[D]. 南京:南京航空航天大学,2012.

[24] 崔艳梅,王利红. 智能结构设计及应用[J]. 郑州航空工业管理学院学报(社会科学版),2004,23(5):118-120.

[25] 李大伟. 基于自适应结构的飞行器气动和噪声特性研究[D]. 南京:南京航空航天大学,2015.

[26] 王玉琢. 回转式形状记忆合金锁紧释放装置研制和实验[D]. 哈尔滨:哈尔滨工业大学,2013.

[27] MCKINNIS D N. Fastening apparatus having shape memory alloy actuator. U. S. patent 5160233[P]. 1992-02-08.

[28] CHRISTIANSEN S,TIBBITTS S,DOWEN D. Fast acting non-pyrotechnic 10 kN release nut[J]. European Space Agency-Publication-ESA SP,1999,438:323-328.

[29] CHUCK L,CHRISTIANSEN S. Problems and product improvements in a qualified,flight heritage product[C]. Langley:Proceedings of 38th Aerospace Devices Symposium. Langley Research Center,2006.

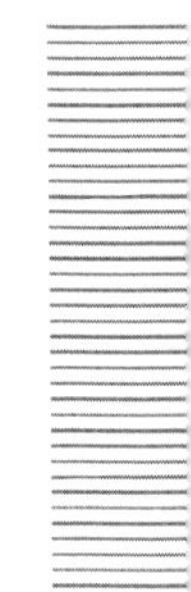

第2章

压电智能薄膜反射镜面型主动控制

太空望远镜、空间雷达等空间通信观测装置的重要组成部件之一为光学反射镜。增大光学反射镜的口径不仅能够提高观测图像的清晰度,而且能够极大地提升对地观测的范围,对于提升太空望远镜、空间雷达的探测性能来说有着重大意义。然而,传统的大型反射镜采用形态稳定的刚性材料做基底,无法实现限定质量下的尺寸升级。薄膜反射镜概念的提出为实现轻型大口径光学反射镜带来了新的希望,其主体由柔性薄膜基材料制成,可达到大口径、轻量化、易于折叠/展开等目的[1-3]。然而,薄膜反射镜在实现大口径和轻量化的同时,由于其面密度和刚度较低,因此其面型易受干扰,将影响光学系统的工作性能。如何精密控制其在轨面型是空间薄膜反射镜技术发展中迫切需要解决的关键问题[4,5]。本章将介绍基于柔性压电材料驱动的智能薄膜反射镜面型主动控制技术,首先建立压电层合智能薄膜反射镜结构系统动力学模型,然后探讨其线性与非线性动力学特性,最后搭建薄膜反射镜面型主动控制实验平台,通过建立其面型影响函数矩阵,实现外界热扰动下薄膜反射镜面型的自适应控制。

2.1 压电智能薄膜反射镜动力学建模

本节首先对压电层合智能薄膜反射镜进行动力学建模,考虑薄膜反射镜由一层聚酰亚胺基膜和一层 PVDF 压电作动层组成,整体可以视为厚度极小的层合圆薄板结构,圆柱坐标系下平面薄膜反射镜理论模型如图 2.1 所示,h_s 为反射镜基膜的厚度,h_p 为 PVDF 压电层的厚度。

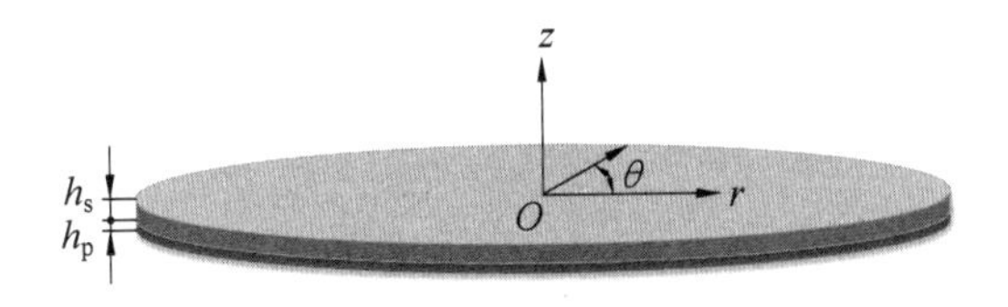

图 2.1　圆柱坐标系下平面薄膜反射镜理论模型

在圆柱坐标系下,薄膜反射镜的拉梅系数与曲率半径分别定义为

$$A_1 = 1, \quad A_2 = r \tag{2.1}$$

$$R_1 = R_2 = \infty \tag{2.2}$$

将拉梅系数和曲率半径等参数代入系统方程,并考虑 Von Kármán(卡曼)几何非线性效应,可以得到压电薄膜反射镜的非线性动力学平衡方程为

$$\frac{\partial N_1}{\partial r} + \frac{1}{r}\frac{\partial N_6}{\partial \theta} + \frac{N_1 - N_2}{r} = \rho h \frac{\partial^2 u}{\partial t^2} - q_1(r,\theta,t) \tag{2.3}$$

$$\frac{\partial N_6}{\partial r} + \frac{1}{r}\frac{\partial N_2}{\partial \theta} + \frac{2N_6}{r} = \rho h \frac{\partial^2 v}{\partial t^2} - q_2(r,\theta,t) \tag{2.4}$$

$$\begin{aligned}&\frac{\partial^2 M_1}{\partial r^2} + \frac{2}{r}\frac{\partial M_1}{\partial r} + \frac{1}{r^2}\frac{\partial^2 M_2}{\partial \theta^2} - \frac{1}{r}\frac{\partial M_2}{\partial r} + \frac{2}{r}\frac{\partial^2 M_6}{\partial r \partial \theta} + \frac{2}{r^2}\frac{\partial M_6}{\partial \theta} + N_1 \frac{\partial^2 w}{\partial r^2} + \\ &N_2\left(\frac{1}{r}\frac{\partial w}{\partial r} + \frac{1}{r^2}\frac{\partial^2 w}{\partial \theta^2}\right) + 2N_6\left(\frac{1}{r}\frac{\partial^2 w}{\partial r \partial \theta} - \frac{1}{r^2}\frac{\partial w}{\partial \theta}\right) = \rho h \frac{\partial^2 w}{\partial t^2} - q_3(r,\theta,t)\end{aligned} \tag{2.5}$$

式中　q_i——i 方向单位面积薄膜所受面力和体力的总和。

薄膜反射镜一般只考虑其在厚度方向的变形和振动。因此,式(2.3)和式(2.4)右端加速度项可忽略不计,空间微重力在 1、2 方向的分量 q_1、q_2 也可以视为0。q_3 为薄膜反射镜所受空间微重力在3方向分量和太阳光压的影响的总和。

$$\rho h = \sum_{k=1}^{N} \rho_k h_k \tag{2.6}$$

式中　ρ_k—— 层合智能薄膜反射镜第 k 层的密度;

h_k—— 层合智能薄膜反射镜第 k 层的厚度;

N—— 层合智能薄膜反射镜总层数。

N_i、M_i 分别为薄膜反射镜所受内力和内力矩,为简化表达,用下角标 $i = 1,2,6$ 分别表示 r 向、θ 向和切向分量。根据平面应力假设,可以认为 $\sigma_{zz} = 0$。则对于任一各向同性结构层(作动层和基膜层),设其弹性模量为 E,泊松比为 ν,应力应变关系可表示为

$$\begin{bmatrix}\sigma_{rr}\\ \sigma_{\theta\theta}\\ \sigma_{r\theta}\end{bmatrix} = \boldsymbol{c}^E \begin{bmatrix}\varepsilon_{rr}\\ \varepsilon_{\theta\theta}\\ \varepsilon_{r\theta}\end{bmatrix} = \begin{bmatrix}c_{11} & c_{12} & c_{16}\\ c_{21} & c_{22} & c_{26}\\ c_{61} & c_{62} & c_{66}\end{bmatrix}\left(\begin{bmatrix}e_1\\ e_2\\ \gamma_6\end{bmatrix} + z\begin{bmatrix}k_1\\ k_2\\ k_6\end{bmatrix}\right) \tag{2.7}$$

式中　e_1、e_2、γ_6—— 薄膜反射镜在三个方向的薄膜应变，分别定义为

$$e_1 = \frac{\partial u}{\partial r} + \frac{1}{2}\left(\frac{\partial w}{\partial r}\right)^2 \tag{2.8}$$

$$e_2 = \frac{1}{r}\frac{\partial v}{\partial \theta} + \frac{u}{r} + \frac{1}{2r^2}\left(\frac{\partial w}{\partial \theta}\right)^2 \tag{2.9}$$

$$\gamma_6 = \frac{\partial v}{\partial r} - \frac{v}{r} + \frac{1}{r}\frac{\partial u}{\partial \theta} + \frac{1}{r}\frac{\partial w}{\partial r}\frac{\partial w}{\partial \theta} \tag{2.10}$$

k_1、k_2、k_6—— 在三个方向的弯曲应变，分别定义为

$$k_1 = -\frac{\partial^2 w}{\partial r^2} \tag{2.11}$$

$$k_2 = -\frac{1}{r^2}\frac{\partial^2 w}{\partial \theta^2} - \frac{1}{r}\frac{\partial w}{\partial r} \tag{2.12}$$

$$k_6 = \frac{2}{r^2}\frac{\partial w}{\partial \theta} - \frac{2}{r}\frac{\partial^2 w}{\partial r \partial \theta} \tag{2.13}$$

式(2.8)～(2.13)称为薄膜反射镜的几何方程。弹性矩阵 $\boldsymbol{c}^E$ 可写为

$$\boldsymbol{c}^E = \begin{bmatrix} c_{11} & c_{12} & c_{16} \\ c_{21} & c_{22} & c_{26} \\ c_{61} & c_{62} & c_{66} \end{bmatrix} = \frac{E}{1-\nu^2}\begin{bmatrix} 1 & \nu & 0 \\ \nu & 1 & 0 \\ 0 & 0 & (1-\nu)/2 \end{bmatrix} \tag{2.14}$$

任意层内弹性力和力矩可以通过下式计算，即

$$\begin{bmatrix} N_1^m \\ N_2^m \\ N_6^m \end{bmatrix} = \int_z \begin{bmatrix} \sigma_{rr} \\ \sigma_{\theta\theta} \\ \sigma_{r\theta} \end{bmatrix} \mathrm{d}z \tag{2.15}$$

$$\begin{bmatrix} M_1^m \\ M_2^m \\ M_6^m \end{bmatrix} = \int_z z \begin{bmatrix} \sigma_{rr} \\ \sigma_{\theta\theta} \\ \sigma_{r\theta} \end{bmatrix} \mathrm{d}z \tag{2.16}$$

则最终包含压电控制力、热应力和面内张紧力的层合智能薄膜反射镜内力表达式为

$$\begin{bmatrix} N_1 \\ N_2 \\ N_6 \\ M_1 \\ M_2 \\ M_6 \end{bmatrix} = \begin{bmatrix} \boldsymbol{A}_{ij} & \boldsymbol{B}_{ij} \\ \boldsymbol{B}_{ij} & \boldsymbol{D}_{ij} \end{bmatrix} \begin{bmatrix} e_1 \\ e_2 \\ \gamma_6 \\ k_1 \\ k_2 \\ k_6 \end{bmatrix} + \begin{bmatrix} -N_1^P - N^T + N^0 \\ -N_2^P - N^T + N^0 \\ -N_6^P \\ -M_1^P - M^T \\ -M_2^P - M^T \\ -M_6^P \end{bmatrix}, \quad i,j = 1,2,6 \tag{2.17}$$

式中　N^T、M^T—— 热引起的内力和内力矩；

N_i^P、M_i^P—— 压电控制力和力矩；

N^0—— 薄膜反射镜张紧力。

对于总层数为 N 的层合智能薄膜来说，总厚度为 h，第 k 层位于平面 $z=z_k$ 和 $z=z_{k+1}$ 之间，有

$$\boldsymbol{A}_{ij}=\sum_{k=1}^{N}\int_{z_k}^{z_{k+1}}\boldsymbol{c}^{E(k)}\mathrm{d}z=\sum_{k=1}^{N}(c_{ij})_k(z_{k+1}-z_k),\quad i,j=1,2,6 \tag{2.18}$$

$$\boldsymbol{B}_{ij}=\sum_{k=1}^{N}\int_{z_k}^{z_{k+1}}\boldsymbol{c}^{E(k)}z\mathrm{d}z=\frac{1}{2}\sum_{k=1}^{N}(c_{ij})_k(z_{k+1}^2-z_k^2),\quad i,j=1,2,6 \tag{2.19}$$

$$\boldsymbol{D}_{ij}=\sum_{k=1}^{N}\int_{z_k}^{z_{k+1}}\boldsymbol{c}^{E(k)}z^2\mathrm{d}z=\frac{1}{3}\sum_{k=1}^{N}(c_{ij})_k(z_{k+1}^3-z_k^3),\quad i,j=1,2,6 \tag{2.20}$$

引入中性轴的概念，薄膜反射镜截面示意图如图 2.2 所示。

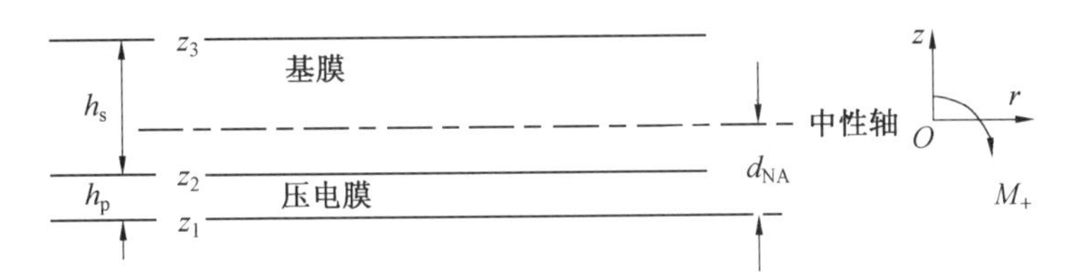

图 2.2　薄膜反射镜截面示意图

h_s 是基膜的厚度，h_p 是压电膜的厚度，d_{NA} 是层合结构从底面到中性轴的距离。d_{NA} 可以由下式计算得出，即

$$\int_{-d_{NA}}^{-d_{NA}+h_p}\frac{E_p}{1+\nu_p}z\mathrm{d}z+\int_{-d_{NA}+h_p}^{-d_{NA}+h_p+h_s}\frac{E_s}{1+\nu_s}z\mathrm{d}z=0 \tag{2.21}$$

式中　E_p、ν_p—— 压电膜的弹性模量和泊松比；

E_s、ν_s—— 基膜的弹性模量和泊松比。

进一步，定义参数 $\gamma\equiv\dfrac{1+\nu_p}{1+\nu_s}$，计算式(2.21)可得

$$d_{NA}=\frac{1}{2}\frac{E_ph_p^2+\gamma E_s(2h_ph_s+h_s^2)}{E_ph_p+\gamma E_sh_s} \tag{2.22}$$

薄膜反射镜一般设计成 $h_p=d_{NA}$。由式(2.22)可知，此时满足

$$h_s=h_p\sqrt{\frac{E_p}{\gamma E_s}} \tag{2.23}$$

定义参数 $\delta\equiv\nu_s-\nu_p$，$\eta\equiv\dfrac{1-\nu_p}{1-\nu_s}$，由式(2.18)～(2.20)得

$$\boldsymbol{A}_{ij}=\frac{E_ph_p}{1-\nu_p^2}\left[\left(1+\frac{h_p}{h_s}\eta\right)\boldsymbol{E}_{ij}+\delta\frac{h_p}{h_s}\eta\widetilde{\boldsymbol{E}}_{ij}\right] \tag{2.24}$$

$$\boldsymbol{B}_{ij}=\frac{1}{2}\frac{E_{\mathrm{p}}h_{\mathrm{p}}^{2}}{1-\nu_{\mathrm{p}}^{2}}[(\eta-1)\boldsymbol{E}_{ij}+\delta\eta\widetilde{\boldsymbol{E}}_{ij}] \tag{2.25}$$

$$\boldsymbol{D}_{ij}=\frac{1}{3}\frac{E_{\mathrm{p}}h_{\mathrm{p}}^{3}}{1-\nu_{\mathrm{p}}^{2}}\left[\left(1+\frac{h_{\mathrm{s}}}{h_{\mathrm{p}}}\eta\right)\boldsymbol{E}_{ij}+\delta\frac{h_{\mathrm{s}}}{h_{\mathrm{p}}}\eta\widetilde{\boldsymbol{E}}_{ij}\right] \tag{2.26}$$

其中,有

$$\boldsymbol{E}_{ij}=\begin{bmatrix}1 & \nu_{\mathrm{p}} & 0\\ \nu_{\mathrm{p}} & 1 & 0\\ 0 & 0 & (1-\nu_{\mathrm{p}})/2\end{bmatrix} \tag{2.27}$$

$$\widetilde{\boldsymbol{E}}_{ij}=\begin{bmatrix}0 & 1 & 0\\ 1 & 0 & 0\\ 0 & 0 & -1/2\end{bmatrix} \tag{2.28}$$

由于薄膜反射镜厚度极小,因此厚度方向的温度变化可以忽略不计,反射镜面温度场 T 可近似为 $T=T(r,\theta)$。薄膜反射镜受温度引起的内力/力矩分别表示为

$$N^{T}=\frac{E\alpha}{1-\nu}\int_{z}(T-T_{0})\mathrm{d}z=\left(\frac{E_{\mathrm{s}}h_{\mathrm{s}}\alpha_{\mathrm{s}}}{1-\nu_{\mathrm{s}}}+\frac{E_{\mathrm{p}}h_{\mathrm{p}}\alpha_{\mathrm{p}}}{1-\nu_{\mathrm{p}}}\right)(T-T_{0}) \tag{2.29}$$

$$M^{T}=\frac{E\alpha}{1-\nu}\int_{z}z(T-T_{0})\mathrm{d}z=\frac{1}{2}\left(\frac{E_{\mathrm{s}}h_{\mathrm{s}}^{2}\alpha_{\mathrm{s}}}{1-\nu_{\mathrm{s}}}-\frac{E_{\mathrm{p}}h_{\mathrm{p}}^{2}\alpha_{\mathrm{p}}}{1-\nu_{\mathrm{p}}}\right)(T-T_{0}) \tag{2.30}$$

薄膜反射镜受压电控制力/力矩分别表示为

$$N_{1}^{P}=V_{3}(\cos^{2}\theta e_{31}+\sin^{2}\theta e_{32}) \tag{2.31}$$

$$N_{2}^{P}=V_{3}(\sin^{2}\theta e_{31}+\cos^{2}\theta e_{32}) \tag{2.32}$$

$$N_{6}^{P}=V_{3}(\cos\theta\sin\theta e_{31}-\cos\theta\sin\theta e_{32}) \tag{2.33}$$

$$M_{1}^{P}=-\frac{1}{2}V_{3}(\cos^{2}\theta e_{31}+\sin^{2}\theta e_{32})h_{\mathrm{p}} \tag{2.34}$$

$$M_{2}^{P}=-\frac{1}{2}V_{3}(\sin^{2}\theta e_{31}+\cos^{2}\theta e_{32})h_{\mathrm{p}} \tag{2.35}$$

$$M_{6}^{P}=-\frac{1}{2}V_{3}(\cos\theta\sin\theta e_{31}-\cos\theta\sin\theta e_{32})h_{\mathrm{p}} \tag{2.36}$$

式中　α_{p}、α_{s}——压电膜和基膜的热膨胀系数;

　　V_3——压电作动器上、下表面电极间电压。

定义第 i 个 PVDF 电极所覆盖的面积为 S_i,则第 i 个作动器的电压函数 V_{3i} 可以表示为幅值 V_i 乘以一个指标函数 $H_i(r,\theta)$。该指标函数定义为

$$H_{i}(r,\theta)=\begin{cases}1, & (r,\theta)\in S_{i}\\ 0, & (r,\theta)\notin S_{i}\end{cases} \tag{2.37}$$

产品指标的压电应变耦合系数矩阵 $\boldsymbol{d}$ 与压电应力耦合系数矩阵 $\boldsymbol{e}$ 的关系为

$$\boldsymbol{e} = \boldsymbol{d}(\boldsymbol{c}^E)^t = \begin{bmatrix} 0 & 0 & 0 & 0 & d_{15} & 0 \\ 0 & 0 & 0 & d_{24} & 0 & 0 \\ d_{31} & d_{32} & d_{33} & 0 & 0 & 0 \end{bmatrix} \begin{bmatrix} c_{11} & c_{12} & c_{13} & 0 & 0 & 0 \\ c_{12} & c_{22} & c_{13} & 0 & 0 & 0 \\ c_{13} & c_{13} & c_{33} & 0 & 0 & 0 \\ 0 & 0 & 0 & c_{44} & 0 & 0 \\ 0 & 0 & 0 & 0 & c_{44} & 0 \\ 0 & 0 & 0 & 0 & 0 & c_{66} \end{bmatrix} \tag{2.38}$$

对于平面应力问题,e_{31} 和 e_{32} 可以由上式计算得到。将式(2.17)代入式(2.5)并化简得

$$\begin{aligned} D^E \nabla^4 w + \rho h \frac{\partial^2 w}{\partial t^2} = {} & N_1 \frac{\partial^2 w}{\partial r^2} + N_2\left(\frac{1}{r}\frac{\partial w}{\partial r} + \frac{1}{r^2}\frac{\partial^2 w}{\partial \theta^2}\right) + 2N_6\left(\frac{1}{r}\frac{\partial^2 w}{\partial r \partial \theta} - \frac{1}{r^2}\frac{\partial w}{\partial \theta}\right) - \\ & \left(\frac{\partial^2}{\partial r^2} + \frac{2}{r}\frac{\partial}{\partial r}\right) M_1^P - \left(\frac{1}{r^2}\frac{\partial^2}{\partial \theta^2} - \frac{1}{r}\frac{\partial}{\partial r}\right) M_2^P - \\ & \left(\frac{2}{r}\frac{\partial^2}{\partial r \partial \theta} + \frac{2}{r^2}\frac{\partial}{\partial \theta}\right) M_6^P - \nabla^2 M^T + q_3(r,\theta,t) \end{aligned} \tag{2.39}$$

式中

$$D^E = \frac{1}{3}\frac{E_{\mathrm{p}} h_{\mathrm{p}}^3}{1 - v_{\mathrm{p}}^2}\left(1 + \frac{h_{\mathrm{s}}}{h_{\mathrm{p}}}\eta\right)$$

引入应力函数 $F = F(r,\theta,t)$,使其同时满足式(2.3)和式(2.4),有

$$N_1 = \frac{1}{r}\frac{\partial F}{\partial r} + \frac{1}{r^2}\frac{\partial^2 F}{\partial \theta^2} \tag{2.40}$$

$$N_2 = \frac{\partial^2 F}{\partial r^2} \tag{2.41}$$

$$N_6 = -\frac{1}{r}\frac{\partial^2 F}{\partial r \partial \theta} + \frac{1}{r^2}\frac{\partial F}{\partial \theta} \tag{2.42}$$

将式(2.40)~(2.42)代入式(2.39),可得薄膜反射镜 z 向平衡方程为

$$\begin{aligned} D^E \nabla^4 w + \rho h \frac{\partial^2 w}{\partial t^2} = {} & \left(\frac{1}{r}\frac{\partial F}{\partial r} + \frac{1}{r^2}\frac{\partial^2 F}{\partial \theta^2}\right)\frac{\partial^2 w}{\partial r^2} + \frac{\partial^2 F}{\partial r^2}\left(\frac{1}{r}\frac{\partial w}{\partial r} + \frac{1}{r^2}\frac{\partial^2 w}{\partial \theta^2}\right) + \\ & 2\left(-\frac{1}{r}\frac{\partial^2 F}{\partial r \partial \theta} + \frac{1}{r^2}\frac{\partial F}{\partial \theta}\right)\left(\frac{1}{r}\frac{\partial^2 w}{\partial r \partial \theta} - \frac{1}{r^2}\frac{\partial w}{\partial \theta}\right) - \\ & \left(\frac{\partial^2}{\partial r^2} + \frac{2}{r}\frac{\partial}{\partial r}\right) M_1^P - \left(\frac{1}{r^2}\frac{\partial^2}{\partial \theta^2} - \frac{1}{r}\frac{\partial}{\partial r}\right) M_2^P - \\ & \left(\frac{2}{r}\frac{\partial^2}{\partial r \partial \theta} + \frac{2}{r^2}\frac{\partial}{\partial \theta}\right) M_6^P - \nabla^2 M^T + q_3(r,\theta,t) \end{aligned} \tag{2.43}$$

利用薄膜反射镜几何方程消去 u 和 v,可得

$$\frac{\partial^2 e_1}{\partial\theta^2}-\frac{\partial^2(r\gamma_6)}{\partial r\partial\theta}+\frac{\partial}{\partial r}\left(r^2\frac{\partial e_2}{\partial r}\right)-r\frac{\partial e_1}{\partial r}=\left(\frac{\partial^2 w}{\partial r\partial\theta}-\frac{1}{r}\frac{\partial w}{\partial\theta}\right)^2-\frac{\partial^2 w}{\partial r^2}\left(r\frac{\partial w}{\partial r}+\frac{\partial^2 w}{\partial\theta^2}\right) \tag{2.44}$$

化简得到薄膜反射镜协调方程为

$$\begin{aligned}\nabla^4 F=&E_\mathrm{p}h_\mathrm{p}\left(1+\frac{h_\mathrm{p}}{h_\mathrm{s}}\eta\right)\left[\left(\frac{1}{r}\frac{\partial^2 w}{\partial r\partial\theta}-\frac{1}{r^2}\frac{\partial w}{\partial\theta}\right)^2-\frac{\partial^2 w}{\partial r^2}\left(\frac{1}{r}\frac{\partial w}{\partial r}+\frac{1}{r^2}\frac{\partial^2 w}{\partial\theta^2}\right)\right]-\\&(1-\nu_\mathrm{p})\nabla^2(N^T-N^0)-\left(-\nu_\mathrm{p}\frac{\partial^2}{\partial r^2}-\frac{1+2\nu_\mathrm{p}}{r}\frac{\partial}{\partial r}+\frac{1}{r^2}\frac{\partial^2}{\partial\theta^2}\right)N_1^P-\\&\left(\frac{\partial^2}{\partial r^2}+\frac{2+\nu_\mathrm{p}}{r}\frac{\partial}{\partial r}-\frac{\nu_\mathrm{p}}{r^2}\frac{\partial^2}{\partial\theta^2}\right)N_2^P+2(1+\nu_\mathrm{p})\left(\frac{1}{r^2}\frac{\partial}{\partial\theta}+\frac{1}{r}\frac{\partial^2}{\partial r\partial\theta}\right)N_6^P\end{aligned} \tag{2.45}$$

综上,式(2.43)和式(2.45)即为智能压电层合智能薄膜反射镜的系统方程。结合相应的边界条件,可以求得热-力-电场耦合作用下薄膜反射镜的横向变形。

2.2 压电智能薄膜反射镜动力学特性

本节对薄膜反射镜动力学特性进行分析,首先求解小挠度线性振动下薄膜反射镜的固有频率和模态振型,然后基于Galerkin法推导大挠度非线性振动下薄膜反射镜的离散化运动方程,最后给出考虑薄膜反射镜前两阶模态非线性振动求解的算例分析。

2.2.1 薄膜反射镜线性动力学特性

薄膜反射镜自由振动的横向自由振动运动方程为[6]

$$D\nabla^4 w-N^*\nabla^2 w+\rho h\ddot{w}=0 \tag{2.46}$$

式中 D——弯曲刚度;

N^*——薄膜张紧力。

极坐标系下的Nabla算子可展开为

$$\nabla^4=\nabla^2\nabla^2=\left(\frac{\partial^2}{\partial r^2}+\frac{1}{r}\frac{\partial}{\partial r}+\frac{1}{r^2}\frac{\partial^2}{\partial\theta^2}\right)^2 \tag{2.47}$$

假设薄膜反射镜在固有频率 ω 下做简谐振动,其上任一点位移可表述为

$$w(r,\theta,t)=W(r,\theta)\mathrm{e}^{\mathrm{j}\omega t} \tag{2.48}$$

将式(2.48)代入式(2.46),可得

$$D\nabla^4 W-N^*\nabla^2 W-\rho h\omega^2 W=0 \tag{2.49}$$

定义参数 λ_1、λ_2 使其满足

$$\lambda_1^2 = \frac{N^*}{2D}\left(\sqrt{1+\frac{4\rho hD\omega^2}{(N^*)^2}}-1\right) \tag{2.50}$$

$$\lambda_2^2 = \frac{N^*}{2D}\left(\sqrt{1+\frac{4\rho hD\omega^2}{(N^*)^2}}+1\right) \tag{2.51}$$

则式(2.49)可以改写为

$$(\nabla^2+\lambda_1^2)(\nabla^2-\lambda_2^2)W=0 \tag{2.52}$$

振型函数 W 可分解为径向和角向振型分布的两个函数 R 和 Θ 的乘积形式，即

$$W(r,\theta)=R(r)\Theta(\theta) \tag{2.53}$$

将式(2.53)代入式(2.52)，可转化为

$$r^2\left[\left(\frac{\mathrm{d}^2R}{\mathrm{d}r^2}+\frac{1}{r}\frac{\mathrm{d}R}{\mathrm{d}r}\right)\frac{1}{R}+\lambda_1^2\right]=-\frac{1}{\Theta}\frac{\mathrm{d}^2\Theta}{\mathrm{d}\theta^2} \tag{2.54}$$

$$r^2\left[\left(\frac{\mathrm{d}^2R}{\mathrm{d}r^2}+\frac{1}{r}\frac{\mathrm{d}R}{\mathrm{d}r}\right)\frac{1}{R}-\lambda_2^2\right]=-\frac{1}{\Theta}\frac{\mathrm{d}^2\Theta}{\mathrm{d}\theta^2} \tag{2.55}$$

式(2.54)和式(2.55)成立的充要条件是等式两侧等于相同的常数 k^2。因此，式(2.54)和式(2.55)可以改写成

$$\frac{\mathrm{d}^2\Theta}{\mathrm{d}\theta^2}+k^2\Theta=0 \tag{2.56}$$

$$\frac{\mathrm{d}^2R}{\mathrm{d}r^2}+\frac{1}{r}\frac{\mathrm{d}R}{\mathrm{d}r}-\left(\frac{k^2}{r^2}-\lambda_1^2\right)=0 \tag{2.57}$$

$$\frac{\mathrm{d}^2R}{\mathrm{d}r^2}+\frac{1}{r}\frac{\mathrm{d}R}{\mathrm{d}r}-\left(\frac{k^2}{r^2}+\lambda_2^2\right)=0 \tag{2.58}$$

式(2.56)的解可以写成

$$\Theta = A\cos k(\theta-\phi) \tag{2.59}$$

其中，有

$$k=n=0,1,2,3,\cdots \tag{2.60}$$

求解贝塞尔方程式(2.57)和式(2.58)，可得

$$R=B\mathrm{J}_n(\lambda_1 r)+C\mathrm{I}_n(\lambda_2 r)+E\mathrm{Y}_n(\lambda_1 r)+F\mathrm{K}_n(\lambda_2 r) \tag{2.61}$$

式中　$\mathrm{J}_n(\lambda_1 r)$、$\mathrm{Y}_n(\lambda_1 r)$——第一、二类贝塞尔函数；

$\mathrm{I}_n(\lambda_2 r)$、$\mathrm{K}_n(\lambda_2 r)$——第一、二类变形贝塞尔函数。

由于 $\mathrm{Y}_n(\lambda r)$ 和 $\mathrm{K}_n(\lambda r)$ 在 $\lambda r=0$ 时为奇点，对于本节所研究的薄膜反射镜模型，中心处位移必为有限值，因此 $E=F=0$。由于边界固定，因此在 $r=a$ 时，有

$$R(a)=0 \tag{2.62}$$

$$\frac{\mathrm{d}R}{\mathrm{d}r}(a)=0 \tag{2.63}$$

将式(2.61)代入上述边界条件式(2.62)、式(2.63)得

$$\begin{bmatrix} \mathrm{J}_n(\lambda_1 a) & \mathrm{I}_n(\lambda_2 a) \\ \dfrac{\mathrm{dJ}_n(\lambda_1 a)}{\mathrm{d}r} & \dfrac{\mathrm{dI}_n(\lambda_2 a)}{\mathrm{d}r} \end{bmatrix} \begin{bmatrix} B \\ C \end{bmatrix} = \mathbf{0} \tag{2.64}$$

令式(2.64)系数矩阵行列式为**0**,得频率公式为

$$\mathrm{J}_n(\lambda_1 a)\frac{\mathrm{dI}_n(\lambda_2 a)}{\mathrm{d}r} - \mathrm{I}_n(\lambda_2 a)\frac{\mathrm{dJ}_n(\lambda_1 a)}{\mathrm{d}r} = 0 \tag{2.65}$$

当 $n=0,1,2,\cdots$ 时,依次求解频率系数 $\lambda_1 a$ 和 $\lambda_2 a$,并按照求根顺序 $m=0,1,2,\cdots$ 依次命名为 $(\lambda_1 a)_{mn}$ 和 $(\lambda_2 a)_{mn}$。因此,薄膜反射镜 (m,n) 阶固有频率可由频率系数 $\lambda_1 a$ 和 $\lambda_2 a$ 求得,即

$$\omega_{mn} = \sqrt{\frac{(D\lambda_1^2 + N^*)\lambda_1^2}{\rho h}} \tag{2.66}$$

由式(2.64)可得

$$\frac{C}{B} = -\frac{\mathrm{J}_n(\lambda_1 a)}{\mathrm{I}_n(\lambda_2 a)} \tag{2.67}$$

由此可得,(m,n) 阶模态径向分布函数为

$$R_{mn}(r) = A_{mn}\left(\mathrm{J}_n(\lambda_1 r) - \frac{\mathrm{J}_n(\lambda_1 a)}{\mathrm{I}_n(\lambda_2 a)} \cdot \mathrm{I}_n(\lambda_2 r)\right) \tag{2.68}$$

式中 A_{mn}——模态幅值常数。

当 $n \geqslant 1$ 时,固有频率 ω_{mn} 对应两个振型,它们具有相同的径向分布函数 $R_{mn}(r)$,且在 θ 向相差 $\pi/(2n)$,即 W_{mn1} 和 W_{mn2}。因此,(m,n) 阶模态振型函数 W_{mn} 可写为

$$W_{m0}(r,\theta) = R_{m0}(r), \quad n = 0 \tag{2.69}$$

$$\begin{cases} W_{mn1}(r,\theta) = R_{mn}(r)\cos n\theta \\ W_{mn2}(r,\theta) = R_{mn}(r)\sin n\theta \end{cases}, \quad n \geqslant 1 \tag{2.70}$$

2.2.2 薄膜反射镜非线性动力学特性

由于薄膜反射镜超薄、超轻的特性,因此在受到外界激励时产生的振动往往具有明显的非线性。引入面内应力函数 F 后的薄膜反射镜 z 向非线性 Von Kármán 方程与协调方程可以表述为

$$\begin{aligned} & D\nabla^4 w + \mu\dot{w} + \rho h\ddot{w} \\ &= p(r,\theta,t) + \left[\frac{\partial^2 w}{\partial r^2}\left(\frac{1}{r}\frac{\partial F}{\partial r} + \frac{1}{r^2}\frac{\partial^2 F}{\partial \theta^2}\right) + \left(\frac{1}{r}\frac{\partial w}{\partial r} + \frac{1}{r^2}\frac{\partial^2 w}{\partial \theta^2}\right)\frac{\partial^2 F}{\partial r^2} - \right. \\ & \quad \left. 2\left(\frac{1}{r}\frac{\partial^2 w}{\partial r\partial\theta} - \frac{1}{r^2}\frac{\partial w}{\partial\theta}\right)\left(\frac{1}{r}\frac{\partial^2 F}{\partial r\partial\theta} - \frac{1}{r^2}\frac{\partial F}{\partial\theta}\right)\right] \end{aligned} \tag{2.71}$$

$$\frac{1}{Eh}\nabla^4 F=\left[\left(\frac{1}{r}\frac{\partial^2 w}{\partial r\partial\theta}-\frac{1}{r^2}\frac{\partial w}{\partial\theta}\right)^2-\frac{\partial^2 w}{\partial r^2}\left(\frac{1}{r}\frac{\partial w}{\partial r}+\frac{1}{r^2}\frac{\partial^2 w}{\partial\theta^2}\right)\right] \tag{2.72}$$

式中　p—— 横向外界激励；

$\rho h\ddot{w}$—— 单位面积惯性力；

$\mu\dot{w}$—— 单位面积黏滞阻尼。

z 向位移函数 w 可以按照线性振动的模态振型函数展开为

$$w(r,\theta,t)=\sum_{m=0}^{M}\sum_{n=0}^{N}[A_{mn}(t)\cos(n\theta)+B_{mn}(t)\sin(n\theta)]R_{mn}(r) \tag{2.73}$$

式中　$A_{mn}(t)$、$B_{mn}(t)$—— 广义坐标；

$R_{mn}(r)$—— 径向振型分布函数。

式(2.73)可进一步简写为

$$w(r,\theta,t)=\sum_{i=1}^{\bar{N}}q_i(t)\Phi_i(r,\theta) \tag{2.74}$$

式中　$q_i(t)$—— 广义坐标；

$\Phi_i(r,\theta)$——i 阶横向模态振型函数；

$\bar{N}$—— 模态展开的自由度数。

引入函数 $L=L(w,F)$，有

$$L(w,F)=\left[\frac{\partial^2 w}{\partial r^2}\left(\frac{1}{r}\frac{\partial F}{\partial r}+\frac{1}{r^2}\frac{\partial^2 F}{\partial\theta^2}\right)+\left(\frac{1}{r}\frac{\partial w}{\partial r}+\frac{1}{r^2}\frac{\partial^2 w}{\partial\theta^2}\right)\frac{\partial^2 F}{\partial r^2}-2\left(\frac{1}{r}\frac{\partial^2 w}{\partial r\partial\theta}-\frac{1}{r^2}\frac{\partial w}{\partial\theta}\right)\left(\frac{1}{r}\frac{\partial^2 F}{\partial r\partial\theta}-\frac{1}{r^2}\frac{\partial F}{\partial\theta}\right)\right] \tag{2.75}$$

式(2.72)可改写为

$$\nabla^4 F=-\frac{Eh}{2}L(w,w) \tag{2.76}$$

将式(2.74)代入式(2.76)得

$$\nabla^4 F=\sum_{i=1}^{\bar{N}}\sum_{j=1}^{\bar{N}}q_i(t)q_j(t)E_{ij}(r,\theta) \tag{2.77}$$

式中

$$E_{ij}(r,\theta)=-\frac{Eh}{2}L(\Phi_i,\Phi_j) \tag{2.78}$$

应力函数 F 可以展开为

$$F(r,\theta,t)=\sum_{k=1}^{\bar{M}}\eta_k(t)\Psi_k(r,\theta) \tag{2.79}$$

式中　Ψ_k——k 阶纵向模态振型函数。

且有

$$\nabla^4 F = \sum_{k=1}^{\overline{M}} \eta_k(t)\ \nabla^4 \Psi_k(r,\theta) \tag{2.80}$$

式中　$\eta_k(t)$——未知的时间函数。

令 Ψ_k 满足

$$\nabla^4 \Psi_k(r,\theta) = \xi_k^4 \Psi_k(r,\theta) \tag{2.81}$$

式中　ξ_k——实数。

将式(2.80)和式(2.81)代入式(2.77),可得

$$\sum_{k=1}^{\overline{M}} \eta_k(t) \xi_k^4 \Psi_k(r,\theta) = \sum_{i=1}^{\overline{N}} \sum_{j=1}^{\overline{N}} q_i(t) q_j(t) E_{ij}(r,\theta) \tag{2.82}$$

式(2.82)两端同时乘以 Ψ_l,并在反射镜表面 S 积分,可得

$$\sum_{l=1}^{\overline{M}} \sum_{k=1}^{\overline{M}} \eta_k \xi_k^4 \int_S \Psi_k \Psi_l \mathrm{d}S = \sum_{l=1}^{\overline{N}} \sum_{i=1}^{\overline{N}} \sum_{j=1}^{\overline{N}} q_i q_j \int_S E_{ij} \Psi_l \mathrm{d}S \tag{2.83}$$

考虑模态正交性,有

$$\int_S \Psi_k \Psi_l \mathrm{d}S = 0, \quad k \neq l \tag{2.84}$$

则式(2.83)可以化简为

$$\sum_{k=1}^{\overline{N}} \eta_k \xi_k^4 \int_S \Psi_k^2 \mathrm{d}S = \sum_{k=1}^{\overline{M}} \sum_{i=1}^{\overline{N}} \sum_{j=1}^{\overline{N}} q_i q_j \int_S E_{ij} \Psi_k \mathrm{d}S \tag{2.85}$$

由式(2.85)可得,对于任意的 $k = 1 \sim \overline{M}$,有

$$\eta_k(t) = \sum_{i=1}^{\overline{N}} \sum_{j=1}^{\overline{N}} G_{ijk} q_i(t) q_j(t) \tag{2.86}$$

式中

$$G_{ijk} = \frac{\int_S E_{ij} \Psi_k \mathrm{d}S}{\xi_k^4 \int_S \Psi_k^2 \mathrm{d}S} = -\frac{Eh}{2} \frac{\int_S L(\Phi_i, \Phi_j) \Psi_k \mathrm{d}S}{\xi_k^4 \int_S \Psi_k^2 \mathrm{d}S} \tag{2.87}$$

将式(2.86)代入式(2.79),可求得应力函数 F 为

$$F(r,\theta,t) = \sum_{k=1}^{\overline{M}} \left(\sum_{i=1}^{\overline{N}} \sum_{j=1}^{\overline{N}} G_{ijk} q_i(t) q_j(t) \right) \Psi_k(r,\theta) \tag{2.88}$$

将 L、w 和 F 分别代入式(2.71),得

$$\begin{aligned} & D \sum_{i=1}^{\overline{N}} q_i\ \nabla^4 \Phi_i + \mu \sum_{i=1}^{\overline{N}} \dot{q}_i \Phi_i + \rho h \sum_{i=1}^{\overline{N}} \ddot{q}_i \Phi_i \\ & = p + \sum_{p=1}^{\overline{N}} \sum_{k=1}^{\overline{M}} q_p \left(\sum_{i=1}^{\overline{N}} \sum_{j=1}^{\overline{N}} G_{ijk} q_i q_j \right) L(\Phi_p, \Psi_k) \end{aligned} \tag{2.89}$$

进一步化简,得

$$D\sum_{i=1}^{\bar{N}} q_i \nabla^4 \Phi_i + \mu \sum_{i=1}^{\bar{N}} \dot{q}_i \Phi_i + \rho h \sum_{i=1}^{\bar{N}} \ddot{q}_i \Phi_i$$

$$= p + \sum_{i=1}^{\bar{N}} \sum_{j=1}^{\bar{N}} \sum_{p=1}^{\bar{N}} \sum_{k=1}^{\bar{M}} \left(-\frac{Eh}{2}\right) q_i q_j q_p \frac{\int_S L(\Phi_i, \Phi_j) \Psi_k \mathrm{d}S}{\xi_k^4 \int_S \Psi_k^2 \mathrm{d}S} L(\Phi_p, \Psi_k) \tag{2.90}$$

采用 Galerkin 法求解式(2.90),同时考虑模态正交性,可得到离散化的运动方程,对$l = 1 \sim \bar{N}$,有

$$\ddot{q}_l(t) + 2\zeta_l \omega_l \dot{q}_l(t) + \omega_l^2 q_l(t) = \bar{p}_l + \sum_{i=1}^{\bar{N}} \sum_{j=1}^{\bar{N}} \sum_{p=1}^{\bar{N}} \Gamma_{ijlp} q_i(t) q_j(t) q_p(t) \tag{2.91}$$

式中

$$\omega_l^2 = \frac{D\int_S (\nabla^4 \Phi_l) \Phi_l \mathrm{d}S}{\rho h \int_S \Phi_l^2 \mathrm{d}S} \tag{2.92}$$

$$\bar{p}_l = \frac{\int_S p \Phi_l \mathrm{d}S}{\rho h \int_S \Phi_l^2 \mathrm{d}S} \tag{2.93}$$

$$\Gamma_{ijlp} = -\frac{E}{2\rho} \sum_{k=1}^{\bar{N}} \frac{\int_S L(\Phi_i, \Phi_j) \Psi_k \mathrm{d}S \int_S \Phi_l L(\Phi_p, \Psi_k) \mathrm{d}S}{\xi_k^4 \int_S \Psi_k^2 \mathrm{d}S \int_S \Phi_l^2 \mathrm{d}S} \tag{2.94}$$

2.2.3　算例分析

本节分别以轴对称(0,0) 阶模态和非轴对称(0,1) 阶模态为例,对薄膜反射镜在横向正弦均布载荷和集中载荷作用下的非线性振动进行数值求解与对比验证。

1. 模态(0,0) 数值求解

设薄膜反射镜受到横向正弦均布激励压强作用,幅值为 p,频率为 Ω,则激励载荷$p(r,\theta,t)$ 可表示为

$$p(r,\theta,t) = p\cos \Omega t \tag{2.95}$$

取线性模态振型函数 Φ 为试函数,并与 Yamaki 采用的多项式形式试函数进行对比,可得

$$W(r) = 1 - 2r^2 + r^4 \tag{2.96}$$

满足关系式

$$w = hq(t) W(r) \tag{2.97}$$

将两种方法采用的试函数幅值归一化处理后，试函数对比如图2.3所示。可以看出，两种方法采用的试函数基本相同。

Yamaki 给出了在均布激励压强 p 作用下的(0,0)阶模态振动方程[7]，即

$$\rho h^2\ddot{q} + ch^2\dot{q} + \frac{Eh^4}{a^4}(9.768q + 4.602q^3) = \frac{5}{3}p\cos\Omega t \tag{2.98}$$

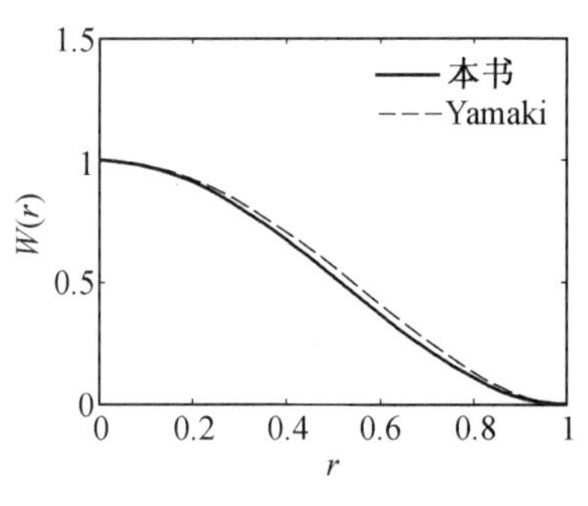

图2.3　试函数对比

式(2.91)可进一步转化为

$$\rho h^2\ddot{q} + ch^2\dot{q} + \frac{Eh^4}{a^4}\left[\frac{\zeta^4}{12(1-\nu^2)}q - \Gamma q^3\right] = \left(\iint_S \Phi_{n0}\mathrm{d}S\right)p\cos\Omega t \tag{2.99}$$

式中　c——阻尼系数，有

$$c = 2\rho\gamma\omega = 2\rho\gamma\frac{\zeta^2}{a^2}\sqrt{\frac{D}{\rho h}} \tag{2.100}$$

式中　ω——(0,0)阶模态的固有频率；

　　　γ——模态阻尼因子，本书中取 $\gamma = 0.01$。

以RTV615硅树脂薄膜反射镜材料参数为例计算，弹性模量 $E = 1.013$ MPa，厚度 $h = 1.5$ mm，半径 $a = 100$ mm，泊松比 $\nu = 0.3$，密度 $\rho = 1\ 020\ \mathrm{kg/m^3}$[8]。令激励频率 Ω 在(0,0)阶固有频率附近变化，激励压强分别取0.005 Pa和0.015 Pa。不同激励下两种模型频率响应曲线如图2.4所示，可知随着激励压强的增大，模型的非线性效应更为明显。

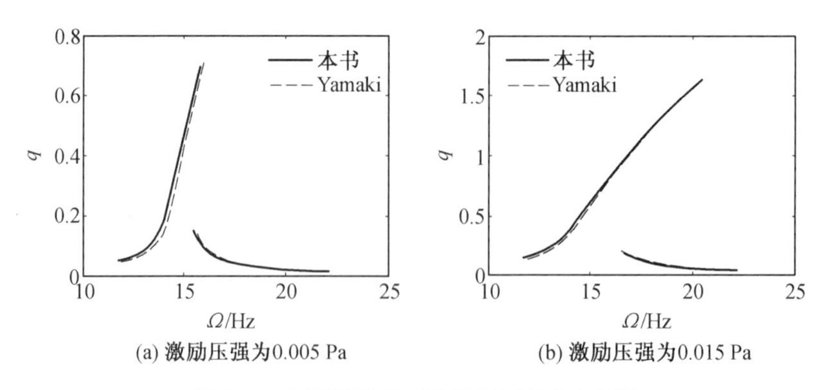

(a) 激励压强为0.005 Pa　　(b) 激励压强为0.015 Pa

图2.4　不同激励下两种模型频率响应曲线

2. 自由度数对求解的影响

为验证简化为单自由度Duffing方程求解的准确性，进一步考虑了(1,0)阶

模态对振动的影响,转化为二自由度 Duffing 方程组求解。此时,式(2.91)拓展为

$$\rho h^2\ddot{q}_1 + ch^2\dot{q}_1 + \frac{Eh^4}{a^4}\left[\frac{\zeta_1^4}{12(1-\nu^2)}q_1 - \Gamma_{11}q_1^3 - \Gamma_{12}q_1^2q_2 - \Gamma_{13}q_1q_2^2 - \Gamma_{14}q_2^3\right]$$
$$= \left(\iint_S \Phi_{00}\mathrm{d}S\right) p\cos\,\Omega t \tag{2.101}$$

$$\rho h^2\ddot{q}_2 + ch^2\dot{q}_2 + \frac{Eh^4}{a^4}\left[\frac{\zeta_2^4}{12(1-\nu^2)}q_2 - \Gamma_{21}q_1^3 - \Gamma_{22}q_1^2q_2 - \Gamma_{23}q_1q_2^2 - \Gamma_{24}q_2^3\right]$$
$$= \left(\iint_S \Phi_{10}\mathrm{d}S\right) p\cos\,\Omega t \tag{2.102}$$

其中,$\Gamma_{11}=-8.3328$,$\Gamma_{12}=-21.8966$,$\Gamma_{13}=-68.8749$,$\Gamma_{14}=-53.0964$,$\Gamma_{21}=-7.2989$,$\Gamma_{22}=-68.8749$,$\Gamma_{23}=-159.2891$,$\Gamma_{24}=-288.1707$。

求解方程组可得表示(0,0)和(1,0)阶模态幅值的广义坐标 q_1 与 q_2。不同激励下,1DOF 与 2DOF 模型求得的 q_1 频率响应如图 2.5 所示,不同激励下 2DOF 模型 q_2 求得的频率响应如图 2.6 所示。

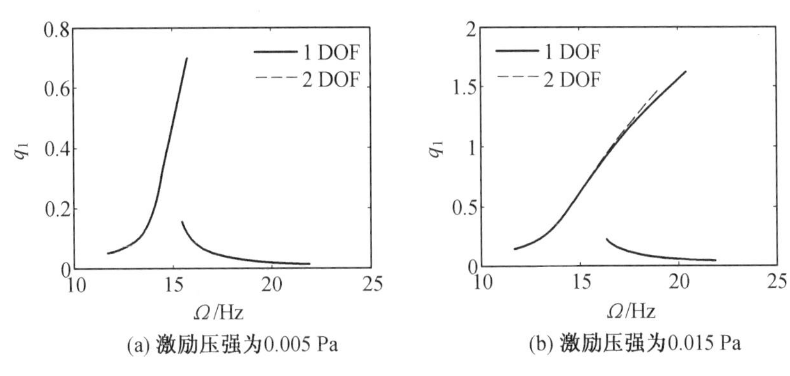

(a) 激励压强为0.005 Pa　　(b) 激励压强为0.015 Pa

图 2.5　不同激励下 1DOF 与 2DOF 模型 q_1 求得的频率响应

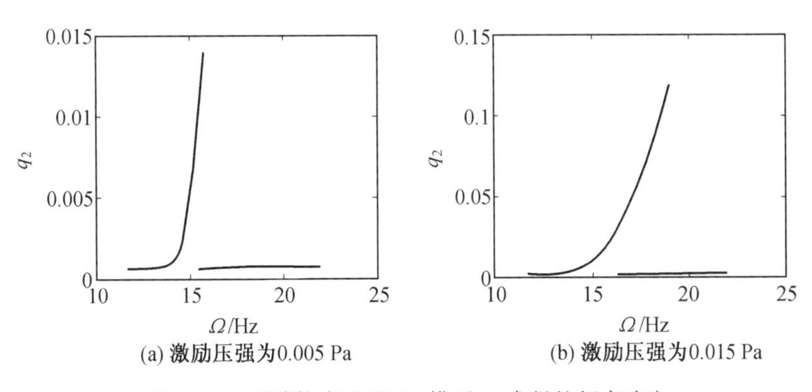

(a) 激励压强为0.005 Pa　　(b) 激励压强为0.015 Pa

图 2.6　不同激励下 2DOF 模型 q_2 求得的频率响应

如图2.5所示,当激励压强为0.005 Pa时,两种模型求解基本相同;当激励压强为0.015 Pa时,单自由度模型求得的q_1表现出明显非线性效应。这与图2.6中q_2的变化趋势一致:随激励压强的增大,(1,0)阶模态参与振动的比重逐渐增加,相应的(0,0)阶模态振幅有所下降,表现为q_1的最大值相比单自由度模型降低。总体来看,两模型分歧不大,可以认为单自由度模型能够较为准确地描述薄膜反射镜的非线性振动特性。

3. 模态(0,1)数值求解

设薄膜反射镜受到横向正弦集中激励作用,幅值为p,频率为Ω,激励位置坐标为$(\tilde{r},\tilde{\theta})$,则激励载荷$p$可表示为

$$p(r,\theta,t)=p\delta(r-\tilde{r})\delta(\theta-\tilde{\theta})\cos\Omega t \tag{2.103}$$

对于非轴对称模态(n,k),由于具有两个独立且正交的振型,因此在正弦集中激励作用下的振动方程可写为

$$\rho h^2\ddot{q}_1+ch^2\dot{q}_1+\frac{Eh^4}{a^4}\left[\frac{\zeta^4}{12(1-\nu^2)}q_1-\Gamma(q_1^3+q_1q_2^2)\right]=\Phi_{nk1}(\tilde{r},\tilde{\theta})p\cos\Omega t \tag{2.104}$$

$$\rho h^2\ddot{q}_2+ch^2\dot{q}_2+\frac{Eh^4}{a^4}\left[\frac{\zeta^4}{12(1-\nu^2)}q_2-\Gamma(q_2^3+q_1^2q_2)\right]=\Phi_{nk2}(\tilde{r},\tilde{\theta})p\cos\Omega t \tag{2.105}$$

以(0,1)阶模态为例,设激励力幅值$p=0.05$ N,激励位置坐标$\tilde{r}=0.04$ m,$\tilde{\theta}=0$,即模态Φ_2的节径上($Q_2=0$),故正弦激励p无法直接激发模态Φ_2的振动。激励频率Ω在(0,1)阶固有频率附近变化时薄膜反射镜幅值频率特性如图2.7所示。

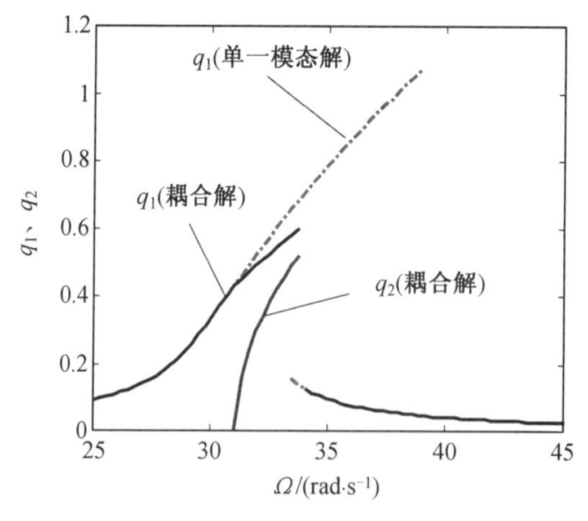

图2.7　激励频率Ω在(0,1)阶固有频率附近变化时薄膜反射镜幅值频率特性

在理想情况下，当集中激励位于模态 Φ_2 的节径上时，外界激励仅能激发模态 Φ_1 产生振动，其幅值由广义坐标 q_1 表示，如图 2.7 中的点划线所示。可以看出，其振幅随激励频率变化具有明显的非线性特征。但 Φ_1 和 Φ_2 两正交模态间存在内部共振，当对称性被破坏时，Φ_1 振动频率达到固有频率附近时将引起 Φ_2 的振动，如图 2.7 中的实线所示。可以看出，产生内部共振时，模型的非线性效应减弱，并且两模态的振幅相比于独立模态振动时幅值明显降低。

2.3　压电智能薄膜反射镜主动控制实验

空间光学薄膜反射镜系统通常在中、高轨道运行以获得较大的光学视场，轨道内温度的不均匀变化和热扰动是影响薄膜面型精度的重要因素。为保证系统的光学性能，需要对其面型进行热扰动下的自适应面型主动调节。本节搭建压电层合智能薄膜反射镜面型主动控制实验平台，进行薄膜反射镜准静态面型控制系统实验。进一步，以陶瓷加热片为外界热源，基于影响函数矩阵进行薄膜反射镜热变形自适应控制实验，验证了压电驱动薄膜反射镜面型的可行性和有效性。

2.3.1　薄膜反射镜面型控制实验平台搭建

首先搭建薄膜反射镜静态面型主动控制实验平台，该平台由固定边界的薄膜反射镜模型和面型主动控制系统两部分组成。实验用薄膜反射镜模型为直径 200 mm 的聚酰亚胺薄膜蒸镀金属铝膜，采用一对单面粘贴橡胶的铝质圆环压圈对薄膜周边连续压紧实现固定支撑。所用镀铝涂层聚酰亚胺薄膜的厚度为 0.1 mm，弹性模量为 2 170 MPa，泊松比为 0.34，密度为 1 434 kg/m^3，热膨胀系数为 2.9×10^{-5} ℃$^{-1}$。

为实现薄膜反射镜镜面变形进行实时反馈和控制，实验采用三个激光位移传感器测量头对薄膜反射镜表面三个作动器中心位置的位移进行测量。位移信号采集采用的是基恩士公司生产的激光位移传感器（LK - H020）、控制器（LK - HD500）和配套的电源供应器（MS2 - H50，2.1 A）。

压电薄膜材料 PVDF 具有质量轻、机械强度高、柔韧性好、易于剪裁等优点，并且其响应速率快、频带宽、压电常数大，在智能结构主动控制领域已经得到了广泛应用。尽管与 PZT 压电陶瓷相比，PVDF 的压电应变常数较低，逆压电作用出力效果相对较弱，但是 PVDF 质地更为柔软，能够更好地贴合在薄膜表面，对薄膜本体影响较小。因此，选择三片形状相同的分布式环形 PVDF 作为反射镜的面型调节作动器，作动器厚度为 50 μm，表面镀银电极。PVDF 压电薄膜材料特性

见表2.1。

表2.1　PVDF压电薄膜材料特性

材料参数	值
弹性模量 Y_p/MPa	2 400 ~ 2 600
断裂拉伸强度 σ_b/MPa	35 ~ 50
密度 ρ/(kg·m^{-3})	1.78×10^3
压电应变常数 d_{31}/(pC·N^{-1})	17±1
压电应变常数 d_{32}/(pC·N^{-1})	5 ~ 6
压电应变常数 d_{33}/(pC·N^{-1})	21
压电电压常数 g_{33}/(10^{-3}V·m·N^{-1})	200
介电常数 ε_r	9.5±1.0
机电耦合系数 K_{33}	10% ~ 14%
热释电系数 P/(c·cm^{-2}·K^{-1})	0.4×10^{-8}
表面电阻 R/Ω	≤3
使用温度 T/℃	-40 ~ 80
泊松比 ν	0.35

图2.8所示为压电层合薄膜反射镜主动面型控制系统框图。实验平台硬件设施包括:薄膜反射镜测试系统,信号采集、控制和处理界面,PVDF传感/作动信号控制箱,工控机和激光位移传感器控制器等。PVDF传感/作动信号控制箱内包含多通道传感信号调理电路、A/D转换模块、D/A转换模块、多通道电压放大电路等。

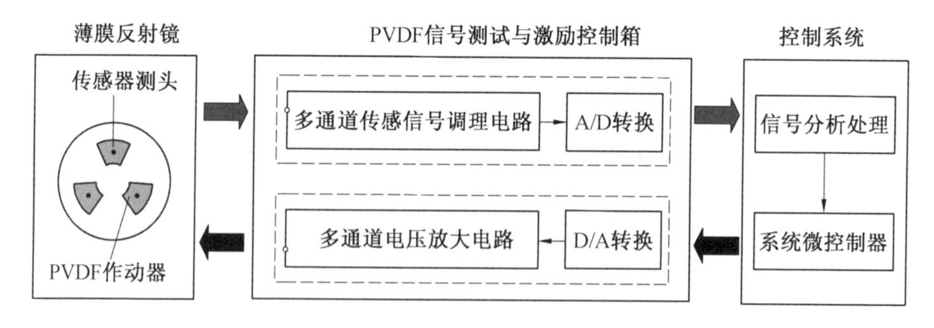

图2.8　压电层合薄膜反射镜主动面型控制系统框图

薄膜反射镜测试系统整体装置及细节如图2.9所示。PVDF层合薄膜反射镜由两个铝制压环在边界处夹紧,并通过四个铝制支架固定在光学平台上。三个

激光位移传感器测头垂直固定于薄膜反射镜上方,用于测量镜面三个 PVDF 作动器贴片中心位置位移。三个 PVDF 作动器贴片的中心构成一个三角形,用来近似反映薄膜反射镜的面型变化。在薄膜反射镜下方中心位置固定圆形陶瓷加热片作为外界热源,加热片与温度控制器相连,表面温度最高可升至 200 ℃。

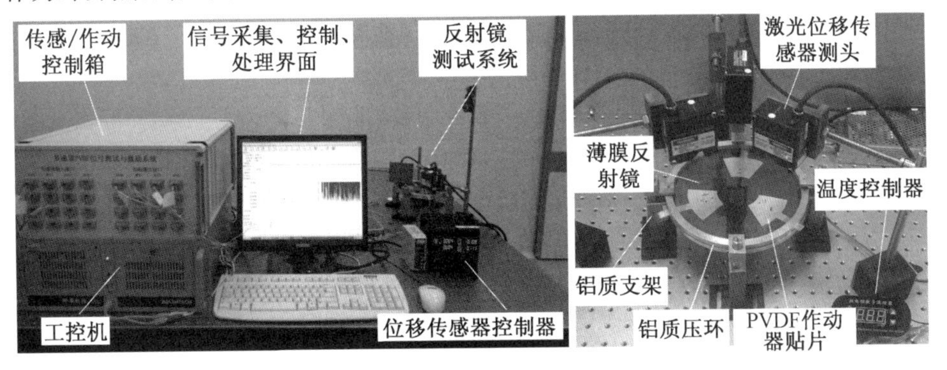

图 2.9　薄膜反射镜测试系统整体装置及细节

三个 PVDF 作动器贴片采用 Rubber Cement 生物胶层合在薄膜反射镜的非反射表面。认为作动器贴片与反射镜基膜紧密贴合,两层间没有相互位移,视为一体化结构,PVDF 作动器贴片间的夹角为 120°。薄膜反射镜和 PVDF 作动器贴片的几何尺寸见表 2.2。

表 2.2　薄膜反射镜和 PVDF 作动器贴片的几何尺寸

半径 a/m（反射镜）	内径 R_1/m（作动器）	外径 R_2/m（作动器）	弧长 θ/(°)（作动器）
0.1	0.03	0.07	50

2.3.2　薄膜反射镜静态面型控制实验

1. 薄膜反射镜面型影响函数矩阵

为实现对薄膜反射镜面型的实时控制,需要建立一个可靠的闭环面型反馈控制系统。美国空军研究院及宾州州立大学等机构的研究表明,利用 PVDF 作动器对薄膜反射镜面型进行小变形控制时,其控制效果可近似视为线性,即 PVDF 作动器两端电压与其引起的镜面变形成正比。为验证此结论,反射镜夹紧状态下给中心圆形 PVDF 作动器施加电压,电压变化范围为 $-200 \sim +200$ V,每隔 50 V 递增。用激光位移传感器依次记录中心点处的位移变化,薄膜反射镜中心位移变化曲线如图2.10所示,并用Matlab进行线性拟合。可以看出,记录的数据点近似满足线性关系。由于电压是从 -200 V 开始逐渐增加,考虑作动器和基膜之间用 Rubber Cement 生物胶层合时有一层非线性黏滞层,而且边界条件很难达到完美的均匀夹紧状态,因此中心位移并没有关于 $y=0$ 直线对称也是合理的,这并不影响线性压电理论在反射镜面面型控制的应用。

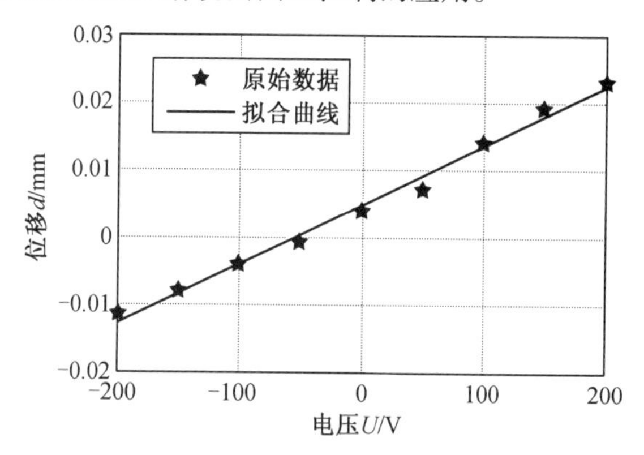

图 2.10　薄膜反射镜中心位移变化曲线

在本实验中,采用三个激光位移传感器对反射镜面型进行实时监测,并将信号反馈给控制器,对三路作动器进行控制。三个监测点的位置为 1、2、3 号 PVDF 作动器中心处。将每个位移传感信号视为一个薄膜反射镜静态响应向量,并放在矩阵 $\boldsymbol{R}$ 中,则整个反射镜静态系统为

$$\boldsymbol{A}_{3\times3}\boldsymbol{X}_{3\times3}=\boldsymbol{R}_{3\times3} \tag{2.106}$$

其中,有

$$\boldsymbol{R}_{3\times3}=(\boldsymbol{w}_1\quad \boldsymbol{w}_2\quad \boldsymbol{w}_3)_{3\times3} \tag{2.107}$$

式中　$\boldsymbol{A}$—— 待控制的平面薄膜反射镜系统;

$\boldsymbol{X}$—— 3 × 3 的单位矩阵,表示对三个作动器分别施加 1 V 的电压;

$\boldsymbol{R}$—— 反射镜系统的静态响应,向量 $\boldsymbol{w}_1$、$\boldsymbol{w}_2$ 和 $\boldsymbol{w}_3$ 分别表示对 1、2 和 3 号作动器施加 1 V 电压时三路传感信号响应。

显然,$\boldsymbol{A}=\boldsymbol{R}$。为控制由三路传感信号表征的薄膜反射镜面型,问题可转化为求解式中向量 $\boldsymbol{v}$。

$$\boldsymbol{A}_{3\times3}\boldsymbol{v}_{3\times1}=\boldsymbol{w}_{3\times1} \tag{2.108}$$

式中　$\boldsymbol{v}$—— 三个作动器的输入电压;

$\boldsymbol{w}$—— 三路传感器检测的信号。

$$\boldsymbol{v}_{3\times1}=\boldsymbol{K}_{3\times3}\boldsymbol{w}_{3\times1} \tag{2.109}$$

式中　$\boldsymbol{K}$—— 薄膜反射镜的影响函数矩阵,即

$$\boldsymbol{K}=(\boldsymbol{A}^{\mathrm{T}}\boldsymbol{A})^{-1}\boldsymbol{A}^{\mathrm{T}} \tag{2.110}$$

值得注意的是,影响函数矩阵 $\boldsymbol{K}$ 作用于位移误差信号 $\boldsymbol{w}_{\mathrm{e}}$ 上,计算三路驱动电压,并实时反馈给控制器,通过高压放大电路驱动三个作动器来实现反射镜面型的调节。误差信号 $\boldsymbol{w}_{\mathrm{e}}$ 定义为

$$\boldsymbol{w}\equiv\boldsymbol{w}_{\mathrm{e}}=\boldsymbol{w}_{\mathrm{desired}}-\boldsymbol{w}_{\mathrm{measured}} \tag{2.111}$$

由先前推导可知,基于误差比例反馈的薄膜反射镜面型控制方法是建立在

压电驱动反射镜变形近似线性的基础上的。因此，线性控制效果的验证十分必要。为得到影响函数矩阵 $\boldsymbol{K}$，依次对三路作动器分别施加 −200 V 和 +200 V 电压，记录三路传感器的数据（表 2.3 ~ 2.5）。

表 2.3　第 1 路作动器施加电压对应传感器数据

电压	传感器 1	传感器 2	传感器 3
+200 V	+0.012 9 mm	−0.005 9 mm	−0.006 9 mm
−200 V	−0.014 9 mm	+0.004 6 mm	+0.003 4 mm

表 2.4　第 2 路作动器施加电压对应传感器数据

电压	传感器 1	传感器 2	传感器 3
+200 V	−0.016 0 mm	+0.002 0 mm	−0.003 4 mm
−200 V	−0.009 6 mm	−0.020 8 mm	−0.008 6 mm

表 2.5　第 3 路作动器施加电压对应传感器数据

电压	传感器 1	传感器 2	传感器 3
+200 V	−0.017 9 mm	+0.023 1 mm	+0.009 3 mm
−200 V	−0.012 0 mm	+0.033 8 mm	−0.009 8 mm

由表 2.3 ~ 2.5 可以计算矩阵 $\boldsymbol{R}$，进一步得到影响函数矩阵 $\boldsymbol{K}$，即

$$\boldsymbol{K} = \begin{bmatrix} 18.53 & 3.45 & 7.66 \\ 11.73 & 17.74 & 13.56 \\ 6.80 & -2.97 & 21.38 \end{bmatrix} (\mu\text{m}) \tag{2.112}$$

2. 薄膜反射镜面型追踪闭环实验

为验证影响函数矩阵的正确性和控制方法的可行性，利用 Visual C++ 编制程序，同时设定三路传感信号通道的 $\boldsymbol{w}_{\text{desired}}$ 分别为正弦信号、方波信号和直线 0 信号，测试薄膜反射镜三路传感在三个作动器耦合作动下能否实时追踪给定的波形。

设定传感器通道 1 追踪的基准信号为正弦信号，幅值为 10 μm，周期为 1 s，则表达式为

$$y(t) = 10\sin 2\pi t \tag{2.113}$$

传感器通道 2 追踪的基准信号为方波信号，幅值为 10 μm，周期为 1 s，则表达式为

$$y(t) = \begin{cases} 10, & n \leqslant t < n + 0.5 \\ -10, & n + 0.5 \leqslant t < n + 1 \end{cases}, \quad n = 0,1,2,\cdots \tag{2.114}$$

传感器通道 3 追踪的基准信号为直线 0 信号，则表达式为

$$y(t) = 0 \tag{2.115}$$

三路传感器同时测量薄膜反射镜相应位置的面型变化,并反馈给控制器,根据设定的影响函数矩阵 $\boldsymbol{K}$ 调节各个作动器的输入电压,使得相应测量点的位移值不断逼近基准信号,以达到面型闭环控制效果。三个传感器测量位置的薄膜反射镜位移与基准信号波形对比如图 2.11 所示。图中,点划线表示实际程序设定的基准信号,实线表示传感器测量的实际控制信号。可以看出,受控后的反射镜面型能够很好地追随给定的波形,也证明了此基于误差比例反馈的影响函数矩阵能够有效实现薄膜反射镜面型的实时控制。

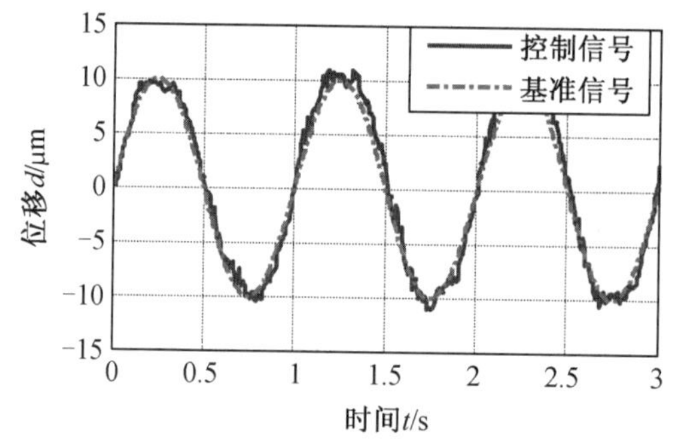

(a) 通道1追踪正弦信号

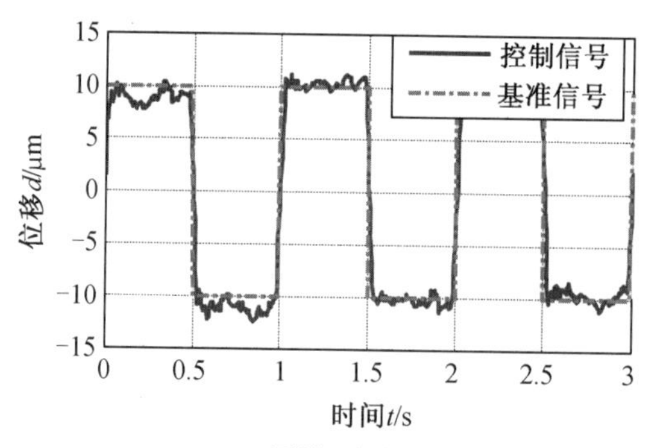

(b) 通道2追踪方波信号

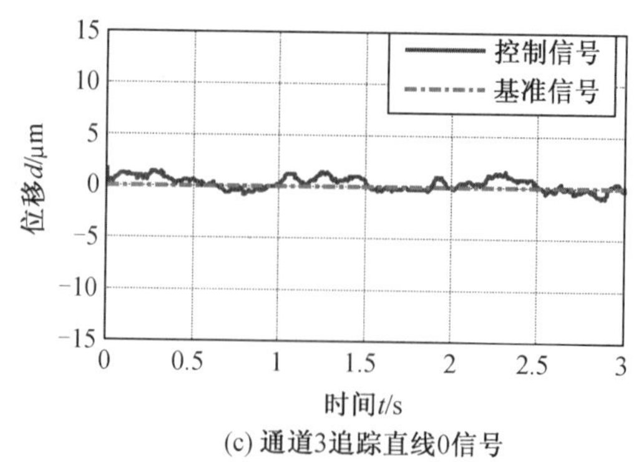

(c) 通道3追踪直线0信号

图 2.11　三个传感器测量位置的薄膜反射镜位移与基准信号波形对比

3. 薄膜反射镜热变形自适应控制实验

薄膜反射镜在工作过程中,空间温度不均匀引起的热变形是其面型误差主要来源之一。以陶瓷加热片为外界热源,利用前面得到的影响函数矩阵,基于误差比例控制算法,对空间温度变化引起的薄膜反射镜热变形进行自适应误差消除实验。薄膜反射镜热变形自适应控制平台方案示意图如图2.12所示,中心热源置于反射镜面中心下方50 mm处。用直流电源给中心陶瓷加热片供电,设定其温度为40 ℃并保持。在控制器中输入基准信号为直线0信号,通电8 s后作动器开始工作,反射镜热变形得到控制,全过程中利用三路激光位移传感器实时监测面型变化。三路传感器测量的薄膜反射镜变形信号如图2.13所示。

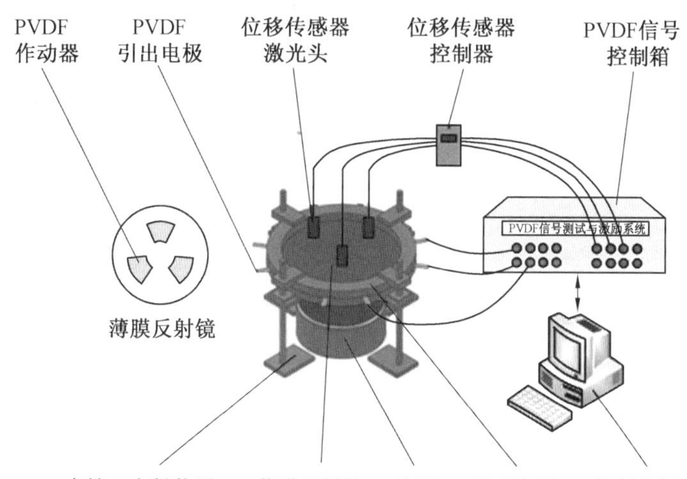

图2.12　薄膜反射镜热变形自适应控制平台方案示意图

由图2.13可以看出,在中心热载荷作用下,薄膜反射镜产生热变形,三路传感器监测点分别产生了15 ~ 20 μm的变形。在施加面内控制力之后,三路传感信号监测点变形迅速得到改善,热变形基本平复,传感信号围绕0点小幅波动,残余变形量控制在微米级。通过上述两组实验验证,提出的基于误差比例反馈的薄膜反射镜面型控制系统能够非常迅速且有效地控制反射镜面型并消除外界扰动引起的镜面变形。该控制方法具有很好的实时性,为薄膜反射镜面型调节提供了一种新的技术手段。

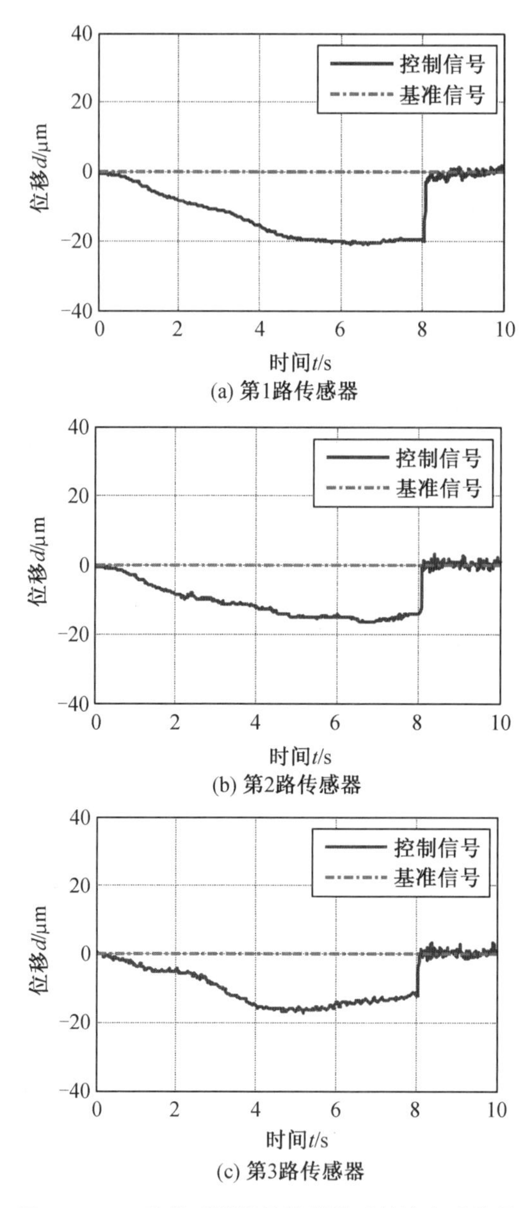

(a) 第1路传感器

(b) 第2路传感器

(c) 第3路传感器

图 2.13　三路传感器测量的薄膜反射镜变形信号

2.4　本章小结

本章以压电层合智能薄膜反射镜为研究对象,结合智能结构系统设计思想,围绕其动力学建模、动态特性研究、面型控制方法和面型主动控制系统实验等问

题进行探索,从理论求解和实验分析两方面证明了柔性压电材料 PVDF 对于薄膜反射镜面型主动控制的有效性。面型闭环动态追踪实验和热变形自适应消除实验进一步证实了基于影响函数矩阵的薄膜反射镜面型反馈控制策略能够有效消除薄膜反射镜热变形并实现反射镜面型实时精密控制。

本章参考文献

[1] THOMSON M W. The astromesh deployable reflector[C]. Boston:Antennas and Propagation Society International Symposium. IEEE,1999.

[2] THOMSON M. Astromesh™ deployable reflectors for ercial satellites[C]. Montreal:20th AIAA International Communication Satellite Systems Conference and Exhibit. American Institute of Aeronautics and Astronautics Inc. ,2002.

[3] BEKEY I. Very large yet extremely lightweight space imaging systems[C]. San Diego:UV/Optical/IR Space Telescopes:Innovative Technolgies and Concepts Ⅱ. SPIE,2005.

[4] ZHANG Y,GAO F,ZHANG S,et al. Electrode grouping optimization of electrostatic forming membrane reflector antennas[J]. Aerospace Science and Technolgy,2015,41:158-166.

[5] LIU C,YANG G,ZHANG Y. Optimization design combined with coupled structural- electrostatic analysis for the electrostatically controlled deployable membrane reflector[J]. Acta Astronautica,2015,106:90-100.

[6] NAYFEH A H,PAI P F. Linear and nonlinear structural mechanics[M]. New York:John Wiley & Sons,2008.

[7] YAMAKI N. Influence of large amplitudes on flexural vibrations of elastic plates[J]. ZAMM-Journal of Applied Mathematics and Mechanics,1961,41(12):501-510.

[8] SHEPHERD M J,COBB R G,BAKER W P. Clear aperture design criterion for deformable membrane mirror control[C]. Big Sky,MT:2006 IEEE Aerospace Conference. Inst. of Elec. ,2006.

第3章

压电智能柔性抛物壳振动主动控制

在众多航空航天系统结构中,为满足聚焦、反射信号或提高空气动力学性能等方面的要求,各种大型光学反射镜、通信天线、火箭液态燃料喷射器、火箭整流罩及导弹天线罩等通常被制作成薄壁回转抛物壳的形状。为减轻系统质量,此类结构大多采用超轻、超薄的新型材料制造,因此普遍具有模态频率低、阻尼小、柔性大等特点。当此类柔性回转抛物壳结构工作在大气阻力几乎不存在的空间环境时,其结构振动模态一旦被激发,将持久不衰,这不仅会危及其他相关仪器设备的正常工作,还会导致系统因内能耗散而失效[1-3]。本章以空间天线及光学系统中柔性回转抛物壳的振动精密测量和主动控制问题为背景,基于压电层合理论开展精密智能柔性抛物壳结构系统研究,解决其设计理论、系统建模、振动精密检测及控制等关键问题,提高精密结构系统的稳定性和主动控制精度,为此类智能结构在航空航天及各种机电自动化领域的具体应用提供理论依据和技术支持。

3.1 压电智能抛物壳分布传感特性

为实现智能抛物壳结构振动的主动控制,首先需要对其动力学性能,特别是自由振动特性进行深入分析,然后研究受控对象的全局传感信号和分布监测技术,合理设计传感元件并确定其空间分布规律,以实现对结构动力学状态的实时精确测量。

3.1.1　自由抛物壳理论振型

1. 模态形状函数

薄壳结构的振动分析在实用分析中往往采用近似理论进行简化，如 Donnell 理论、Bending 理论、Membrane 理论等[4-6]。经过简化后的抛物壳动力学基本方程的复杂程度大大降低，使振动分析与计算更容易实现。考虑抛物壳的结构特点，本节采用 Membrane 理论推导自由抛物壳的模态形状函数。对于自由振动分析，假设弹性抛物壳上任意点在一个固有频率进行简谐振动，而其位移可表示为

$$u_{\phi}(\phi,\psi,t)=U_{\phi}(\phi,\psi)\mathrm{e}^{\mathrm{j}\omega t} \tag{3.1}$$

$$u_{\psi}(\phi,\psi,t)=U_{\psi}(\phi,\psi)\mathrm{e}^{\mathrm{j}\omega t} \tag{3.2}$$

$$u_{3}(\phi,\psi,t)=U_{3}(\phi,\psi)\mathrm{e}^{\mathrm{j}\omega t} \tag{3.3}$$

式中　$U_{\phi}(\phi,\psi)$、$U_{\psi}(\phi,\psi)$、$U_{3}(\phi,\psi)$—— 子午线、圆周和横向的模态形状函数；

ω—— 固有频率。

采用分部假设法，将模态形状函数分解为周向分量和子午线向分量，并在自由边界约束条件下对其进行构造。由于旋转抛物壳是闭合的，而且边界自由，这就要求位移函数及其导数需要满足连续条件，并且必须是周期性的，因此模态形状函数可分解成与空间变量 ϕ 和 ψ 相关的子午线向函数 $U_i(\phi)$ 和周向函数 $U_i(\psi)$，即

$$U_{\phi}(\phi,\psi)=U_{\phi}(\phi)\cdot U_{\phi}(\psi) \tag{3.4}$$

$$U_{\psi}(\phi,\psi)=U_{\psi}(\phi)\cdot U_{\psi}(\psi) \tag{3.5}$$

$$U_{3}(\phi,\psi)=U_{3}(\phi)\cdot U_{\psi}(\psi) \tag{3.6}$$

此外，自由边界闭合壳体圆周方向的振动通常可以假设为由正弦和余弦函数形式的完整波形组成，因此周向函数 $U_i(\psi)$ 能够写成

$$U_{\phi}(\psi)=\cos(k\psi),\quad U_{\psi}(\psi)=\sin(k\psi),\quad U_{3}(\psi)=\cos(k\psi) \tag{3.7}$$

式中　k—— 模态数，是非零整数，也称波数。

根据受力状况和边界约束分析，自由边缘各点所受力和力矩为零。对于柔性抛物壳，由于绕回转轴旋转的自由度对结构的横向振动模态并无影响，因此满足薄膜力 $N_{\phi\phi}$ 和 $N_{\psi\psi}$ 为零，最终得到一组满足壳体边界条件的模态形状函数[7]，即

$$U_{\phi}(\phi,\psi)=A_k\cos[(2k+1)\pi\phi/\phi^*]\sin^{k+1}\phi\cos k\psi \tag{3.8}$$

$$U_{\psi}(\phi,\psi)=-A_k\cos\phi\sin^{k+1}\phi\sin k\psi \tag{3.9}$$

$$U_{3}(\phi,\psi)=A_k(k+1)\cos\phi\sin^{k}\phi\cos k\psi \tag{3.10}$$

式中　A_k——k 阶模态的振动幅值；

ϕ^*——子午线方向的边界弧度。

2. 理论振型仿真

由于结构的低阶振动所蕴含的能量要比高阶多，因此薄壳振动分析和抑制的重点主要在低阶模态。为揭示抛物壳低阶模态振动规律，本节以典型抛物壳（图3.1）为例，应用模态形状函数，仿真分析自由边界条件下的模态振型及特点。

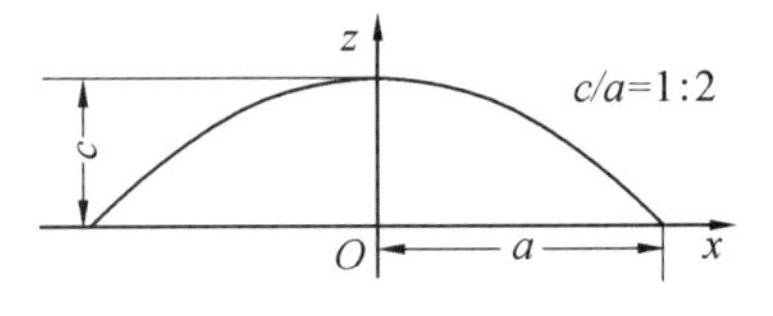

图3.1　抛物壳侧视图

选取不同的各阶振动幅值 A_k 进行仿真，基于Membrane简化的自由边界条件下抛物壳的低阶仿真振型（$k=1,2,3,4$）如图3.2所示。

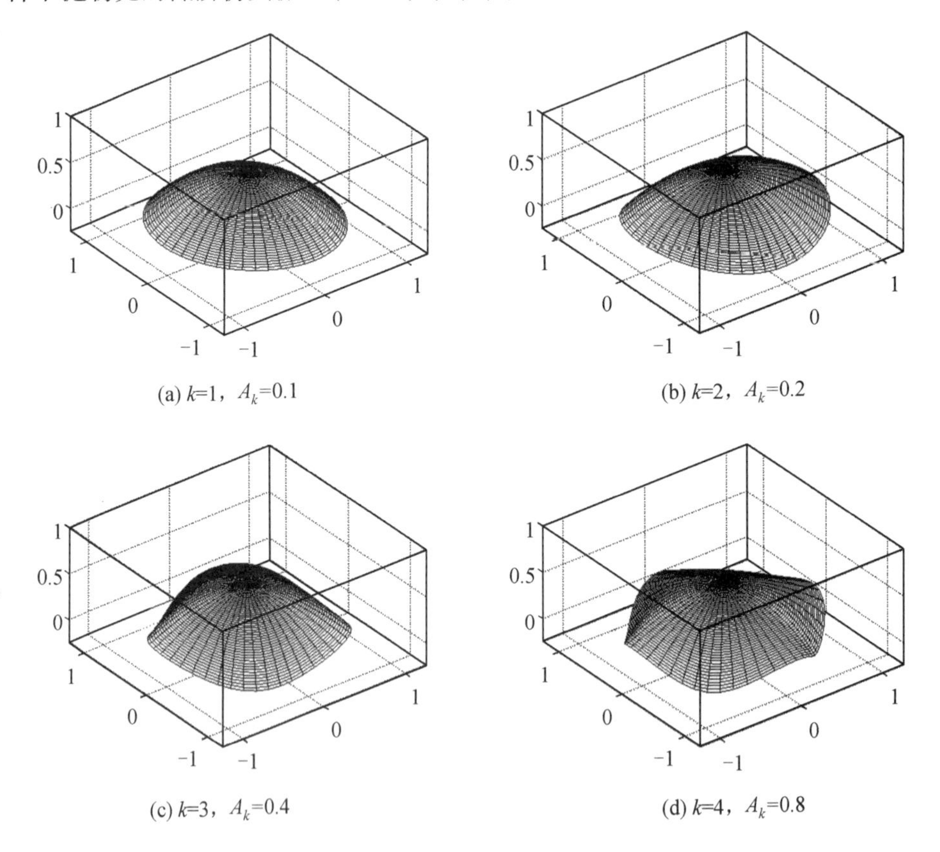

图3.2　基于Membrane简化的自由边界条件下抛物壳的低阶仿真振型（$k=1,2,3,4$）

通过上述抛物壳的模态振型图及其边界形状变化，可以清楚地看到自由边界条件下抛物壳的低阶振动呈现一定的规律：随着模态增加，抛物壳圆周方向的模态振幅变化周期逐渐变短，即峰－峰值交替依次增多；就某1阶模态而言，结构

的相对变形从壳体的顶点到自由边界逐渐增大，抛物壳的顶点为各阶模态的节点。

3. 模态分析实验

根据典型抛物壳的几何尺寸，柔性抛物壳实验模型的几何参数和抛物母线的方程描述如图3.3所示。本节应用移动激励点法测试实验模型的动态特性，并通过 Modal VIEW 模态分析软件进行频响函数分析，最终提取自由边界条件下抛物壳的低阶振型和固有频率。

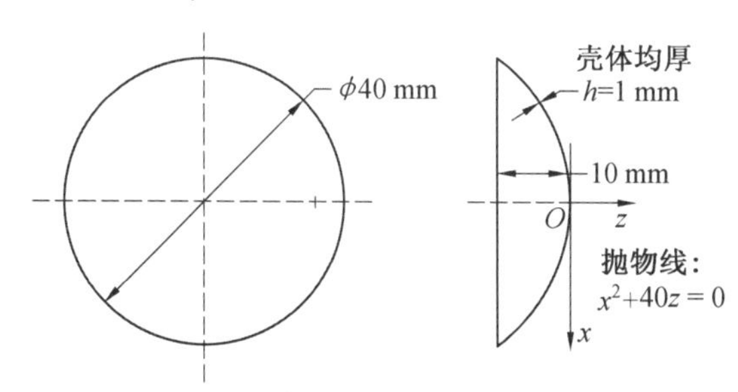

图3.3　柔性抛物壳实验模型的几何参数和抛物母线的方程描述

实验采用橡皮筋顶点悬吊方式来实现自由边界条件下的子结构模态分析。为避免对结构动态特性产生影响，实验采用锤击激励，且只设置一个响应参考点。图3.4所示为自由边界抛物壳模态实验设置及所用仪器。通过对力锤敲击测试数据的分析和处理，得到抛物壳物理模型的前三阶固有频率见表3.1。

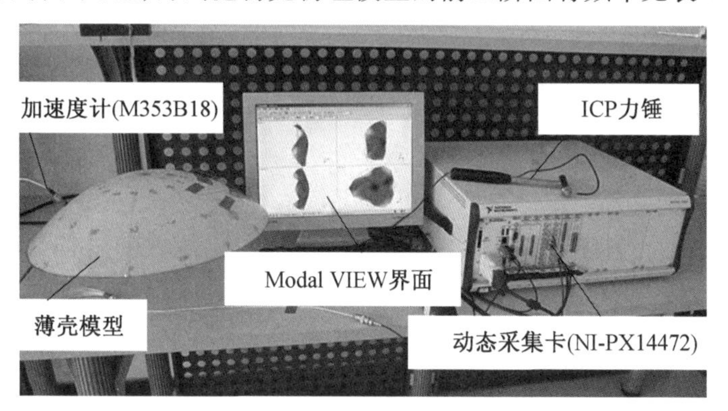

图3.4　自由边界抛物壳模态实验设置及所用仪器

表3.1　抛物壳物理模型的前三阶固有频率

模态频率	1 阶频率 /Hz	2 阶频率 /Hz	3 阶频率 /Hz
数值	8.90	23.60	43.36

将频率响应函数(FRF)合成,进行多参考最小平方复频率(LSCF)稳态图分析,并从中确定模态的位置及所选频段的模态形状,最终生成振型图。为确定理论振型的准确性,本书将前两阶实验振型与理论振型对比列出(图3.5、图3.6),俯视图中给出了振型包络虚线。模态振型的详细比较表明理论振型与实验振型在各阶模态均能准确对应,因此可以确认基于Membrane简化推导的自由边界抛物壳模态形状函数能够正确描述各阶模态振动的实际形状。

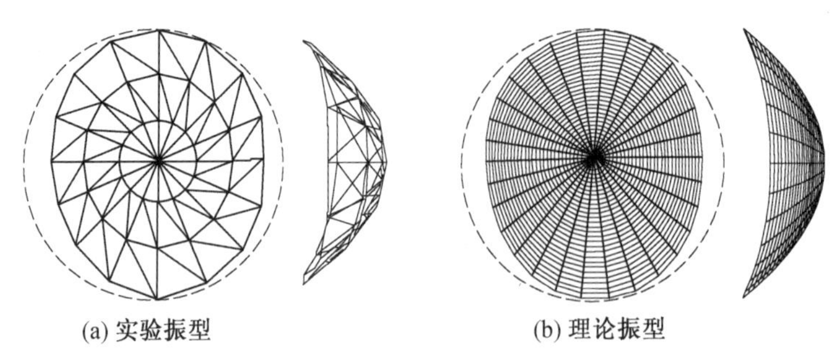

(a) 实验振型　　(b) 理论振型

图3.5　自由边界抛物壳1阶模态形状对比

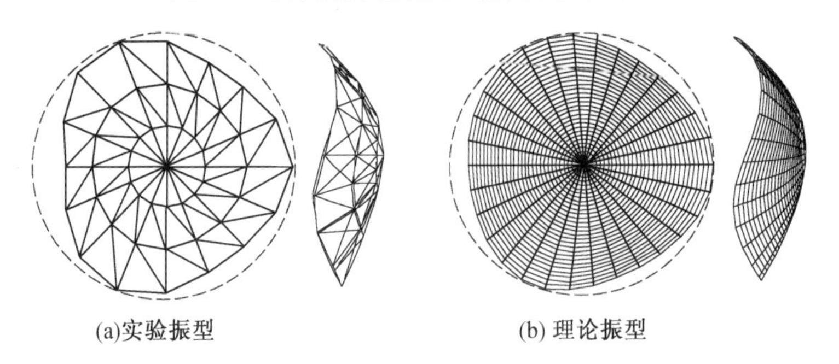

(a)实验振型　　(b) 理论振型

图3.6　自由边界抛物壳2阶模态形状对比

弹性抛物壳自由振动行为具有时空分布属性,即可以分解为时间和空间的函数。根据模态分析及振型特点,在智能结构系统设计中需要采用空间离散分布的传感/作动器去感受和控制结构的振动行为。本节将采用压电高分子聚合物PVDF薄膜作为传感元件,对精密柔性壳智能结构上离散分布的微传感特性进行深入研究。

3.1.2　分布压电传感器输出

1. 压电传感理论

在一般性的双曲率弹性壳体上任意单元的表面层合一片压电传感器,带有分布式压电传感层的抛物壳单元如图3.7所示。理想情况下,当壳体发生振动或

应变时，在正压电效应作用下，传感贴片的上、下电极将会产生符号相反的电荷，电荷密度与所受应力成比例。如果外接高阻抗电荷放大器，则可得到反映结构动力学状态的输出传感电压信号。

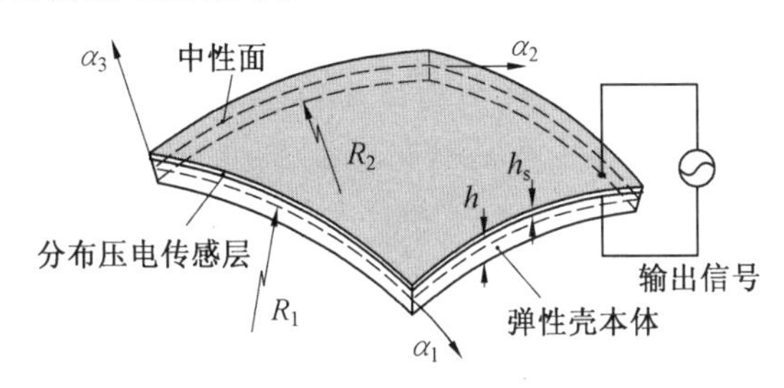

图 3.7　带有分布式压电传感层的抛物壳单元

压电特性材料的电学参量和力学参量是非独立的，而压电方程是反映压电材料的电学量$\{E_j\}$、$\{D_j\}$和力学量$\{T_{ij}\}$、$\{S_{ij}\}$之间相互关系的物态方程。根据边界条件和自变量的差异，压电方程形式分为四类。当作为传感器时，按照线性压电理论中第四类压电方程，压电传感器的正压电效应为

$$\{E_j\} = -[h]\{S_{ij}\} + [\beta^S]\{D_j\} \tag{3.11}$$

式中　$[h]$—— 应变与开环电压系数矩阵。

由于开路时压电传感器上、下电极间绝缘，因此假设因应变产生的电荷是平衡的，根据高斯定理可知$\nabla\{D_j\} = 0$。根据薄壳假设，壳体横向剪切应变可不计，所以S_{12}、S_{13}和S_{23}分量将略去。同时，薄壳三个方向的电场强度矢量中通常仅考虑横向电场E_3的作用。基于 Maxwell 方程，对电场强度E_3在传感器厚度方向积分，可得极间电压φ^S如式(3.12)所示，通过在有效传感电极面积S^e上积分可计算整个电极上产生的电荷。若使电荷量为零，则可获得传感器正负电极间的开路电压φ^S，则有

$$\varphi^S = -\int_{h^S} E_3 \mathrm{d}\alpha_3 = h^S(h_{31}S_{11}^S + h_{32}S_{22}^S - \beta_{33}^S D_{33}^S) \tag{3.12}$$

$$\varphi^S = \frac{h^S}{S^e}\iint_{S^e}(h_{31}S_{11}^S + h_{32}S_{22}^S)A_1A_2\mathrm{d}\alpha_1\mathrm{d}\alpha_2 \tag{3.13}$$

式中　S_{11}^S、S_{22}^S—— 在曲线坐标α_1和α_2上的应变；

h^S—— 传感器的厚度；

h_{ij}—— 应变与开环电压系数；

D_{33}^S—— 单位面积上的电荷量。

2. 模态传感信号

壳体结构的动力学响应可以通过模态展开方法进行测定，即采用带有模态

参与因子 η_k 的全部参与模态加权 U_{ik} 之和来表述结构的全模态响应,即

$$u_i(\varphi,\psi,t)=\sum_{k=1}^{\infty}\eta_k(t)U_{ik}(\varphi,\psi),\quad i=1,2,3 \tag{3.14}$$

将全模态展开引入传感信号开路电压表达式,可以建立分布传感信号与各阶自然模态间的联系,进而评价信号的模态贡献。把壳体振动的模态展开表达式(3.14)和抛物壳的应变表达式代入分布式传感器的开路电压信号表达式(3.13),可得

$$\begin{aligned}
\varphi^S=&\frac{h^S}{S^e}\iint_{S^e}\Bigg\{h_{3\phi}\Bigg\{\frac{\cos^3\phi}{b}\left[\frac{\partial}{\partial\phi}\left(\sum_{k=1}^{\infty}\eta_k(t)U_{\phi k}(\phi,\psi)\right)+\sum_{k=1}^{\infty}\eta_k(t)U_{3k}(\phi,\psi)\right]+\\
&r_\phi^S\Bigg\{\frac{\cos^6\phi}{b^2}\left[\frac{\partial}{\partial\phi}\left(\sum_{k=1}^{\infty}\eta_k(t)U_{\phi k}(\phi,\psi)\right)-\frac{\partial^2}{\partial\phi^2}\left(\sum_{k=1}^{\infty}\eta_k(t)U_{3k}(\phi,\psi)\right)\right]-\\
&\frac{3\cos^5\phi\sin\phi}{b^2}\left[\sum_{k=1}^{\infty}\eta_k(t)U_{\phi k}(\phi,\psi)-\frac{\partial}{\partial\phi}\left(\sum_{k=1}^{\infty}\eta_k(t)U_{3k}(\phi,\psi)\right)\right]\Bigg\}\Bigg\}+\\
&h_{3\psi}\Bigg\{\frac{\cos\phi}{b\sin\phi}\left[\frac{\partial}{\partial\psi}\left(\sum_{k=1}^{\infty}\eta_k(t)U_{\psi k}(\phi,\psi)\right)+\cos\phi\left(\sum_{k=1}^{\infty}\eta_k(t)U_{\phi k}(\phi,\psi)\right)+\right.\\
&\left.\sin\phi\left(\sum_{k=1}^{\infty}\eta_k(t)U_{3k}(\phi,\psi)\right)\right]+r_\psi^S\Bigg\{\frac{\cos^2\phi}{b^2\sin\phi}\left[\frac{\partial}{\partial\psi}\left(\sum_{k=1}^{\infty}\eta_k(t)U_{\psi k}(\phi,\psi)\right)-\right.\\
&\frac{1}{\sin\phi}\frac{\partial^2}{\partial\psi^2}\left(\sum_{k=1}^{\infty}\eta_k(t)U_{3k}(\phi,\psi)\right)+\cos^3\phi\left(\sum_{k=1}^{\infty}\eta_k(t)U_{\phi k}(\phi,\psi)\right)-\\
&\left.\cos^3\phi\frac{\partial}{\partial\phi}\left(\sum_{k=1}^{\infty}\eta_k(t)U_{3k}(\phi,\psi)\right)\right]\Bigg\}\Bigg\}\Bigg\}\frac{b^2\sin\phi}{\cos^4\phi}\mathrm{d}\phi\mathrm{d}\psi
\end{aligned} \tag{3.15}$$

式中 r_ϕ^S、r_ψ^S—— 从传感器中面到壳体中曲面子午线方向和圆周方向的距离。

3.1.3 智能抛物壳分布传感特性

在抛物壳结构自由振动过程中,壳体上不同的区域将产生不同的响应幅值和相位。当壳体表面层合了压电传感器后,每个点的输出信号中均会记录局部区域振动的参数,如振幅、频率和结构阻尼等。因此,在进行全局传感信号分析和微传感分量评价之前需要确定分布式传感器的空间坐标,以辨识其相对位置。图 3.8 所示为一片定义在曲率坐标系(ϕ,ψ,α_3)下的分布式压电传感器,其沿着子午线方向的坐标为 $\phi_1\sim\phi_2$,而沿着圆周回转方向为 $\psi_1\sim\psi_2$。

需要说明的是,本章所有提及的分布传感、作动器均以粘贴方式层合于本体壳结构上,同时假设满足以下条件:压电层完美地黏结于弹性结构表面,近似为一体化结构;忽略黏滞阻力的影响;层合后的壳体仍满足薄壳假设;忽略压电贴片表面电极的物理阻抗,即假设导电效果理想。

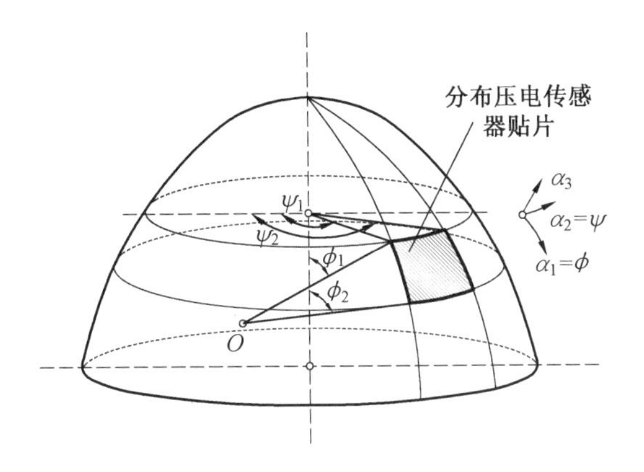

图3.8　一片定义在曲率坐标系(ϕ,ψ,α_3)下的分布式压电传感器

1. 横向传感信号及其组成

理论上,旋转抛物壳智能结构上分布式传感器的敏感性可以按照三个坐标方向定义,即子午线、圆周和横向,但一般只关注占主体的壳体横向振动。因此,本节将忽略平面位移作用,只考虑沿着厚度 α_3 方向的振动位移。

首先,依据 Membrane 简化理论,忽略弯曲应变 $k_{\phi\phi}$ 和 $k_{\psi\psi}$ 的作用,同时假设压电应变与开环电压系数 $h_{3\phi}=h_{3\psi}=h_{3i}$,且传感器贴片和壳的厚度在平面内均匀分布,即 $r_\phi^S=r_\psi^S=r_i^S$。代入抛物壳的 Lamé 系数和前面推导的自由边界条件下抛物壳横向模态形状函数,则传感信号表达式为

$$\begin{aligned}\phi^S&=\frac{h^S h_{3i}}{S^e}\int_\phi\int_\psi u_3(\cos^3\phi+\cos\phi)\frac{b\sin\phi}{\cos^4\phi}\mathrm{d}\phi\mathrm{d}\psi\\&=\frac{A_k h^S h_{3i}}{S^e}\int_\phi\int_\psi b(k+1)[\sin^{k+1}\phi\cos k\psi+\sin^{k+1}\phi\sec^2\phi\cos k\psi]\mathrm{d}\phi\mathrm{d}\psi\\&=A_k h^S h_{3i}[(\Phi_{\phi\phi})_{\mathrm{mem}}+(\Phi_{\psi\psi})_{\mathrm{mem}}]\end{aligned}\tag{3.16}$$

式中　$(\Phi_{\phi\phi})_{\mathrm{mem}}$、$(\Phi_{\psi\psi})_{\mathrm{mem}}$——子午线和圆周方向的薄膜应变传感分量。

假设传感器贴片布置在如图3.8所示区域,那么两个分量的数值可由下式计算,即

$$(\Phi_{\phi\phi})_{\mathrm{mem}}=\frac{b(k+1)}{S^e k}(\sin k\psi_2-\sin k\psi_1)\int_{\phi_1}^{\phi_2}\sin^{k+1}\phi\mathrm{d}\phi\tag{3.17}$$

$$(\Phi_{\psi\psi})_{\mathrm{mem}}=\frac{b(k+1)}{S^e k}(\sin k\psi_2-\sin k\psi_1)\int_{\phi_1}^{\phi_2}\sin^{k+1}\phi\sec^2\phi\mathrm{d}\phi\tag{3.18}$$

式中　S^e——传感器贴片的面积,与传感器的布局和坐标定义有关,可表示为

$$S^e=\int_{\phi_1}^{\phi_2}\int_{\psi_1}^{\psi_2}A_1A_2\mathrm{d}\psi\mathrm{d}\varphi=\int_{\phi_1}^{\phi_2}\int_{\psi_1}^{\psi_2}\frac{b^2\sin\varphi}{\cos^4\varphi}\mathrm{d}\psi\mathrm{d}\varphi\tag{3.19}$$

通过分析上述推导的表达式可知，压电贴片的分布传感信号与传感器的尺寸大小、布局位置、压电材料特性和壳体几何参数等密切相关，可通过数值仿真全局评价沿子午线和圆周方向变化的不同位置上分布传感信号的大小和变化趋势。

2. 数值仿真与参数分析

抛物壳表面层合的分布式压电传感器贴片如图 3.9 所示，选取图中的抛物壳为分析对象。

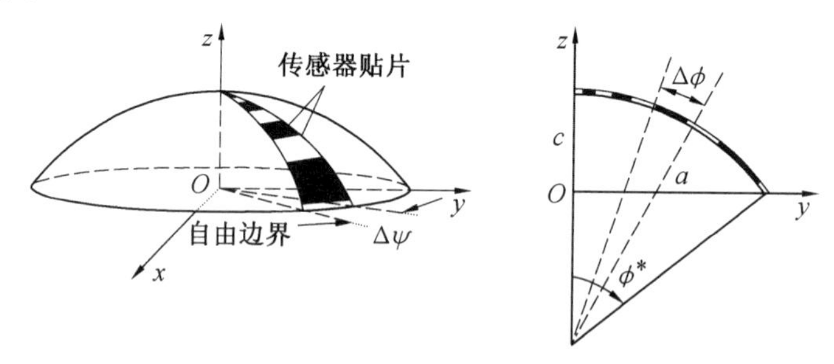

图 3.9　抛物壳表面层合的分布式压电传感器贴片

为评价空间传感信号的特性，分布压电传感器贴片的尺寸被等弧度定义，即除边缘区域外，其余区域子午线方向和圆周方向弧度间隔分别相同，不等分弧度作为微小误差略去。照此分割方式，将旋转抛物壳的整个外表面可以划分成 N 个区域，弧度区间面积可以通过式(3.19) 计算。应用前面定义的传感信号中不同应变分量表达式，假设传感器厚度、模态振幅和传感器应变与开环电压系数为恒定值，即 $h^S = A_k = h_{ij} = 1$，则可以方便地得出不同位置上压电传感器贴片各阶模态的横向传感信号及其分量，即

$$(\boldsymbol{\Phi}_{\phi\phi})_{\text{mem}}、(\boldsymbol{\Phi}_{\psi\psi})_{\text{mem}} \text{和} (\boldsymbol{\Phi})_{\text{mem}} = (\boldsymbol{\Phi}_{\phi\phi})_{\text{mem}} + (\boldsymbol{\Phi}_{\psi\psi})_{\text{mem}}$$

值得注意的是，数值仿真得出的传感信号电压值表征的是特定区域内壳体应变的相对幅值，用于判别不同位置上传感信号的模态敏感特性。由于理论模态振型中 $k = 1$ 对应的模态为自由壳体的刚体模态，因此数值仿真从扩展模态 ($k = 2$) 开始，图3.10 ~ 3.12 所示为抛物壳在不同模态($k = 2,3,4$) 时的横向传感信号及分量。

为定量比较圆周传感分量和子午线分量，图 3.13 所示为各阶模态传感分量最大值的比较。基于模态传感信号的理论分析和数值仿真，可以得出以下结论：由薄膜应变引发的传感信号占主体而且各传感信号随着模态的增加而递减，这是因为高阶模态下薄膜效应在逐渐削弱；随着布片位置和模态的不同，压电传感器的传感信号不断变化，在抛物壳的顶点位置的传感信号为零，说明该点是壳结

构振动的节点;自由边界上的传感信号波形随着模态半波数的增加而变化,且变化规律与抛物壳结构动力学特性及模态分析的结果相呼应;对于特定某一模态,定量比较说明圆周方向传感分量大于子午线方向分量,尽管二者在量级上相差并不悬殊;数值仿真的结果表明,对于自由边界抛物壳层合结构而言,分布式传感器应该布置在边界附近。

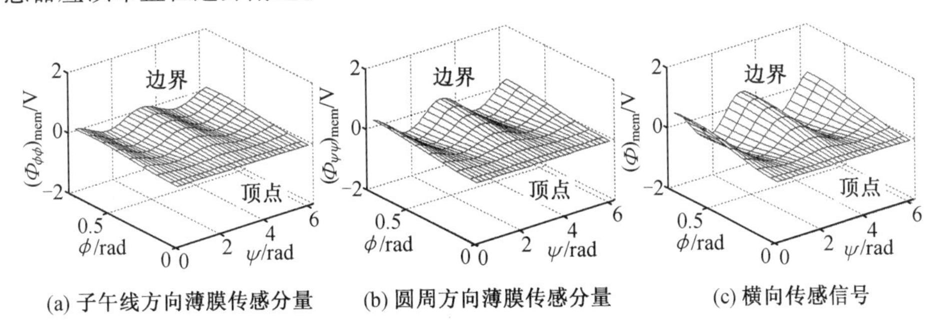

(a) 子午线方向薄膜传感分量　(b) 圆周方向薄膜传感分量　(c) 横向传感信号

图3.10　$k=2$ 时抛物壳的横向传感信号及分量

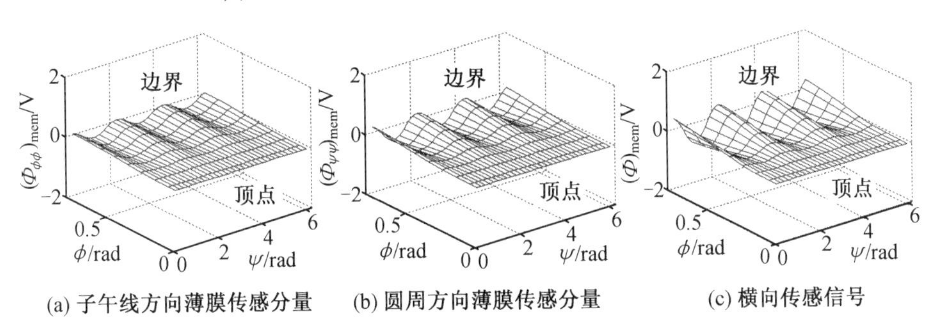

(a) 子午线方向薄膜传感分量　(b) 圆周方向薄膜传感分量　(c) 横向传感信号

图3.11　$k=3$ 时抛物壳的横向传感信号及分量

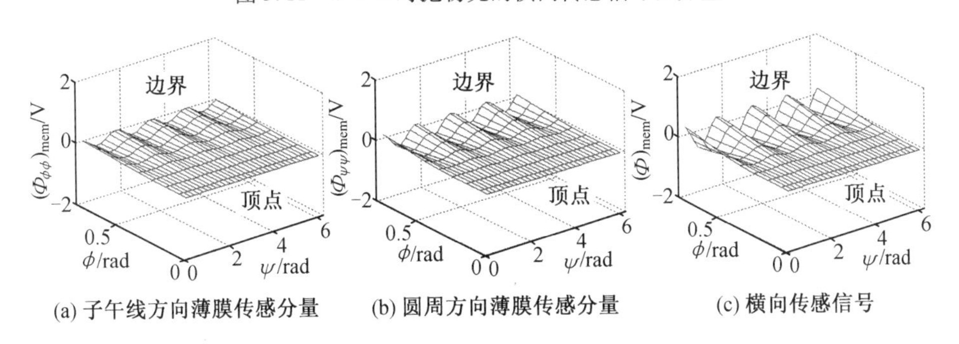

(a) 子午线方向薄膜传感分量　(b) 圆周方向薄膜传感分量　(c) 横向传感信号

图3.12　$k=4$ 时抛物壳的横向传感信号及分量

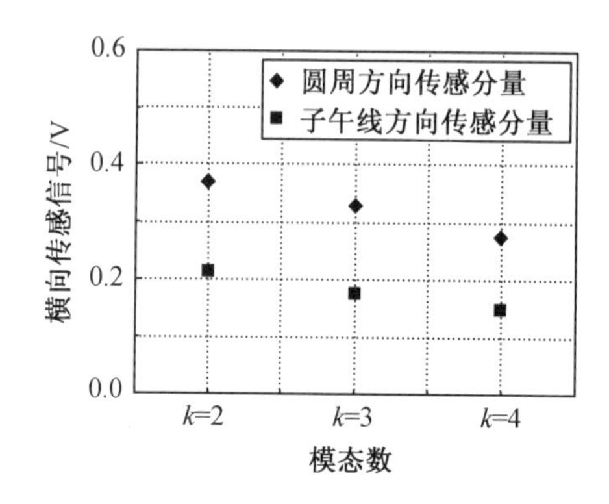

图 3.13　各阶模态传感分量最大值的比较

3.2　压电智能抛物壳分布激励特性

图 3.14 所示为层合压电作动器的智能抛物壳结构，作动器层由双轴向敏感压电材料制成，且与壳体表面理想黏合，可对抛物壳结构产生沿壳体表面双曲线坐标轴方向的主动控制力和力矩。

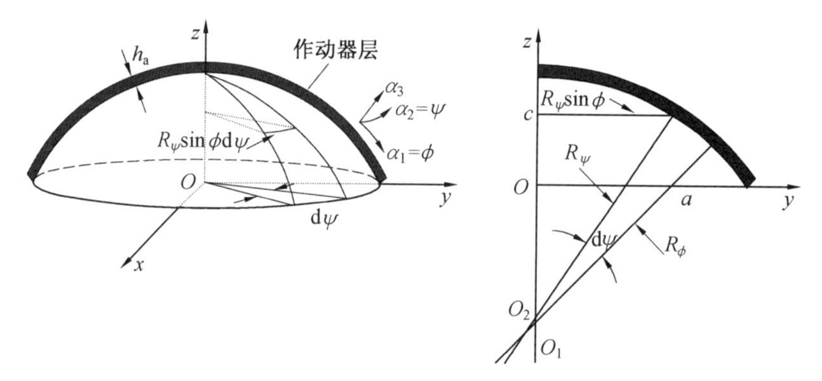

图 3.14　层合压电作动器的智能抛物壳结构

3.2.1　压电层合作动器基本理论

1. 控制力和力矩表达式

基于逆压电效应原理，如果对一个二轴导向的压电作动器施加极化方向（厚度方向）上控制电压，则可以触发作动器产生沿两个平面方向的控制应变。由于作动器层合于抛物壳结构表面，距弹性体中面有一定距离，因此控制应变不仅可以转换为平面控制力，同样可以产生用于改变结构形状和抵消结构振动的控制

力矩。当引入横向外施电压 ϕ^a 时，抛物壳上层合作动器的平面主动控制力和力矩为

$$N^a_{\phi\phi}=d_{31}Y_p\phi^a,\quad N^a_{\psi\psi}=d_{32}Y_p\phi^a,\quad M^a_{\phi\phi}=r^a_\phi d_{31}Y_p\phi^a,\quad M^a_{\psi\psi}=r^a_\psi d_{32}Y_p\phi^a \tag{3.20}$$

式中　Y_p—— 压电材料的弹性模量；

r^a_i—— 有效力臂，即从壳体中面到作动器中面的距离。

因此，压电层合抛物壳结构单元合成力和力矩表达式可以定义为

$$\begin{aligned}N_{\phi\phi}&=N^m_{\phi\phi}-N^a_{\phi\phi}\\&=K\left[\frac{\cos^3\phi}{b}\left(\frac{\partial u_\phi}{\partial\phi}+u_3\right)+\mu\frac{\cos\phi}{b\sin\phi}\left(\frac{\partial u_\psi}{\partial\psi}+u_\phi\cos\phi+u_3\sin\phi\right)\right]-d_{3\phi}Y_p\phi^a\end{aligned} \tag{3.21}$$

$$\begin{aligned}N_{\psi\psi}&=N^m_{\psi\psi}-N^a_{\psi\psi}\\&=K\left[\frac{\cos\phi}{b\sin\phi}\left(\frac{\partial u_\psi}{\partial\psi}+u_\phi\cos\phi+u_3\sin\phi\right)+\mu\frac{\cos^3\phi}{b}\left(\frac{\partial u_\phi}{\partial\phi}+u_3\right)\right]-d_{3\psi}Y_p\phi^a\end{aligned} \tag{3.22}$$

$$\begin{aligned}M_{\phi\phi}=M^m_{\phi\phi}-M^a_{\phi\phi}=D\Bigg[&\frac{\cos^6\phi}{b^2}\frac{\partial u_\phi}{\partial\phi}-\frac{3\cos^5\phi\sin\phi}{b^2}\left(u_\phi-\frac{\partial u_3}{\partial\phi}\right)+\\&\mu\frac{\cos^2\phi}{b^2\sin\phi}\left(\frac{\partial u_\psi}{\partial\psi}+u_\phi\cos^3\phi-\cos^3\phi\frac{\partial u_3}{\partial\phi}\right)\Bigg]-r^a_\phi d_{3\phi}Y_p\phi^a\end{aligned} \tag{3.23}$$

$$\begin{aligned}M_{\psi\psi}=M^m_{\psi\psi}-M^a_{\psi\psi}=D\Bigg[&\frac{\cos^2\phi}{b^2\sin\phi}\left(\frac{\partial u_\psi}{\partial\psi}+u_\phi\cos^3\phi-\cos^3\phi\frac{\partial u_3}{\partial\phi}\right)+\\&\mu\frac{\cos^6\phi}{b^2}\frac{\partial u_\phi}{\partial\phi}-\frac{3\cos^5\phi\sin\phi}{b^2}\left(u_\phi-\frac{\partial u_3}{\partial\phi}\right)\Bigg]-r^a_\psi d_{3\psi}Y_p\phi^a\end{aligned} \tag{3.24}$$

式中　m—— 弹性分量；

a—— 分布压电作动器产生的控制分量；

ϕ^a—— 控制电压。

假设压电作动器层离散分布于曲线坐标(ϕ_0,ϕ_1)、(ψ_0,ψ_1)区域，忽略作动器表面电极的阻抗，认为控制电压以恒定值作用于压电贴片的电极表面，则可定义出该作动器上作用的控制电压信号为

$$\begin{aligned}&\phi^a(\phi,\psi,t)\\&=\phi^a(\phi,\psi,t)[u_s(\phi-\phi_0)-u_s(\phi-\phi_1)][u_s(\psi-\psi_0)-u_s(\psi-\psi_1)]\end{aligned} \tag{3.25}$$

式中　$u_s(\cdot)$—— 单位阶梯函数，当 $\phi\geqslant\phi_i$ 时，$u_s(\phi-\phi_i)=1$，否则 $u_s(\phi-\phi_i)=0$，ψ 类似。

进一步地,该控制信号的微分表达式为

$$\frac{\partial \phi^a(\phi,\psi,t)}{\partial \phi} = \phi^a(\phi,\psi,t)[\delta(\phi-\phi_0)-\delta(\phi-\phi_1)][u_s(\psi-\psi_0)-u_s(\psi-\psi_1)] \tag{3.26}$$

$$\frac{\partial \phi^a(\phi,\psi,t)}{\partial \psi} = \phi^a(\phi,\psi,t)[u_s(\phi-\phi_0)-u_s(\phi-\phi_1)][\delta(\psi-\psi_0)-\delta(\psi-\psi_1)] \tag{3.27}$$

式中 $\delta(\cdot)$——Dirac Delta 函数。

2. 系统控制方程

根据 Membrane 简化理论,忽略弹性壳体单元的弯曲应变,设 $M^m_{\phi\phi}=M^m_{\psi\psi}=M^m_{\phi\psi}=0$,可得柔性抛物壳的系统控制方程为

$$\frac{\partial[(N^m_{\phi\phi}-N^a_{\phi\phi})\tan\phi]}{\partial \phi}+\frac{1}{\cos^3\phi}\frac{\partial N^m_{\psi\phi}}{\partial \psi}-\frac{1}{\cos^2\phi}(N^m_{\psi\psi}-N^a_{\psi\psi})+\frac{M^a_{\psi\psi}\cos\phi}{b}-\frac{\cos^3\phi}{b}\frac{\partial(M^a_{\phi\phi}\tan\phi)}{\partial\phi}+\frac{b\sin\phi}{\cos^4\phi}\cdot q_\phi = \frac{b\sin\phi}{\cos^4\phi}\rho h\ddot{u}_\phi \tag{3.28}$$

$$\frac{\partial(N^m_{\phi\psi}\tan\phi)}{\partial\phi}+\frac{1}{\cos^3\phi}\frac{\partial(N^m_{\psi\psi}-N^a_{\psi\psi})}{\partial\psi}-\frac{1}{\cos^2\phi}N^m_{\psi\phi}-\frac{1}{b\cos^2\phi}\frac{\partial M^a_{\psi\psi}}{\partial\psi}+\frac{b\sin\phi}{\cos^4\phi}q_\psi = \frac{b\sin\phi}{\cos^4\phi}\rho h\ddot{u}_\psi \tag{3.29}$$

$$\frac{\partial}{\partial\phi}\left[\frac{b}{\cos^2\phi}M^a_{\psi\psi}-\cos^3\phi\frac{\partial(M^a_{\phi\phi}\tan\phi)}{\partial\phi}\right]-\frac{1}{\cos^2\phi\sin\phi}\frac{\partial}{\partial\psi}\left(\frac{\partial M^a_{\psi\psi}}{\partial\psi}\right)-b\tan\phi(N^m_{\phi\phi}-N^a_{\phi\phi})-\frac{b\sin\phi}{\cos^3\phi}(N^m_{\psi\psi}-N^a_{\psi\psi})+\frac{b^2\sin\phi}{\cos^4\phi}q_3 = \frac{b^2\sin\phi}{\cos^4\phi}\rho h\ddot{u}_3 \tag{3.30}$$

上述方程分别表示子午线、圆周和横向的动力学/控制方程,其中包含了控制力和力矩项,因此从理论上讲,压电层合抛物壳的开/闭环分布控制可以实现。

3. Love 算子

若考虑层合压电贴片单元的正逆压电效应影响,将其作用分解成分别对应正、逆压电效应引起的两个算子,同时引入由分布力引起的黏滞阻尼项,即可写

出具有一般性的系统控制方程简化形式[8]，即

$$L_i^m\{u_1,u_2,u_3\}+L_i^d\{u_1,u_2,u_3\}+L_i^c\{\phi_3\}-c_d\dot{u}_i-\rho h\ddot{u}_i=-q_i \tag{3.31}$$

式中 $L_i^m\{\cdot\}$、$L_i^d\{\cdot\}$、$L_i^c\{\cdot\}$——结构力和正、逆压电效应 Love 算子；

q_i——中性面上的分布外载荷；

c_d——等效黏滞阻尼因子；

ϕ_3——厚度方向控制电压。

上式中前两项的具体表达式可以通过力-电耦合方程和合成电场力/力矩分析得出。在仅考虑横向电压 ϕ_3 作用的情况下，若假设作动器厚度均匀，且压电常数 $d_{31}=d_{32}$，那么可以推出其在子午线和圆周方向的主动控制力和力矩分别相等。将所有参数带入 Love 算子表达式中，并引入抛物壳几何坐标进行简化，可以得出 $L_\phi^c\{\phi_3\}$、$L_\psi^c\{\phi_3\}$ 与 $L_3^c\{\phi_3\}$ 的表达式。

3.2.2 压电作动器模态控制效应

模态展开法假设任意方向上的位移响应都是全部参与模态组成的，如果把该表达式代入简化的系统控制方程式(3.31)中，则可得到展开的模态方程为

$$\sum_{k=1}^{\infty}\{\eta_k(L_i^m\{U_{\phi k},U_{\psi k},U_{3k}\}+L_i^d\{U_{\phi k},U_{\psi k},U_{3k}\})-c_d\dot{\eta}_kU_{ik}-\rho h\ddot{\eta}_kU_{ik}\}$$
$$=-q_i-L_i^c\{\phi_3\} \tag{3.32}$$

考虑横向电压 ϕ_3 的作用，在等式两侧乘以模态形状函数 U_{ik}，同时在层合抛物壳表面积分后，利用模态正交性并引入模态阻尼比 $\zeta_k=c_d/(2\rho h\omega_k)$，得出抛物壳的模态控制方程为

$$\ddot{\eta}_k+2\zeta_k\omega_k\dot{\eta}_k+\omega_k^2\eta_k=q_i(t)+F_k^a(t)=\hat{F}_k(t) \tag{3.33}$$

式中 η_k——模态参与因子；

ω_k——表示 k 阶固有频率；

ρ——抛物壳的质量密度；

F_k^a——电控激励。

根据前面的推导，并代入控制算子 $L_i^c\{\phi_3\}$，可以得出模态控制方程中 k 阶模态的分布控制力为

$$\begin{aligned}\hat{F}_k&=\frac{1}{\rho hN_k}\int_\phi\int_\psi[L_\phi^c\{\phi_3\}U_{\phi k}+L_\psi^c\{\phi_3\}U_{\psi k}+L_3^c\{\phi_3\}U_{3k}]\frac{b^2\sin\phi}{\cos^4\phi}\mathrm{d}\phi\mathrm{d}\psi\\&=\frac{A_kY_pd_{3i}\phi^a}{\rho}T_k\\&=\frac{A_kY_pd_{3i}\phi^a}{\rho}(T_{k\_\mathrm{meri}}+T_{k\_\mathrm{cir}}+T_{k\_\mathrm{trans}})\end{aligned} \tag{3.34}$$

式中 N_k——模态常数，$N_k=\int_\phi\int_\psi(\sum_{i=1}^{3}U_{ik}^2)\frac{b^2\sin\phi}{\cos^4\phi}\mathrm{d}\phi\mathrm{d}\psi$；

T_{k_meri}、T_{k_cir}、T_{k_trans}—— 子午线、圆周及横向的控制行为分量；

T_k—— 由作动器引起的控制行为。

本节主要研究横向控制行为，而忽略 T_{k_meri} 和 T_{k_cir} 的作用。根据前面对分布式压电贴片的压电常数、厚度及坐标位置的定义，则压电作动器的横向模态控制力和它的微控行为分量可以确定为

$$\hat{F}_k = \frac{A_k Y_p d_{3i} \phi^a}{\rho}(T_{k\_trans}^{\phi\_mem} + T_{k\_trans}^{\phi\_bend} + T_{k\_trans}^{\psi\_mem} + T_{k\_trans}^{\psi\_bend}) \tag{3.35}$$

式中 $T_{k\_trans}^{\phi\_mem}$、$T_{k\_trans}^{\phi\_bend}$—— 子午线方向的薄膜与弯矩控制分量；

$T_{k\_trans}^{\psi\_mem}$、$T_{k\_trans}^{\psi\_bend}$—— 圆周方向的薄膜与弯矩控制分量。

引入抛物壳上压电贴片主动控制力／力矩的表达式和描述自由边界条件下柔性抛物壳振动的模态形状函数，即可定义出这四个不同的控制行为分量。由于旋转抛物壳结构的圆周回转角度为 0 ~ 2π，而子午线方向的角度变化为 0 ~ ϕ^*，因此模态常数 N_k 可以展开为

$$\begin{aligned} N_k &= \int_\phi \int_\psi \sum_{i=1}^{3} U_{ik}^2(\phi,\psi) \frac{b^2 \sin\phi}{\cos^4\phi} \mathrm{d}\phi \mathrm{d}\psi \\ &= \pi A_k^2 b^2 \int_0^{\phi^*} \left\{ \left[(k+1)^2 + \cos^2 \frac{(2k+1)\pi}{2\phi^*}\phi \cdot \tan^2\phi + \sin^2\phi \right] \frac{\sin^{(2k+1)}\phi}{\cos^2\phi} \right\} \mathrm{d}\phi \end{aligned} \tag{3.36}$$

3.2.3 参数分析与数值仿真

本节将就分布式作动器的模态控制力及其分量按照模态相关方式划分作动器的有效面积及单位面积上的规格化控制效应进行参数分析，进而得出抛物壳上离散作动器的激励特性与分布规律。图 3.15 所示为带有分布式作动器贴片的抛物壳及其几何特性参数。

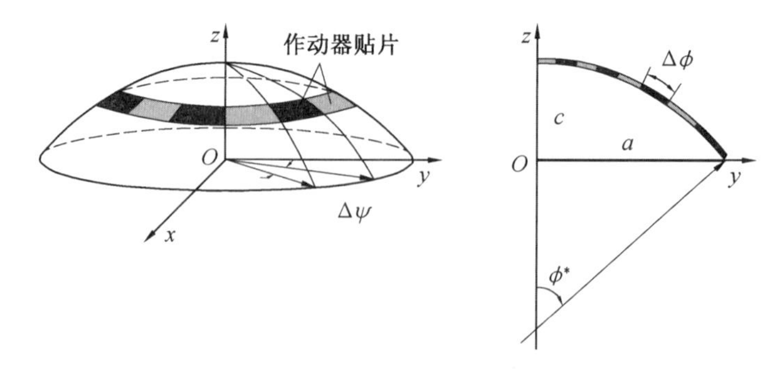

图 3.15 带有分布式作动器贴片的抛物壳及其几何特性参数

为保证参数分析具有一般性，对模态控制力表达式(3.35) 中涉及壳体特性、

控制电压和压电材料特性的项进行无量纲化处理，即设 $d_{3i}Y_{\mathrm{p}}\phi^{a}A_{k}/\rho = C$。考虑自由边界抛物壳的模态特性，分布式压电作动器按照模态不同而被划分成不同的空间曲面单元，层合于抛物壳结构表面。在子午线方向上，作动器的边界按一定间距取为 N 个弧度区间；在圆周方向上，压电作动器的边界弧度按照 $(2n-1)\pi/2k$ 均匀划分，其中 $n=1,2,3,\cdots,2k$，而 k 为圆周方向的波数。至此，可以得到抛物壳体上不同纬度的带状作动器贴片布局。

1. 作动器的微控行为

根据作动器在抛物壳上的分布，得出前三阶($k=2,3,4$)模态下分布式作动器贴片的四个控制分量的数值仿真曲线(图 3.16 ~ 3.18)。图 3.19 所示为各阶模态下分布作动器总体横向控制行为对比[9]。

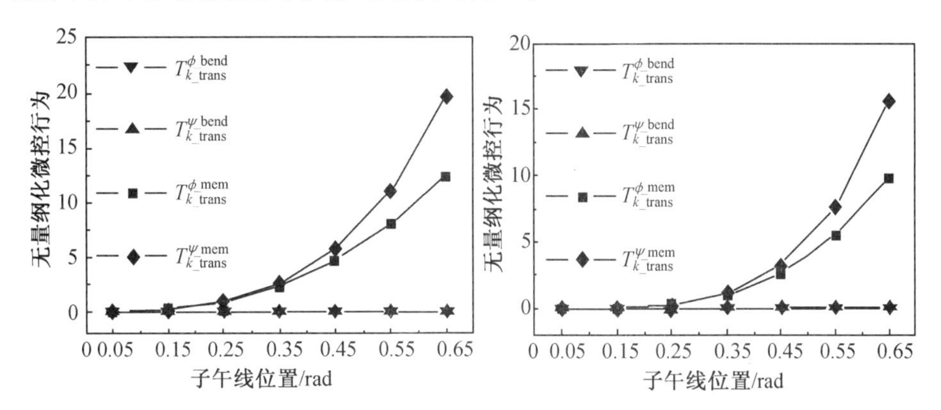

图 3.16　$k=2$ 时作动器的横向控制行为分量

图 3.17　$k=3$ 时作动器的横向控制行为分量

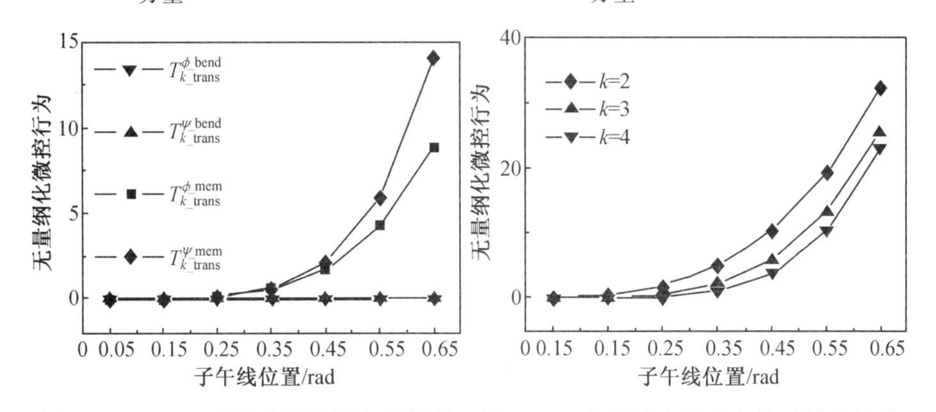

图 3.18　$k=4$ 时作动器的横向控制行为分量

图 3.19　各阶模态下分布作动器总体横向控制行为对比

从结果中可以得出作动器的以下激励特性：薄膜激励在所有四个控制分量中占据主体，两个弯矩分量很小，几乎可以忽略；周向薄膜激励最大，其次是子午线薄膜微控行为;作动器的控制行为随着子午线坐标接近自由边界而逐渐增大;作动器对高阶模态的控制行为小于低阶模态,除尺寸划分方式的原因外,主要在于薄膜效应随着模态增加而逐渐削弱。

2. 作动器的有效面积

由于作动器的面积沿着子午线方向面积的增大呈非线性,因此为评价单位面积上作动器的控制效应,须对其进行规格化处理。根据抛物壳的几何特性,按照依靠不同模态划分的作动器有效面积可由式(3.37)计算得出。图3.20所示为前三阶模态下抛物壳上不同位置作动器贴片的有效面积曲线,则有

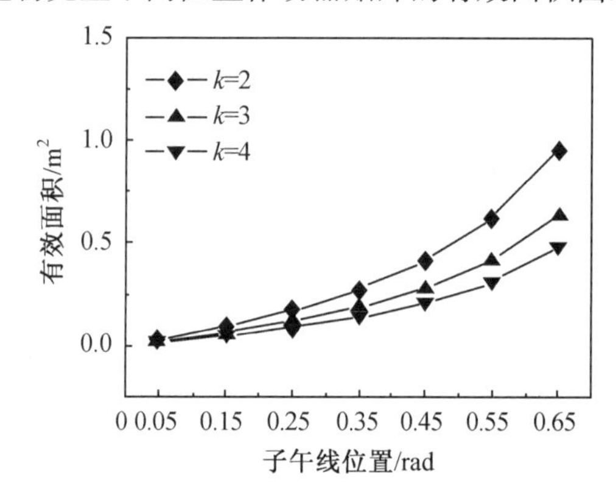

图3.20 前三阶模态下抛物壳上不同位置作动器贴片的有效面积曲线

$$S^a = \int_\phi \int_\psi A_1 A_2 \mathrm{d}\psi \mathrm{d}\phi = b^2(\psi_1 - \psi_0) \frac{\cos^3\phi_0 - \cos^3\phi_1}{3\cos^3\phi_0 \cos^3\phi_1} \tag{3.37}$$

由图中曲线可发现:用于低阶模态控制的作动器面积明显大于高阶模态作动器,这是因为其尺寸划分采用的是与模态有关的圆周划分方式;作动器的有效面积沿着子午线方向由顶点至自由边界逐渐增大。因此,不同位置上作动器尺寸对其激励效应有重要影响。

3. 规格化控制效应

作动器尺寸的大小直接影响其产生控制行为的量级。为细致评价单位面积作动器的控制效应(考虑控制成本原因),需要将其控制行为规格化处理。图3.21所示为两种厚度的抛物壳模型前三阶模态的作动器规格化控制行为数值曲线。

综合仿真结果与理论的对比分析,结论如下。

(1) 分布式压电作动器贴片的微控行为与其布局紧密相关,控制行为幅值从顶点到自由边界逐渐增大。

(2) 作动器的控制力及其薄膜和弯曲微控分量随着模态增加而降低,在全部控制效应中,沿圆周方向的薄膜控制分量占有支配地位。

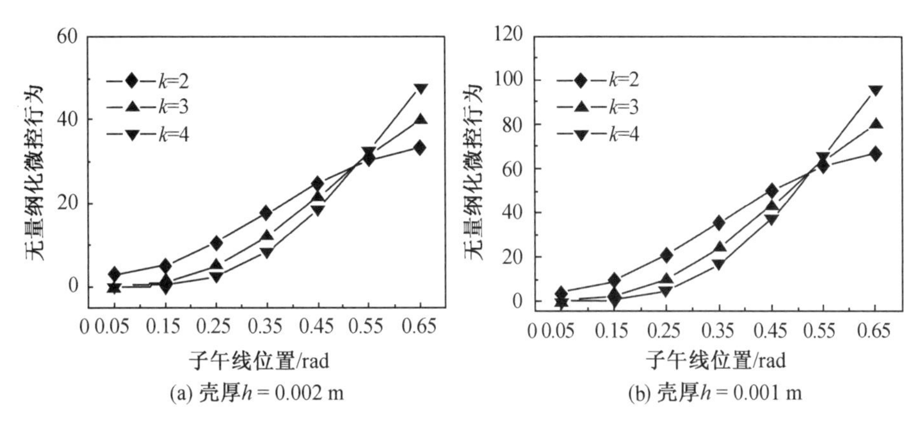

图3.21　两种厚度的抛物壳模型前三阶模态的作动器规格化控制行为数值曲线

(3) 因为厚度增加会改变弹性结构的刚度,所以压电作动器的各阶模态控制效应幅值均随弹性抛物壳厚度的增大而减小。

(4) 根据定弧度等分法切割的压电作动器贴片有效面积随着向自由边界推移而逐渐增大。

(5) 通过对单位面积上微控制行为的规格化分析,壳体上层合作动器贴片的最有效激励位置应在自由边界附近。因此,出于作动器尺寸、位置对控制效果的综合影响,在实际作动器布局设计中应选择大尺寸作动器分布于自由边界壳体的边缘。

3.3　压电智能抛物壳传感与激励系统实验

3.3.1　压电层合抛物壳实验模型

压电层合抛物壳智能结构是将分布式压电传感器、作动器粘贴在柔性壳体内外表面,传感器监测结构的动态变化,传感信号经调理、采集电路进入控制器进行分析、处理,然后根据预制的控制律给出控制指令,通过高压放大和模拟开关选通电路反馈给相应的作动器贴片,改变结构的动态特性,从而实现分布参数系统的精密传感与激励,完成系统闭环控制。图3.22所示为压电层合抛物壳智能结构系统框图。

本节按照前面对分布式贴片传感/作动器曲线坐标的定义,制作了适用于抛物壳子午线坐标区域的压电薄膜传感与作动器,并制作了压电层合柔性抛物壳实验模型。由于作动器沿圆周方向的作用效果更加显著,因此将PVDF贴片压电常数较大的d_{31}方向设定为壳体的圆周方向。将8对(16片)PVDF压电薄膜通过橡胶胶水(Rubber Cement)与抛物壳体层合,制成带有分布传感和作动器的柔性压电层合抛物壳,如图3.23所示。

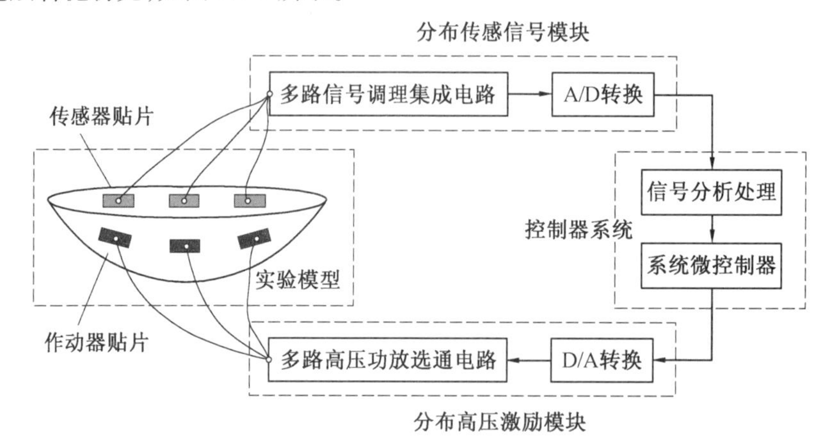

图3.22　压电层合抛物壳智能结构系统框图

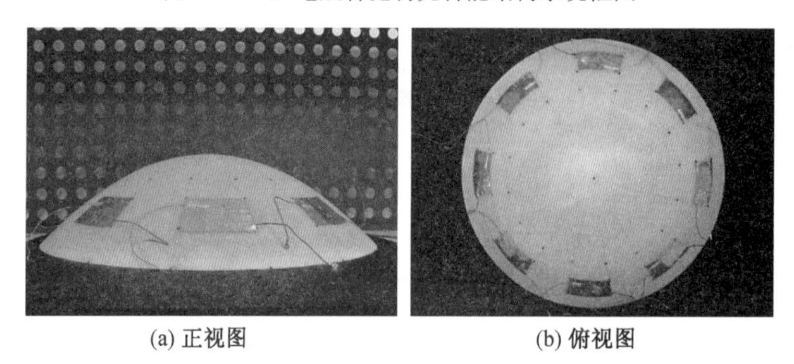

(a) 正视图　　(b) 俯视图

图3.23　带有分布传感和作动器的柔性压电层合抛物壳

3.3.2　分布传感与激励系统实验

1. 传感信号分析

抛物壳智能结构系统的传感元件是分布在系统中的离散神经单元,控制系统需要利用这些层合在本体结构表面的传感器感受不同位置的动态信息并做出正确的判断和选择。因此,对压电薄膜传感器贴片测量精度与不同方向传感信号响应的对比与测试,对于系统的闭环控制来说具有重要意义。

(1) 抛物壳低阶固有频率测试。

对分布式PVDF贴片的时域传感信号进行快速傅里叶变换和频域分析,可得出层合抛物壳结构的各阶固有频率。将三组实验数据的平均值与有限元计算所得模态频率和前面模态实验中采用PCB标准加速度传感器得到的频率值进行对比,压电层合抛物壳模型的低阶固有频率见表3.2。

表 3.2　压电层合抛物壳模型的低阶固有频率

阶数	第一组 /Hz	第二组 /Hz	第三组 /Hz	平均值 /Hz	最大偏差 /%	加速度计 /Hz	FEM 值 /Hz
1	9.62	9.63	9.60	9.62	0.21	8.90	9.42
2	24.9	24.71	24.75	24.79	0.44	23.6	23.15
3	46.28	46.03	45.8	46.04	0.52	43.36	41.86

实验数据表明,PVDF 压电传感器贴片能够准确测定双曲率壳体的振动频率且重复性良好,与各组数据与平均值的最大偏差均在 0.6% 以内,与加速度计测量结果和有限元计算值之间的偏差均在 10% 以内。

(2) 子午线方向传感信号对比。

选取层合抛物壳上同一圆周区间,子午线坐标区域分别为靠近边界的(0.6,0.7)rad 和上方(0.4,0.5)rad 传感器为测试对象。在一次外界激励下同时采集两个传感器信号,对比分析不同子午线坐标下传感器的动态响应(图 3.24)。

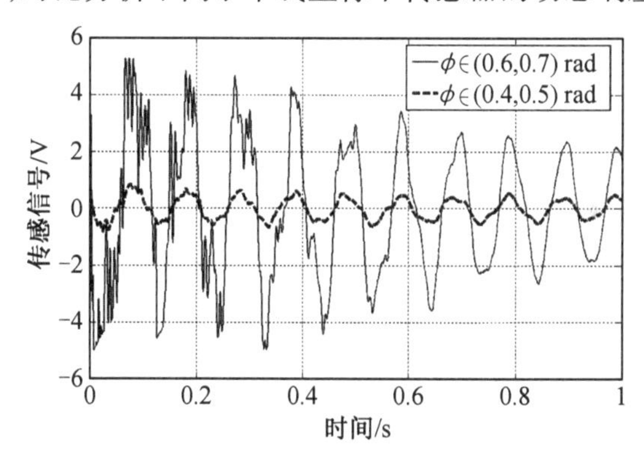

图 3.24　抛物壳上不同子午线位置传感信号对比

曲线清晰地表明靠近抛物壳边缘的贴片响应更明显,(0.6,0.7)rad 位置的传感信号幅值约 5 倍高于(0.4,0.5)rad 区间的贴片,且曲线的形状表明其包含的模态信息更为丰富。这一现象产生的原因主要是两个位置的振动幅度差别较大。

(3) 圆周方向传感信号对比。

为研究抛物壳旋转轴对称和正交位置的分布传感特性,分别选择相距 π 弧度的两片传感器和相距 π/2 弧度的两片传感器,对其中一片所在区域施加摆球激励,同时采集两路传感信号,截取至 1 s 的对比曲线(图 3.25、图 3.26)。

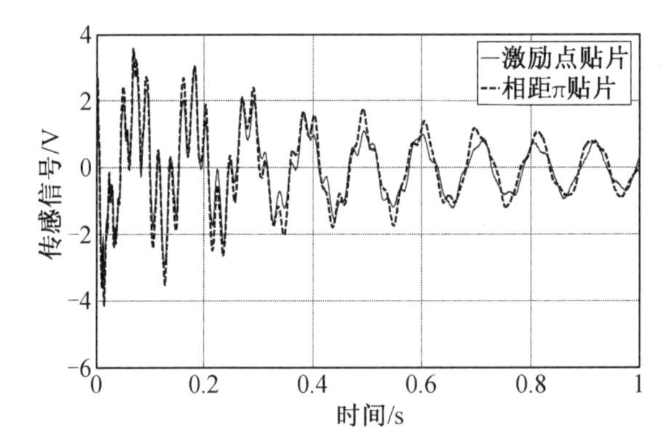

图 3.25　抛物壳圆周上相距 π 弧度位置的传感信号

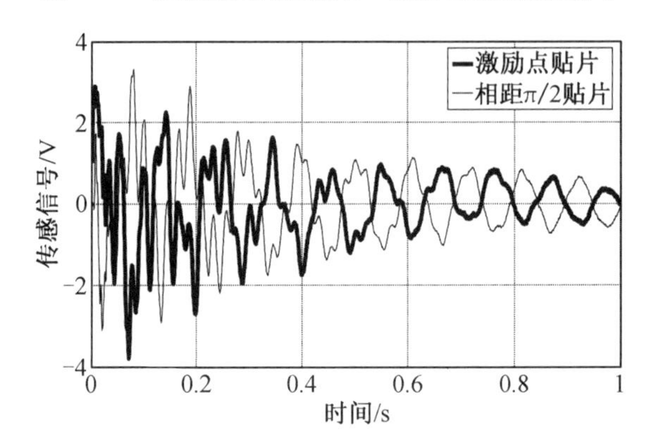

图 3.26　抛物壳圆周上相距 π/2 弧度位置的传感信号

沿圆周方向相距 π 弧度对位设置的两路传感信号的相位和幅值几乎完全相同,说明这两路传感信号对于来自同一轴线方向外界激励的响应具有良好的一致性,同时也表明对称位置近似同幅同相,垂直位置近似同幅反相。沿圆周方向相距 π/2 弧度对位设置的两路传感信号幅值相同,但相位相差 180°,表明两个位置监测的结构振动大小相等而方向相反,进一步证实了分析的准确性。

(4) 内外侧传感信号对比。

抛物壳的凹向性导致其内外表面非完全对称,因此需要确定选择内侧或外侧表面作为传感器的层合基面。图 3.27 所示为抛物壳内外侧对应的两路传感信号对同一次激励的响应对比曲线。实验曲线表明,抛物壳内外侧传感器对同一激励的响应相位完全一致,幅值也非常接近,但厚度导致外侧贴片信号略大于内侧,故在条件允许的情况下应尽可能将传感器贴片置于抛物壳的外侧。

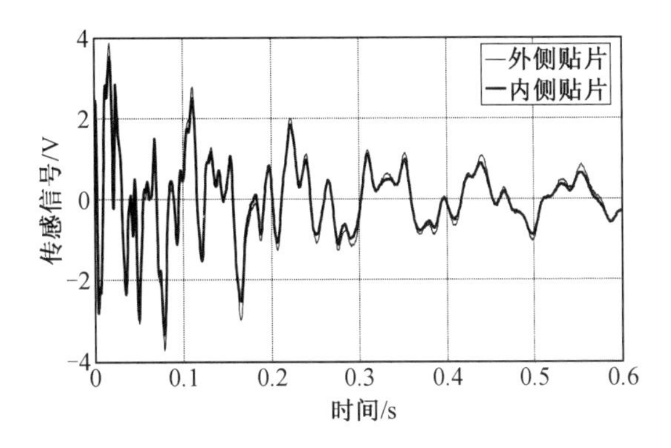

图3.27　抛物壳内外侧对应的两路传感信号对同一次激励的响应对比曲线

2. 激励特性实验

(1) 驱动电压响应。

对作动器施加不同幅值的直流或交流电，测试其对位传感器的动态输出，以分析PVDF作动器的驱动响应性能。第一步，对作动器的上、下表面电极分别施加100 V和200 V直流电压，获取传感器输出曲线(图3.28)。实验测试表明，压电薄膜作动器对直流驱动反应迅速，开环控制输入后立刻动作，形成对壳体的激励，但仅持续大约0.5 s后就衰减为零；此外，驱动电压的幅值与作动器输出之间存在比例关系，由此可见作动器在不同激励条件下的输出线性度良好。第二步，对作动器施加幅值分布为50 V和200 V，频率为10 Hz的正弦波驱动，得到对侧传感信号对比曲线(图3.29)。传感输出的波形准确地反映了控制输入信号的幅频特性，且信号清晰、平整，由此判定压电薄膜作动器对动态激励的响应性能良好，可以用于精密柔性壳结构振动的主动控制。

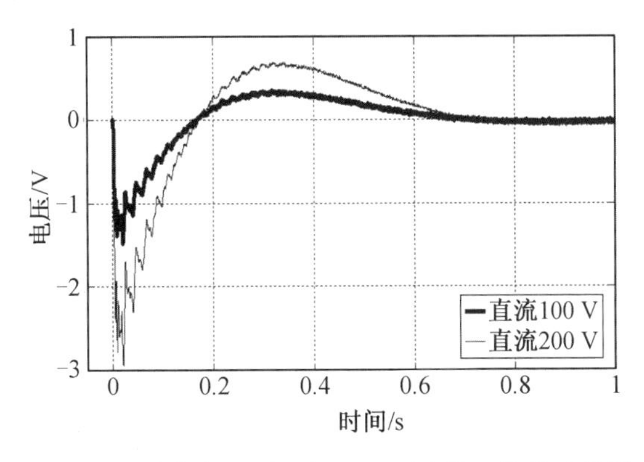

图3.28　抛物壳圆周上相距π弧度位置的传感信号

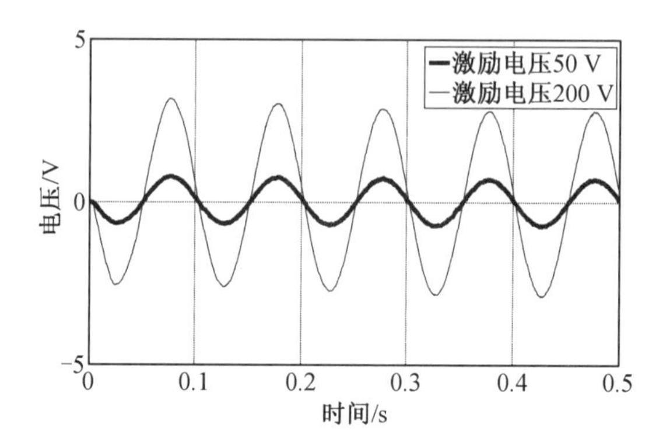

图 3.29　抛物壳圆周上相距 π/2 弧度位置的传感信号

(2) 作动器子午线布局。

通过对比不同区域的作动器在相同输入电压条件下的响应来指导布局设计。选取分布在子午线两个不同区间的两片作动器,均施加 200 V 直流电,通过作动器各自对侧的传感器测试其响应,抛物壳上不同子午线位置上作动器的控制行为如图 3.30 所示。

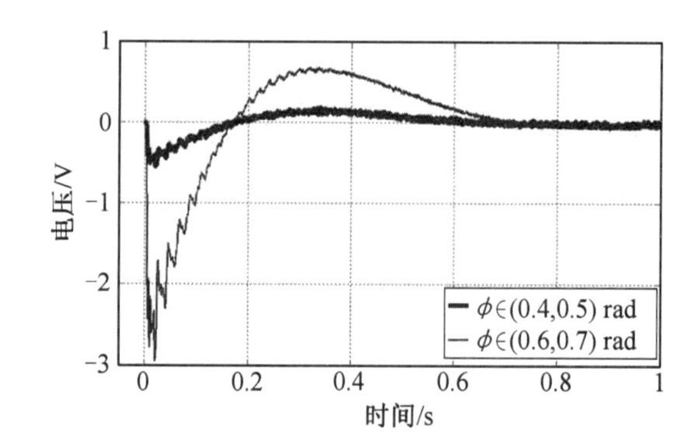

图 3.30　抛物壳上不同子午线位置上作动器的控制行为

两个位置的传感信号显示,在同样电压作用下,分布在边界的作动器对壳体的激励行为幅值约为中部作动器的5 倍,而边界作动器的有效面积约为中部作动器的2 倍,因此可以证明压电贴片的激励行为随布局位置向自由边界靠近而逐渐增大,且规格化控制行为(单位面积上的有效激励作用) 最大的位置在壳体的自由边界处。

综上所述,在层合条件允许的情况下,应尽量选择将分布式压电作动器设置在靠近边界的区域,这与作动器微控行为理论分析中提出的指导意见一致。

3.4　压电智能抛物壳振动主动控制实验

3.4.1　系统参数辨识

压电层合抛物壳智能结构系统主动控制实验平台如图3.31所示，硬件由压电层合抛物壳、多路信号调理电路、A/D和D/A转换器、嵌入式微控制器（NI PXI－8106控制器）、多路选通高压放大电路电源等部分组成。本节将对系统中的主要环节进行参数辨识，建立各环节的模型，再将其综合，获得系统的控制模型。

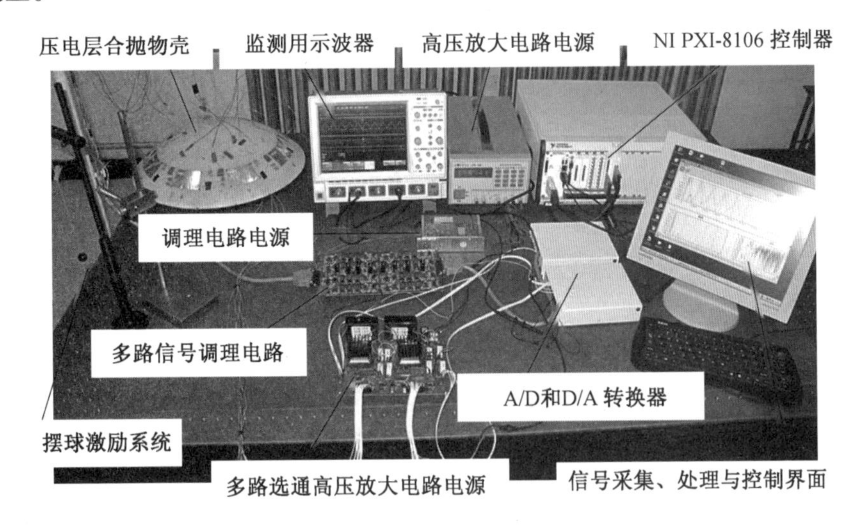

图3.31　压电层合抛物壳智能结构系统主动控制实验平台

1.传感／作动器与抛物壳模型

根据压电薄膜的线性压电特性，将分布传感器及作动器均视为比例环节，其传递函数模型为

$$G_{YD}(s)=K_c \tag{3.38}$$

式中　K_c—— 比例系数。

选用脉冲响应和频率响应两种方法辨识自由边界条件下的柔性抛物壳模型。

（1）脉冲响应法测量模态频率。

通过摆球敲击柔性抛物壳边缘，测得壳体受敲击后时域和频域响应曲线如图3.32和图3.33所示。

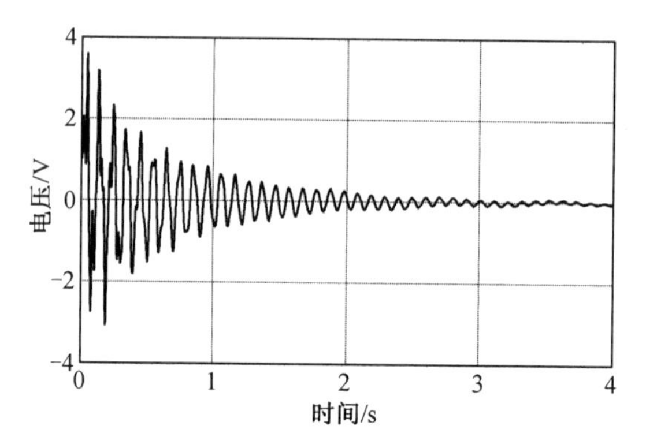

图 3.32　壳体受敲击后时域响应曲线

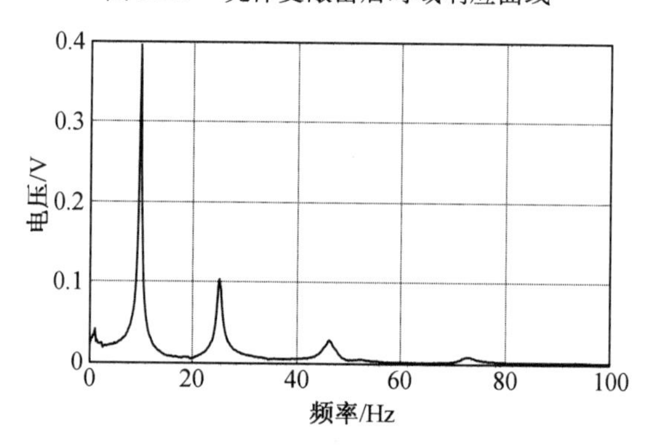

图 3.33　壳体受敲击后频域响应曲线

可以看出,柔性抛物壳振动集中的前两个频段即为其 1 阶和 2 阶模态频率。采用 2 阶模型近似柔性抛物壳的独立模态,则其传递函数模型为

$$G_1(s)=\frac{k_s\omega_1^2}{s^2+2\zeta_1\omega_1+\omega_1^2}=\frac{3\ 198k_s}{s^2+5.655s+3\ 198} \tag{3.39}$$

$$G_2(s)=\frac{k_s\omega_2^2}{s^2+2\zeta_2\omega_2+\omega_2^2}=\frac{22\ 740k_s}{s^2+9.048s+22\ 740} \tag{3.40}$$

式中　ω_1、ω_2——固有频率;

ζ_1、ζ_2——壳体 1 阶和 2 阶模态的阻尼比;

k_s——柔性抛物壳的静态增益,可通过频率响应法测得。

(2) 频率响应法测量静态增益。

对 PVDF 薄膜作动器输入一系列幅值和频率不同的正弦波,测量壳体在 100 V、10 Hz 的正弦激励下的时域响应曲线,如图 3.34 所示。

通过输出正弦波和输入正弦波的幅值比,可以得到柔性抛物壳的静态增益为

$$k_s = \frac{K_{resp}}{K_{sen}K_{act}} = \frac{0.6}{20 \times 50} = 0.000\ 6 \tag{3.41}$$

式中　K_{resp}—— 输出正弦波和输入正弦波的幅值比；

K_{sen}——PVDF 传感器的放大倍数；

K_{act}——PVDF 作动器的放大倍数。

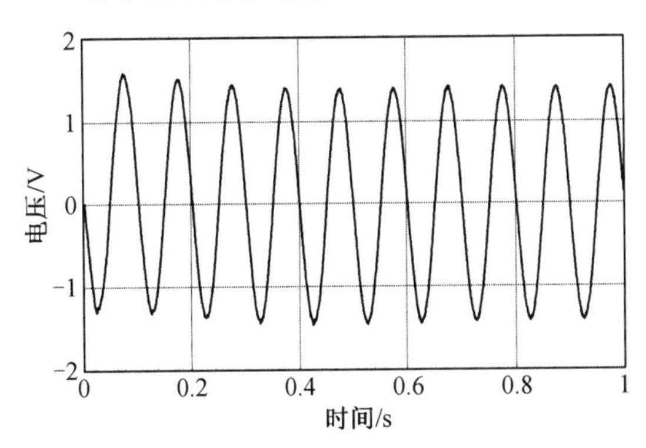

图 3.34　壳体在 100 V、10 Hz 的正弦激励下的时域响应曲线

2. 信号调理电路模型

考虑 PVDF 薄膜的低频非线性、高频干扰以及工频干扰，在电路系统中设计高通滤波器环节、低通滤波器环节和工频陷波器，滤除干扰信号。

根据电路理论，高通滤波器、低通滤波器与三个工频陷波器的传递函数分别为

$$G_{hp}(s) = \frac{0.022\ 5s^2}{0.022\ 5s^2 + 0.15s + 1} \tag{3.42}$$

$$G_{lp}(s) = \frac{3.843 \times 10^6}{s^2 + 3\ 921s + 3.843 \times 10^6} \tag{3.43}$$

$$G_{50}(s) = \frac{s^2 + (2\pi \times 50)^2}{s^2 + 2 \times (2\pi \times 50)s + (2\pi \times 50)^2} = \frac{s^2 + 98\ 700}{s^2 + 628.3s + 98\ 700} \tag{3.44}$$

$$G_{100}(s) = \frac{s^2 + (2\pi \times 100)^2}{s^2 + 2 \times (2\pi \times 100)s + (2\pi \times 100)^2} = \frac{s^2 + 394\ 800}{s^2 + 1\ 257s + 394\ 800} \tag{3.45}$$

$$G_{150}(s) = \frac{s^2 + (2\pi \times 150)^2}{s^2 + 2 \times (2\pi \times 150)s + (2\pi \times 150)^2} = \frac{s^2 + 888\ 300}{s^2 + 1\ 885s + 888\ 300} \tag{3.46}$$

至此，得到信号条理电路的近似传递函数为

$$G_{\text{filter}}(s)=K_{\text{sen}}G_{\text{hp}}(s)\cdot G_{\text{lp}}(s)\cdot G_{50}(s)\cdot G_{100}(s)\cdot G_{150}(s) \tag{3.47}$$

实验平台硬件系统的传递函数模型为

$$G(s)=\left(\frac{1.92}{s^2+5.655s+3\,198}+\frac{13.6}{s^2+9.048s+22\,740}\right)\times\frac{0.45s^2}{0.022\,5s^2+0.15s+1}\times \frac{s^2+98\,700}{s^2+628.3s+98\,700}\times\frac{s^2+394\,800}{s^2+1\,257s+394\,800}\times\frac{s^2+888\,300}{s^2+1\,885s+888\,300}\times \frac{3.843\times10^6}{s^2+3\,921s+3.843\times10^6}\times50 \tag{3.48}$$

3.4.2 反馈控制器设计

通过柔性压电层合抛物壳的时域响应曲线可以看出，抛物壳的结构阻尼较小，受到外界扰动后要经过较长时间才能稳定，须通过有效的控制方法对其施加主动控制。本书选用极点配置法和正位置反馈法进行反馈控制器的设计。

1. 极点配置控制器

极点配置法通过反馈矩阵构成闭环反馈系统，改变原受控系统的极点在 s 平面上的分布，系统具有不同的性能指标。通过反馈控制器的作用，闭环系统的极点远离虚轴，从而达到抑制振动的目的。

(1) 极点配置法独立模态控制器设计。

独立模态控制器设计主要针对柔性抛物壳振动中占据能量主体的 1 阶主模态。由 1 阶振型的传递函数可知，柔性抛物壳系统靠近虚轴的极点，采用校正环节，即

$$C(s)=\frac{(s-z_{c1})(s-z_{c2})}{(s-p_{c1})(s-p_{c2})} \tag{3.49}$$

式中　z_{ci}——控制器的零点；

p_{ci}——控制器的极点。

确定原则：z_{ci} 应在靠近 1 阶振型的两个极点的左下方，以保证系统的闭环极点远离虚轴、增大系统阻尼。由于系统存在高频未建模特性，因此 p_{ci} 应适当地远离虚轴。由于针对 1 阶模态，工频陷波器和低通滤波器对系统影响很小，因此实验平台系统模型可以简化为

$$G(s)=\frac{1.92}{s^2+5.655s+3\,198}\times\frac{0.45s^2}{0.022\,5s^2+0.15s+1}\times50 \tag{3.50}$$

(2) 极点配置法耦合模态控制器设计。

得到柔性抛物壳系统的 1 阶和 2 阶模态靠近虚轴的极点,设计耦合模态控制器的形式为

$$C(s)=\frac{(s-z_{c1})(s-z_{c2})(s-z_{c3})(s-z_{c4})}{(s-p_{c1})(s-p_{c2})(s-p_{c3})(s-p_{c4})} \tag{3.51}$$

各参数按照独立模态控制器的参数选取原则进行选取。由于同时考虑 1 阶和 2 阶模态,因此智能结构系统模型可简化为

$$G(s)=\left(\frac{1.92}{s^2+5.655s+3\ 198}+\frac{13.6}{s^2+9.048s+22\ 740}\right)\times \frac{0.45s^2}{0.022\ 5s^2+0.15s+1}\times 50 \tag{3.52}$$

2. 正位置反馈控制器

正位置反馈是由 Caughey 和 Goh 于 1982 年提出的一种控制方法[10],该算法以其简洁易用和良好的鲁棒性在结构振动控制领域引起了广泛的关注[11,12],其基本思想是采用位置测量、对位控制,将受控结构的位置坐标正反馈至控制器,同时将控制器的坐标正反馈给受控结构,达到抑制结构振动的目的。正位置反馈控制系统由两部分组成,式(3.53) 表示解耦后结构的模型方程,式(3.54) 表示控制器的模型方程,即

$$\ddot{u}+2\zeta\omega\dot{u}+\omega^2u=\gamma_c\omega^2\eta \tag{3.53}$$

$$\ddot{\eta}+2\zeta_c\omega_c\dot{\eta}+\omega_c^2\eta=\omega_c^2u \tag{3.54}$$

式中　u、η—— 结构模态坐标和控制器坐标;

ζ、ζ_c—— 结构模态阻尼比和控制器的阻尼比;

ω、ω_c—— 结构模态频率和控制器的固有频率;

γ_c—— 控制器增益。

正位置反馈控制实质上可以基于模态空间清晰地分析各参数的作用。结构的振动幅值为 U 时,假定抛物壳体的振动位移为 $u(t)=Ue^{j\omega t}$,则控制器的稳定输出为

$$\eta(t)=Ie^{j(\omega t-\Psi)} \tag{3.55}$$

式中　I—— 控制器的模态振幅,$I=\dfrac{A\dfrac{\omega}{\omega_c}}{\sqrt{\left(1-\dfrac{\omega^2}{\omega_c^2}\right)^2+\left(\dfrac{2\zeta_c\omega}{\omega_c}\right)^2}}$,$A=U\dfrac{\omega_c}{\omega}$;

Ψ—— 相角，$\Psi = \arctan \dfrac{\dfrac{2\zeta_c\omega}{\omega_c}}{1-\dfrac{\omega^2}{\omega_c^2}}$。

可以看出，结构固有频率和控制器频率的相角直接影响控制器的作用。在零极点角度，正位置反馈控制器仍基于频域校正的思想，但它具有 2 阶低通滤波特性，从原理上避免了由影响高阶模态而导致系统不稳定的控制溢出。因此，采用正位置反馈可针对不同的模态设计不同的控制器，非常适合多极点的复杂结构振动控制。

(1) 正位置反馈独立模态控制器设计。

正位置反馈要求系统为2 阶环节，合理简化系统后得出所设计的控制器如下式所示，然后根据控制器参数选择的经验确定各参数，即

$$C(s)=\frac{\gamma_c\omega_c^2}{s^2+2\zeta_c\omega_c s+\omega_c^2} \tag{3.56}$$

(2) 正位置反馈耦合模态控制器设计。

采用独立模态控制器控制相加法得到前两阶模态的耦合模态控制器为

$$C(s)=C_1(s)+C_2(s)=\frac{\gamma_{c1}\omega_{c1}^2}{s^2+2\zeta_{c1}\omega_{c1}s+\omega_{c1}^2}+\frac{\gamma_{c2}\omega_{c2}^2}{s^2+2\zeta_{c2}\omega_{c2}s+\omega_{c2}^2} \tag{3.57}$$

式中　$C_1(s)$、$C_2(s)$—— 对 1 阶和 2 阶模态设计的控制器。

得到控制器的传递函数模型后，抛物壳智能结构的系统模型可简化为

$$G(s)=\left(\frac{1.92}{s^2+5.655s+3\ 198}+\frac{13.6}{s^2+9.048s+22\ 740}\right)\times 20\times 50 \tag{3.58}$$

3.4.3　振动主动控制实验

1. 独立模态控制实验

(1) 极点配置法独立模态控制实验。

将设计的控制器离散化后加入系统控制程序，对柔性抛物壳进行摆球定位敲击，分别测量不施加控制器和施加控制器两种情况下的响应。极点配置独立模态控制器对 1 阶模态控制的响应如图 3.35 所示。其中，图 3.35(a) 中右下角曲线为起始点附近的局部放大图，控制器对 1 阶模态振幅的抑制效果见表 3.3。

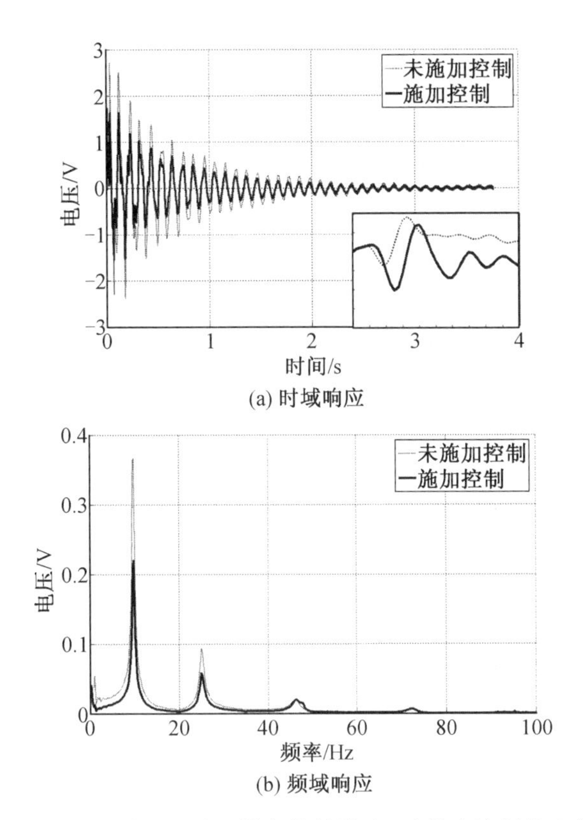

图 3.35　极点配置独立模态控制器对 1 阶模态控制的响应

表 3.3　控制器对 1 阶模态振幅的抑制效果

阶数	无控振幅 /V	控制振幅 /V	抑制比 /%
1	0.365 5	0.219 4	40

由图 3.35(a) 的局部放大图可以看出,两次响应的起始点十分接近,可以认为实验满足重复精度要求。对控制前后时域曲线进一步分析表明,针对抛物壳智能结构 1 阶模态设计的极点配置控制器对 2 阶模态也起到了抑制作用,这也印证了极点配置法在模态控制中对剩余模态的影响还具有一定的不确定性。

(2) 正位置反馈法独立模态控制实验。

将设计的控制器传递函数离散化加入系统程序,敲击柔性抛物壳,正位置反馈独立模态控制器对 1 阶模态控制的响应如图 3.36 所示。图 3.36(a) 中右下角曲线为起始点附近曲线的局部放大图。由图可知控制器明显增大了结构阻尼,对 1 阶模态振动的抑制有显著效果,振幅衰减了约 62.3% ,且其余模态几乎未发生变化,说明正位置反馈方法针对独立模态设计而不用考虑其他模态是可行的。但是从图 3.36 中可以看出,控制器在对 9 Hz 模态有效抑制的同时,激发了结构13 Hz附近的次生模态,其响应幅值甚至大于抑制后的1阶模态幅值。通过理论分析可知,减小控制器增益和增大控制器阻尼都会减小次生模态。将控制器的增益降至0.5,将调整参数后的控制器加入实验系统,重复上一次实验,则改变控制参数后正位置反馈控制器对1阶模态控制的响应如图3.37所示。

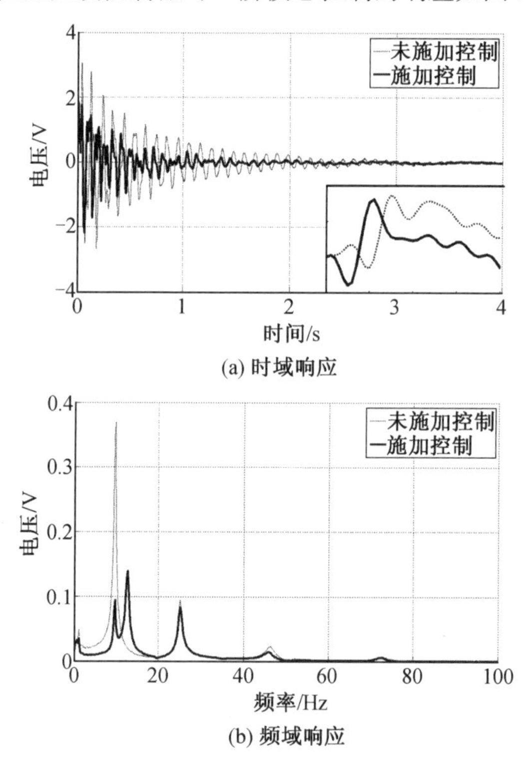

(a) 时域响应

(b) 频域响应

图3.36　正位置反馈独立模态控制器对1阶模态控制的响应

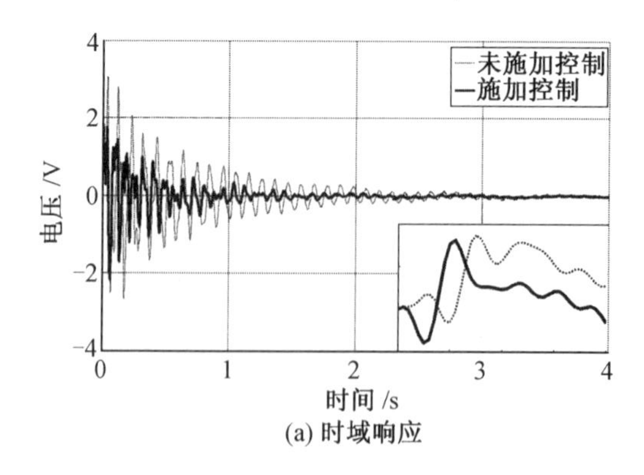

(a) 时域响应

图3.37　改变控制参数后正位置反馈控制器对1阶模态控制的响应

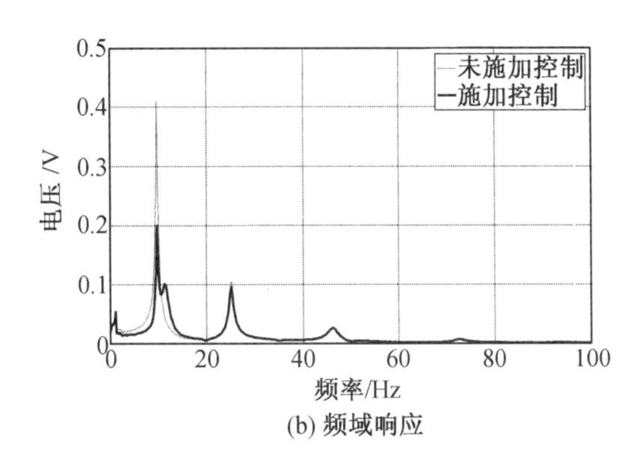

(b) 频域响应

续图 3.37

可以看出,减小控制器增益确实能够降低次生模态的振幅,但同时也削弱了对振动的抑制效果,这与理论分析结果是一致的。调整参数后,正位置反馈控制器对 1 阶模态振幅的抑制效果见表 3.4。

表 3.4　正位置反馈控制器对 1 阶模态振幅的抑制效果

阶数	无控振幅 /V	控制振幅 /V	抑制比 /%
1	0.411	0.199	51.6

综上所述,针对独立模态设计控制器,极点配置法和正位置反馈法均具有较好的效果。数据比较证明,正位置反馈方法的主动控制效果更明显,不仅大幅度地提高了结构阻尼,而且对其他模态的影响很小。但二者优劣的评价还需要分析它们的控制规律,以便在特定条件下发挥各自的特点[13]。

2. 耦合模态控制实验

为验证上一节中涉及的极点配置法和正位置反馈法耦合模态控制器的实际控制效果,特设计了针对 1 阶和 2 阶两个模态同时控制的耦合模态控制实验。

(1) 极点配置法耦合模态控制实验。

在极点配置独立模态实验的基础上,将设计的耦合模态控制器传递函数离散化加入实验系统。对柔性抛物壳施加摆球定位敲击,获得极点配置控制器对前两阶模态耦合控制的响应如图 3.38 所示。通过对测试数据的整理,获得极点配置法耦合模态控制效果见表 3.5。实验数据表明,极点配置法对 1 阶和 2 阶模态的耦合控制取得显著的效果,振幅的抑制比均在 40% 左右。

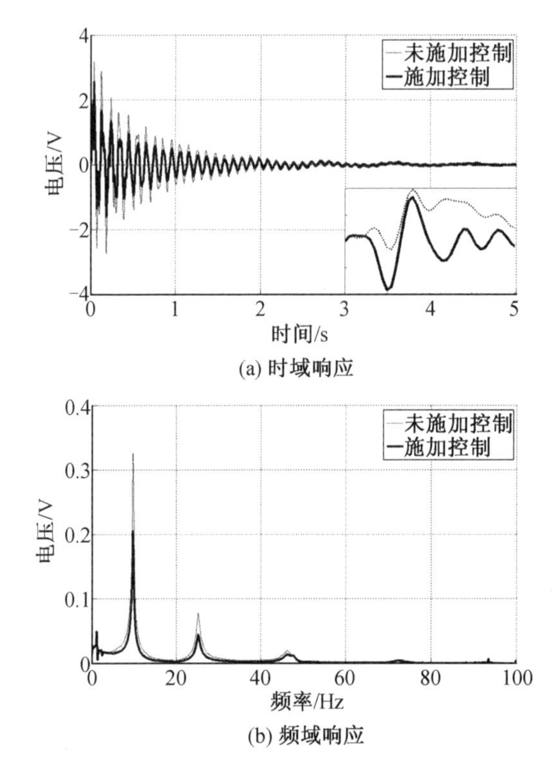

图 3.38　极点配置控制器对前两阶模态耦合控制的响应

表 3.5　极点配置法耦合模态控制效果

阶数	无控振幅 /V	控制振幅 /V	抑制比 /%
1	0.325 2	0.205 2	36.9
2	0.078 2	0.045 0	42.5

（2）正位置反馈法耦合模态控制实验。

应用多模态正位置反馈控制思想，将前面设计的正位置反馈法耦合模态控制器传递函数离散化后加入实验系统，进行实验验证。正位置反馈控制器对前两阶模态耦合控制的响应如图 3.39 所示。对实验数据进行整理，获得正位置反馈法耦合模态控制器的控制效果见表 3.6。可以看出，正位置反馈法耦合模态控制器对系统的 1 阶模态振幅抑制显著，对 2 阶模态抑制比较低，说明该控制器对自身衰减较快的高阶模态的控制效果不如低阶明显，一方面是控制参数不够优化，另一方面说明了系统的复杂性。

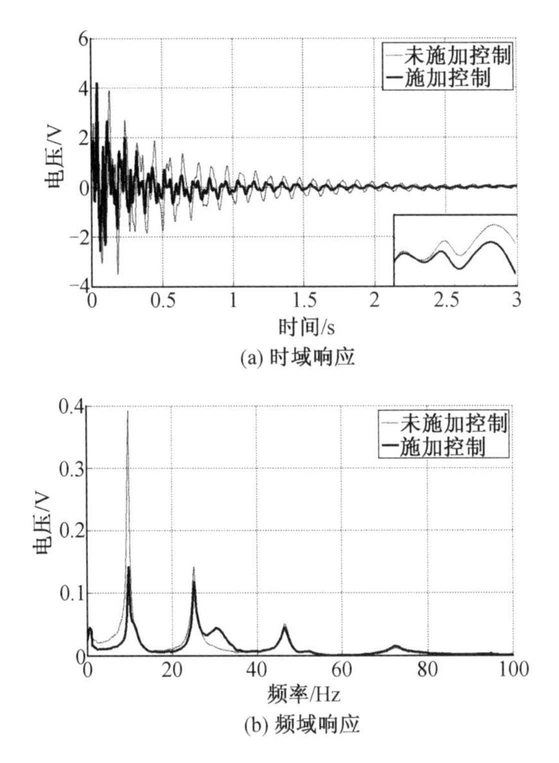

(a) 时域响应

(b) 频域响应

图 3.39　正位置反馈控制器对前两阶模态耦合控制的响应

表 3.6　正位置反馈法耦合模态控制器的控制效果

阶数	无控振幅/V	控制振幅/V	抑制比/%
1	0.392 5	0.141 7	63.9
2	0.141 9	0.117 7	17

综合分析上述总结如下：极点配置法对 1 阶模态和 2 阶模态振动幅值均有很好的抑制效果，但其独立模态控制器对其他模态的影响无法从理论上事先验证，只能通过实验确定；正位置反馈独立模态控制器对其他模态影响很小，且针对多模态正位置反馈控制器的设计方法简单，阻尼比控制和幅值抑制均非常明显，但其独立模态控制器参数的优化难以设计，由于高频的未建模动态和非线性影响，因此针对高阶独立模态控制的正位置反馈控制器参数的合理选择具有较大难度[14]。

3.5 本章小结

本章以精密柔性压电层合抛物壳智能结构系统为研究对象，围绕其模态特性分析、分布传感与激励控制行为、振动主动控制方法与系统实验等关键技术问题展开研究。基于 Membrane 简化理论，提出了一组描述自由边界条件下柔性抛物壳各阶振型的模态形状函数；基于线性压电理论和模态展开方法，揭示了压电层合抛物壳智能结构的分布模态传感与激励特性，给出了分布式压电传感/作动器在抛物壳表面布局的设计参考；搭建了压电智能抛物壳振动主动控制实验平台，通过参数辨识建立系统控制模型，设计不同控制器实现了对系统低阶模态的有效振动控制。

本章参考文献

[1] NURRE G S,RYAN R S, SCOFIELD H N. Dynamics and control of large space structures[J]. Journal of Guidance, 1984,7(5):514-526.

[2] HYLAND D C,JUNKINS J L,LONGMAN R W. Active control technology for large space structures[J]. Journal of Guidance,1993,16(5):801-821.

[3] 邱志成. 智能结构及其在振动主动控制中的应用[J]. 航天控制, 2002(4):8-15.

[4] SOEDEL. Vibrations of shells and plates[M]. New York:Marcel Dekker, Inc. ,1981.

[5] 曹志远. 板壳振动理论[M]. 北京:中国铁道出版社,1983.

[6] 刘仁怀. 板壳力学[M]. 北京:机械工业出版社,1990.

[7] YUE H H,DENG Z Q,TZOU H S. Spatially distributed modal signals of free shallow membrane shell structronic system[J]. Communications Nonlinear Science and Numerical Simulation,2008,13(9):2041-2050.

[8] TZOU H S. Piezoelectric shells (distributed sensing and control of continua)[M]. Boston,Dordrecht:Kluwer Academic Publishers,1993.

[9] YUE H H,DENG Z Q,TZOU H S. Optimal actuator locations and precision micro-control actions on free paraboloidal membrane shells[J]. Communications Nonlinear Science and Numerical Simulation,2008, 13(10):2298-2307.

[10] CAUGHEY T K,GOH C J. Analysis and control of quasi-distributed parameter system[N]. California Inst of Technology,Pasadena,CA, Dynamics Lab Report,DYNL - 82 - 3,1982.

[11] 张薇,张菊香. 基于 PPF 的柔性悬臂梁主动振动控制[J]. 噪声与振动控制,2008,3:6-9.

[12] SRTHI V,SONG G B,QIAO P Z. System identification and active vibration control of a composite i-beam using smart materials[J]. Structure Control Health Monitor,2006,13:868-884.

[13] YUE H H,LU Y Y,DENG Z Q,et al. Distributed microscopic actuation analysis of paraboloidal membrane shells of different geometric parameters[J]. Mechanical Systems and Signal Processing,2018,103:1-22.

[14] YUE H H,LU Y Y,DENG Z Q,et al. Modal sensing and control of paraboloidal shell structronic system[J]. Mechanical Systems and Signal Processing,2018,100:647-661.

第4章

形状记忆合金智能结构刚度主动控制

飞行器在高速飞行时,随着飞行速度的增加,蒙皮结构在气动热环境下产生气动加热效应,使得蒙皮结构表面出现高温和温度梯度,飞行器的飞行状态与其在低速飞行时完全不同。对飞行器蒙皮结构的影响主要为:高温下材料变软,弹性模量和强度降低;内部出现严重温度梯度时,局部出现可以改变蒙皮结构刚度特性的热应力。二者同时作用使得结构刚度下降并带来以下问题:结构的固有频率发生变化,从而产生热颤振;温度场及梯度导致的结构热应力使结构受力出现改变,引发操作反效等问题;改变蒙皮结构气动外形,与结构刚度变化共同产生气动热耦合问题。通过对多种智能材料的研究,形状记忆合金(SMA)可以巧妙地利用"热"这个对飞行器不利的因素作为智能结构控制"开关",且具有极高的驱动应力和较大的应变,在航空航天结构主动控制领域具有非常广阔的应用前景。

4.1 形状记忆合金智能结构单元数学模型

现代高速飞行器蒙皮结构多为回转曲面薄壳结构,这种结构在高速飞行时容易受到气动热效应的影响而产生结构刚度降低与颤振现象。在此,将对构成飞行器蒙皮结构的回转曲面薄壳结构中具有代表性的圆环壳与圆柱壳结构进行研究,基于通用薄壳理论,建立相应的结构动力学模型。同时,为解决传统理论模型无法对复杂回转曲面壳体结构进行建模与求解的问题,对圆环壳与圆柱壳动力学模型进行差分离散化,引入热效应项与控制项,得到可使用数值解法进行求解的热变刚度控制智能结构单元矩阵模型。

4.1.1 圆环壳结构智能结构单元矩阵模型的建立

首先进行圆环薄壳数学模型的建立，对结构进行差分后，各分块单元均包含结构本体、传感器与作动器，所得结构矩阵模型也包含结构本身特性项与控制项，此模型称为智能结构单元矩阵模型。

1. 热弹性圆环薄壳的力学分析

受控状态下，通用薄壳的偏微分方程为[1]

$$\frac{\partial[(N_{11}^m - N_{11}^c)A_2]}{\partial\alpha_1} + \frac{\partial(N_{21}^m A_1)}{\partial\alpha_2} + N_{12}^m \frac{\partial A_1}{\partial\alpha_2} - (N_{22}^m - N_{22}^c)\frac{\partial A_2}{\partial\alpha_1} + A_1A_2\frac{Q_{13}^m}{R_1} = \rho h A_1A_2\ddot{u}_1 \tag{4.1}$$

$$\frac{\partial(N_{12}^m A_2)}{\partial\alpha_1} + \frac{\partial[(N_{22}^m - N_{22}^c)A_1]}{\partial\alpha_2} + N_{21}^m \frac{\partial A_2}{\partial\alpha_1} - (N_{11}^m - N_{11}^c)\frac{\partial A_1}{\partial\alpha_2} + A_1A_2\frac{Q_{23}^m}{R_2} = \rho h A_1A_2\ddot{u}_2 \tag{4.2}$$

$$\frac{\partial(Q_{13}^m A_2)}{\partial\alpha_1} + \frac{\partial(Q_{23}^m A_1)}{\partial\alpha_2} - A_1A_2\left(\frac{N_{11}^m - N_{11}^c}{R_1} + \frac{N_{22}^m - N_{22}^c}{R_2}\right) + A_1A_2\sigma_{33}\Big|_{-\frac{h}{2}}^{+\frac{h}{2}} = \rho h A_1A_2\ddot{u}_3 \tag{4.3}$$

式中　N_{ii}^c、Q_{ij}^m—— 对应方向上的控制力、垂直剪力，$Q_{ij}^m = \int_{\alpha_3}\sigma_{ij}\mathrm{d}\alpha_3$。

将圆环薄壳各个数据代入到以上方程中，忽略 α_2 方向上的位移和应变，得到

$$\frac{\partial(N_{\theta\theta}^m - N_{\theta\theta}^c)}{\partial\theta} + R\frac{Q_{\theta3}^m}{R} = \rho h R\ddot{u}_\theta \tag{4.4}$$

$$\frac{\partial Q_{\theta3}^m}{\partial\theta} - R\left(\frac{N_{\theta\theta}^m - N_{\theta\theta}^c}{R}\right) = \rho h R\ddot{u}_3 \tag{4.5}$$

$$Q_{\theta3}^m = \frac{1}{R}\frac{\partial(M_{\theta\theta}^m - M_{\theta\theta}^c)}{\partial\theta} \tag{4.6}$$

将各个参数依次代入式(4.4) ~ (4.6) 中，可以得到受控状态下的运动方程为

$$\frac{Yh}{R^2(1-\mu^2)}\left(\frac{\partial^2 u_\theta}{\partial\theta^2} + \frac{\partial u_3}{\partial\theta}\right) - \frac{1}{R}\frac{\partial N_{\theta\theta}^e}{\partial\theta} + \frac{Yh^3}{12R^4(1-\mu^2)}\left(\frac{\partial^2 u_\theta}{\partial\theta^2} - \frac{\partial^3 u_3}{\partial\theta^3}\right) - \frac{\partial M_{\theta\theta}^e}{R^2\partial\theta} = \rho h\ddot{u}_\theta \tag{4.7}$$

$$\frac{Yh^3}{12R^4(1-\mu^2)}\left(\frac{\partial^3 u_\theta}{\partial\theta^3} - \frac{\partial^4 u_3}{\partial\theta^4}\right) - \frac{\partial^2 M_{\theta\theta}^e}{R^2\partial\theta^2} - \frac{Yh}{R^2(1-\mu^2)}\left(\frac{\partial u_\theta}{\partial\theta} + u_3\right) + \frac{1}{R}N_{\theta\theta}^e = \rho h\ddot{u}_3 \tag{4.8}$$

不考虑控制力，则在自由状态下，圆环薄壳的动力学偏微分方程为

$$\frac{K^*}{R^2}\left(\frac{\partial^2 u_\theta}{\partial \theta^2} + \frac{\partial u_3}{\partial \theta}\right) + \frac{D}{R^4}\left(\frac{\partial^2 u_\theta}{\partial \theta^2} - \frac{\partial^3 u_3}{\partial \theta^3}\right) = \rho h \ddot{u}_\theta \tag{4.9}$$

$$\frac{D}{R^4}\left(\frac{\partial^3 u_\theta}{\partial \theta^3} - \frac{\partial^4 u_3}{\partial \theta^4}\right) - \frac{K^*}{R^2}\left(\frac{\partial u_\theta}{\partial \theta} + u_3\right) = \rho h \ddot{u}_3 \tag{4.10}$$

将圆环的12点钟方向设置为分段顺序起点,顺时针等角度划分成m段,起点设为$i=0$,每段节点依次为$1,2,3,\cdots,m$。在$i=0$的顺时针方向一个角度单位虚拟出一个节点$i=1$,在$i=m$的逆时针方向一个单位角度和两个单位分别虚拟出两个节点$i=m-1$和$i=m-2$,差分后圆环薄壳结构如图4.1所示。

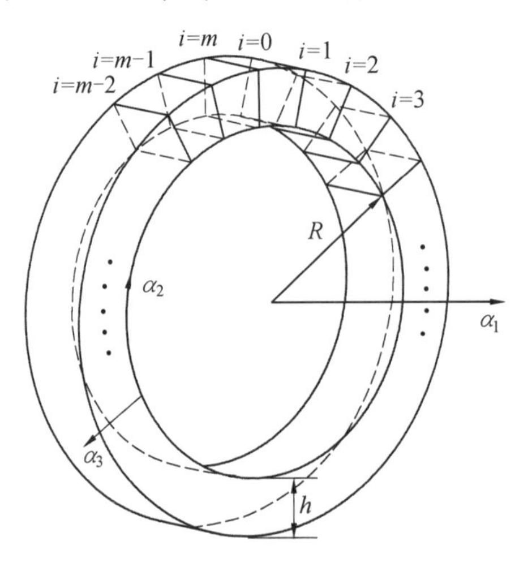

图4.1　差分后圆环薄壳结构

对式(4.9)和式(4.10)进行有限差分简化可得,对于节点i,其动力学偏微分方程为

$$\frac{D}{R^4}\left[\frac{u_{\theta,i+1} - 2u_{\theta,i} + u_{\theta,i-1}}{(\Delta\theta)^2} - \frac{u_{3,i+2} - 2u_{3,i+1} + 2u_{3,i-1} - u_{3,i-2}}{2(\Delta\theta)^3}\right] + \frac{K^*}{R^2}\left[\frac{u_{\theta,i+1} - 2u_{\theta,i} + u_{\theta,i-1}}{(\Delta\theta)^2} + \frac{u_{3,i+1} - u_{3,i-1}}{2\Delta\theta}\right] = \rho h \ddot{u}_{\theta,i} \tag{4.11}$$

$$\frac{D}{R^4}\left[\frac{u_{\theta,i+2} - 2u_{\theta,i+1} + 2u_{\theta,i-1} - u_{\theta,i-2}}{2(\Delta\theta)^3} - \frac{u_{3,i+2} - 4u_{3,i+1} + 6u_{3,i} - 4u_{3,i-1} - u_{3,i-2}}{(\Delta\theta)^4}\right] - \frac{K^*}{R^2}\left[\frac{u_{\theta,i+1} - u_{\theta,i-1}}{2\Delta\theta} + u_{3,i}\right] = \rho h \ddot{u}_{3,i} \tag{4.12}$$

2. 薄壁圆环动力学矩阵模型

对于一个薄壳几何体,在进行具体的差分计算之前,需要沿着两个主曲率方

向分别进行分段来获得节点,然后对节点的各个参数进行分析。

设沿着 α_1、α_2 方向分别将几何体划分成 m、n 段,则划分完后可以获得$(m+1)(n+1)$ 个节点。对应节点的各个参数如位移、速度、加速度所组成的单列阵维数都为$3(m+1)(n+1)$;对应的刚度矩阵、质量矩阵和阻尼矩阵则都为维数 $3(m+1)(n+1)$ 的方阵。

以上各个矩阵都包含着沿 α_1、α_2、α_3 三个方向的量,因此可以依次标记并分块。例如,位移、速度、加速度和列阵可以分块为

$$\boldsymbol{u}_k=\begin{bmatrix}u_{k,0,0}\\ \vdots\\ u_{k,i,j}\\ \vdots\\ u_{k,m,n}\end{bmatrix},\quad \dot{\boldsymbol{u}}_k=\begin{bmatrix}\dot{u}_{k,0,0}\\ \vdots\\ \dot{u}_{k,i,j}\\ \vdots\\ \dot{u}_{k,m,n}\end{bmatrix},\quad \ddot{\boldsymbol{u}}_k=\begin{bmatrix}\ddot{u}_{k,0,0}\\ \vdots\\ \ddot{u}_{k,i,j}\\ \vdots\\ \ddot{u}_{k,m,n}\end{bmatrix}\tag{4.13}$$

式中　k—— 沿 k 方向,k 可为 α_1、α_2、α_3;

　　i、j—— 节点沿 α_1、α_2 方向的坐标,外力列阵也是如此。

刚度、质量、阻尼阵则可被划分为 3×3 的分块矩阵,如

$$\boldsymbol{K}=\begin{bmatrix}\overset{1}{K}_1 & \overset{1}{K}_2 & \overset{1}{K}_3\\ \overset{2}{K}_1 & \overset{2}{K}_2 & \overset{2}{K}_3\\ \overset{3}{K}_1 & \overset{3}{K}_2 & \overset{3}{K}_3\end{bmatrix}\tag{4.14}$$

其中,矩阵的每个分块都是$(m\cdot n)\times(m\cdot n)$ 维的方阵,如

$$\overset{a}{\boldsymbol{K}}_b=\begin{bmatrix}\overset{a}{K}_{b,0,0} & \cdots & \overset{a}{K}_{b,0,n}\\ \vdots & \overset{a}{K}_{b,i,j} & \vdots\\ \overset{a}{K}_{b,m,0} & \cdots & \overset{a}{K}_{b,m,n}\end{bmatrix}\tag{4.15}$$

式中　a、b—— 该刚度系数位于 α_a 方向的子方程中并与位移分量 u_b 相对应,分别都可为 1,2,3。

质量阵、阻尼阵和控制力阵分块的形式与刚度阵相同。当结构无阻尼时,阻尼阵为零;质量阵则为对角阵,对角元素与密度、厚度和拉梅系数有关。

各个矩阵构成通用智能结构单元矩阵模型为

$$\boldsymbol{K}\begin{bmatrix}u_{1,i,j}\\u_{2,i,j}\\u_{3,i,j}\end{bmatrix}+\boldsymbol{C}\begin{bmatrix}\dot{u}_{1,i,j}\\\dot{u}_{2,i,j}\\\dot{u}_{3,i,j}\end{bmatrix}+\boldsymbol{M}\begin{bmatrix}\ddot{u}_{1,i,j}\\\ddot{u}_{2,i,j}\\\ddot{u}_{3,i,j}\end{bmatrix}+\boldsymbol{S}=\begin{bmatrix}F_{1,i,j}\\F_{2,i,j}\\F_{3,i,j}\end{bmatrix}\tag{4.16}$$

对于此书中的圆环薄壳结构,阻尼为零,所受外力设为零。在自由状态即不考虑形状记忆合金的控制效应的状态下,圆环薄壳结构的矩阵模型为

$$\boldsymbol{K}\begin{bmatrix}u_{1,i}\\u_{3,i}\end{bmatrix}+\boldsymbol{M}\begin{bmatrix}\ddot{u}_{1,i}\\\ddot{u}_{3,i}\end{bmatrix}=0\tag{4.17}$$

考虑到圆环薄壳进行分段后,节点 m 与节点 0 重合,节点 $(m-1)$、$(m+1)$、$(m+2)$ 分别与节点 -1、1、2 重合,进行换算后可以得到

$$\overset{1}{\boldsymbol{K}}_1=\frac{1}{(\Delta\theta)^2}\left(\frac{D}{R^4}+\frac{K^*}{R^2}\right)\begin{bmatrix}-2&1&0&0&\cdots&0&0&1\\1&-2&1&0&\cdots&&0&0\\0&1&-2&1&\cdots&&0&0\\0&0&1&-2&\cdots&&&\\\vdots&\vdots&&&&&\vdots&\vdots\\0&&\cdots&1&-2&1&&\\0&&\cdots&&1&-2&1&0\\0&&\cdots&&0&1&-2&1\\1&0&&\cdots&0&0&1&-2\end{bmatrix}_{m\times m}\tag{4.18}$$

$$\overset{1}{\boldsymbol{K}}_3=\overset{3}{\boldsymbol{K}}_1=\frac{1}{\Delta\theta R^2}\begin{bmatrix}0&-\beta_2&-\beta_1&0&\cdots&0&\beta_1&\beta_2\\\beta_2&0&-\beta_2&-\beta_1&0&\cdots&0&\beta_1\\\beta_1&\beta_2&0&-\beta_2&-\beta_1&0&\cdots&0\\\vdots&&&&&&&\vdots\\0&\cdots&0&\beta_1&\beta_2&0&-\beta_2&-\beta_1\\-\beta_1&0&\cdots&0&\beta_1&\beta_2&0&-\beta_2\\-\beta_2&-\beta_1&0&\cdots&0&\beta_1&\beta_2&0\end{bmatrix}_{m\times m}\tag{4.19}$$

$$\overset{3}{\boldsymbol{K}}_3=\frac{1}{R^2}\begin{bmatrix}\gamma_3&\gamma_2&\gamma_1&0&\cdots&0&\gamma_1&\gamma_2\\\gamma_2&\gamma_3&\gamma_2&\gamma_1&0&\cdots&0&\gamma_1\\\gamma_1&\gamma_2&\gamma_3&\gamma_2&\gamma_1&0&\cdots&0\\\vdots&&&&&&&\vdots\\0&\cdots&0&\gamma_1&\gamma_2&\gamma_3&\gamma_2&\gamma_1\\\gamma_1&0&\cdots&0&\gamma_1&\gamma_2&\gamma_3&\gamma_2\\\gamma_2&\gamma_1&0&\cdots&0&\gamma_1&\gamma_2&\gamma_3\end{bmatrix}_{m\times m}\tag{4.20}$$

$$M=\rho hE_{2m\times 2m}\tag{4.21}$$

其中

$$\beta_1 = \frac{D}{2(\Delta\theta R)^2},\quad \beta_2 = \frac{K^*}{2} - \frac{D}{(\Delta\theta R)^2}$$

$$\gamma_1 = \frac{-D}{(\Delta\theta)^4 R^2},\quad \gamma_2 = \frac{4D}{(\Delta\theta)^3 R^2},\quad \gamma_3 = -\frac{6D}{(\Delta\theta)^3 R^2} - K^*$$

4.1.2　圆柱壳结构智能结构单元矩阵模型的建立

1. 无热载荷自由状态下圆柱壳动力学建模

建立与圆环薄壳结构同样的坐标系，即以圆周方向为 α_1 方向，以轴线方向为 α_2 方向，以与 α_1 和 α_2 方向垂直的方向为 α_3 方向在圆柱薄壳中曲面上建立坐标系。由通用弹性壳动力学偏微分方程带入圆柱壳对应参数后可得带有一般控制项的圆柱壳动力学偏微分方程为

$$\frac{\partial N_{x\theta}^m}{\partial x} + \frac{1}{R}\frac{\partial(N_{\theta\theta}^m - N_{\theta\theta}^c)}{\partial\theta} + \frac{1}{R}\frac{\partial M_{x\theta}^m}{\partial x} + \frac{1}{R^2}\frac{\partial(M_{\theta\theta}^m - M_{\theta\theta}^c)}{\partial\theta} - \rho h\ddot{u}_\theta = 0 \quad (4.22)$$

$$\frac{\partial(N_{xx}^M - N_{xx}^c)}{\partial x} + \frac{1}{R}\frac{\partial N_{\theta x}^m}{\partial\theta} - \rho h\ddot{u}_x = 0 \quad (4.23)$$

$$\frac{\partial(M_{xx}^m - M_{xx}^c)}{\partial x^2} + \frac{2}{R}\frac{\partial^2 M_{\theta x}^m}{\partial x\partial\theta} + \frac{1}{R^2}\frac{\partial^2(M_{\theta\theta}^m - M_{\theta\theta}^c)}{\partial\theta^2} - \frac{N_{\theta\theta}^m - N_{\theta\theta}^c}{R} - \rho h\ddot{u}_3 = 0 \quad (4.24)$$

忽略控制项后便可得到自由状态下圆柱壳动力学偏微分方程[2]，即

$$\frac{\partial N_{x\theta}^m}{\partial x} + \frac{1}{R}\frac{\partial N_{\theta\theta}^m}{\partial\theta} + \frac{1}{R}\frac{\partial M_{x\theta}^m}{\partial x} + \frac{1}{R^2}\frac{\partial M_{\theta\theta}^m}{\partial\theta} - \rho h\ddot{u}_\theta = 0 \quad (4.25)$$

$$\frac{\partial N_{xx}^m}{\partial x} + \frac{1}{R}\frac{\partial N_{\theta x}^m}{\partial\theta} - \rho h\ddot{u}_x = 0 \quad (4.26)$$

$$\frac{\partial M_{xx}^m}{\partial x^2} + \frac{2}{R}\frac{\partial^2 M_{\theta x}^m}{\partial x\partial\theta} + \frac{1}{R^2}\frac{\partial^2 M_{\theta\theta}^m}{\partial\theta^2} - \frac{N_{\theta\theta}^m}{R} - \rho h\ddot{u}_3 = 0 \quad (4.27)$$

代入各项表达式进行简化后可得用位移表达的圆柱壳动力学偏微分方程，即

$$\left(\frac{K^*}{R^2} + \frac{D}{R^4}\right)\frac{\partial^2 u_\theta}{\partial\theta^2} + \frac{1}{2}\left[K^*(1-\mu) + \frac{D(1-\mu)}{R^2}\right]\frac{\partial^2 u_\theta}{\partial x^2} + \frac{K^*(1+\mu)}{2R}\frac{\partial^2 u_x}{\partial\theta\partial x} - \frac{D}{R^2}\frac{\partial^3 u_3}{\partial\theta\partial x^2} - \frac{D}{R^4}\frac{\partial^3 u_3}{\partial\theta^3} + \frac{K^*}{R^2}\frac{\partial u_3}{\partial\theta} - \rho h\ddot{u}_\theta = 0 \quad (4.28)$$

$$\frac{K^*(1+\mu)}{2R}\frac{\partial^2 u_\theta}{\partial\theta\partial x} + \frac{K^*(1-\mu)}{2R^2}\frac{\partial^2 u_x}{\partial\theta^2} + K^*\frac{\partial^2 u_x}{\partial x^2} + \frac{K^*\mu}{R}\frac{\partial u_3}{\partial x} - \rho h\ddot{u}_x = 0 \quad (4.29)$$

$$\frac{D}{R^4}\frac{\partial^3 u_\theta}{\partial\theta^3} + \frac{D}{R^2}\frac{\partial^3 u_\theta}{\partial\theta\partial x^2} - \frac{K^*}{R^2}\frac{\partial u_\theta}{\partial\theta} - \frac{K^*\mu}{R}\frac{\partial u_x}{\partial x} - \frac{D}{R^4}\frac{\partial^4 u_3}{\partial\theta^4} - \frac{2D}{R^2}\frac{\partial^4 u_3}{\partial\theta^2\partial x^2} -$$

$$D\frac{\partial^4 u_3}{\partial x^4}-\frac{K^*}{R^2}u_3-\rho h\ddot{u}_3$$
$$=0 \tag{4.30}$$

将式(4.28)～(4.30)进行有限差分离散化,可得到对应的动力学常微分方程。圆柱薄壳差分示意图如图4.2所示,将圆柱薄壳沿α_1方向分为m段,沿α_2方向分为n段。以此模型为例,可以得到自由状态下圆柱薄壳动力学矩阵模型为

$$\begin{bmatrix}\overset{1}{K}_1 & \overset{1}{K}_2 & \overset{1}{K}_3\\ \overset{2}{K}_1 & \overset{2}{K}_2 & \overset{2}{K}_3\\ \overset{3}{K}_1 & \overset{3}{K}_2 & \overset{3}{K}_3\end{bmatrix}\begin{bmatrix}u_{\theta,i,j}\\ u_{x,i,j}\\ u_{3,i,j}\end{bmatrix}+(M)\begin{bmatrix}\ddot{u}_{\theta,i,j}\\ \ddot{u}_{x,i,j}\\ \ddot{u}_{3,i,j}\end{bmatrix}=0 \tag{4.31}$$

式中,刚度矩阵与质量矩阵都为$3\times m\times n$行、$3\times m\times n$列的方阵,位移与速度列阵的维度都为$3\times m\times n$。

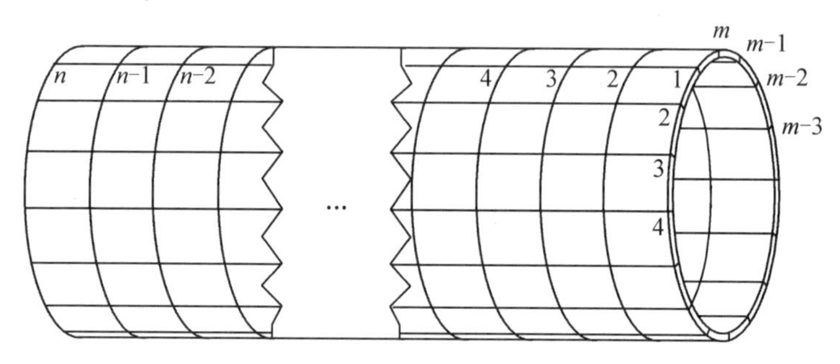

图4.2　圆柱薄壳差分示意图

2. 热载荷下圆柱壳智能结构单元数学建模

热载荷下薄壳微元的薄膜合成力$\widetilde{N}_{ij}$与弯曲合成力矩$\widetilde{M}_{ij}$由机械效应项和热效应项两部分组成[3],经过推导可得到表达式分别为

$$\widetilde{N}_{11}=N_{11}^m-N_{11}^{\Theta}=K^*S_{11}-N_{11}^{\Theta} \tag{4.32}$$

$$\widetilde{N}_{22}=N_{22}^m-N_{22}^{\Theta}=K^*S_{22}-N_{22}^{\Theta} \tag{4.33}$$

$$\widetilde{N}_{12}=N_{12}^m-N_{12}^{\Theta}=\frac{K^*(1-\mu)}{2}S_{12}^{\circ}-N_{12}^{\Theta} \tag{4.34}$$

$$\widetilde{M}_{11}=M_{11}^m-M_{11}^{\Theta}=D(k_{11}+\mu k_{22})-M_{11}^{\Theta} \tag{4.35}$$

$$\widetilde{M}_{22}=M_{22}^m-M_{22}^{\Theta}=D(k_{22}+\mu k_{11})-M_{22}^{\Theta} \tag{4.36}$$

$$\widetilde{M}_{12}=M_{12}^m-M_{12}^{\Theta}=\frac{D(1-\mu)}{2}k_{12}-M_{12}^{\Theta} \tag{4.37}$$

式中,带Θ右上标的项为热载荷产生的力与力矩。

热应力的产生原因如下。

(1) 在温度改变时,物体受外在约束而无法自由伸展而产生应力。

(2) 自由状态下物体受到不均匀温度场作用,使其内部产生温度梯度,内部各部分之间形成相互约束而无法自由伸展,从而产生局部内应力。

假设圆柱壳在 α_3 方向(厚度方向) 与 α_2 方向上存在温度梯度。圆柱壳外表面温度沿 α_2 方向(圆柱轴向,即 x 方向) 分布函数为 $T(x)$,内表面温度为常值 T_0,为初始温度。同时,假设温度沿圆柱壳厚度方向线性变化。

若只考虑厚度方向温度梯度,则圆柱薄壳非边界部分外表面轴向和周向的热应力分别为

$$\sigma_{\theta\theta}^{\Theta3} = \sigma_{xx}^{\Theta3} = \frac{Y\alpha(T - T_0)}{2(1 - \mu)} \tag{4.38}$$

式中　$\Theta3$—— 厚度方向温度梯度造成的热应力;

α—— 圆柱薄壳材料的线膨胀系数。

$T > T_0$ 时在外表面上热应力为拉应力。

而若只考虑轴向温度梯度,则圆柱薄壳轴向与周向热应力分别为

$$\sigma_{\theta\theta}^{\Theta2} = 0 \tag{4.39}$$

$$\sigma_{xx}^{\Theta2} = \sqrt[4]{\frac{3(1 - \mu)^2}{R^2h^2}}\frac{3\alpha DR(T - T_0)}{h^2} \tag{4.40}$$

式中　$\Theta2$—— 轴向温度梯度造成的热应力。

圆柱壳承受热载荷时,壳体内部所产生的总热应力为以上两种情况的叠加,即

$$\sigma_{\theta\theta}^{\Theta} = \sigma_{\theta\theta}^{\Theta2} + \sigma_{\theta\theta}^{\Theta3} = \frac{Y\alpha(T - T_0)\left(\alpha_3 + \frac{h}{2}\right)}{2(1 - \mu)h} \tag{4.41}$$

$$\sigma_{xx}^{\Theta} = \sigma_{xx}^{\Theta2} + \sigma_{xx}^{\Theta3} = \sqrt[4]{\frac{3(1 - \mu)^2}{R^2h^2}}\frac{3\alpha DR(T - T_0)}{h^2} + \frac{Y\alpha(T - T_0)\left(\alpha_3 + \frac{h}{2}\right)}{2(1 - \mu)h} \tag{4.42}$$

在厚度方向上对上式进行积分运算可得到圆柱壳中曲面上单位长度所受薄膜力与弯曲力矩,即

$$N_{\theta\theta}^{\Theta} = \int_{\alpha_3}\sigma_{\theta\theta}^{\Theta}\mathrm{d}\alpha_3 = \int_{-\frac{h}{2}}^{+\frac{h}{2}}\frac{Y\alpha(T - T_0)\left(\alpha_3 + \frac{h}{2}\right)}{2(1 - \mu)h}\mathrm{d}\alpha_3 = \frac{Y\alpha(T - T_0)h}{4(1 - \mu)} \tag{4.43}$$

$$\begin{aligned} N_{xx}^{\Theta} &= \int_{\alpha_3}\sigma_{xx}^{\Theta}\mathrm{d}\alpha_3 \\ &= \int_{-\frac{h}{2}}^{+\frac{h}{2}}\left[\sqrt[4]{\frac{3(1 - \mu)^2}{R^2h^2}}\frac{3\alpha DR(T - T_0)}{h^2} + \frac{Y\alpha(T - T_0)\left(\alpha_3 + \frac{h}{2}\right)}{2(1 - \mu)h}\right]\mathrm{d}\alpha_3 \end{aligned}$$

$$= \sqrt[4]{\frac{3\ (1-\mu)^2}{R^2h^2}}\frac{3\alpha DR(T-T_0)}{h}+\frac{Y\alpha(T-T_0)h}{4(1-\mu)} \tag{4.44}$$

$$M_{\theta\theta}^{\Theta}=\int_{\alpha_3}\sigma_{\theta\theta}^{\Theta}\alpha_3\mathrm{d}\alpha_3=\int_{-\frac{h}{2}}^{+\frac{h}{2}}\frac{Y\alpha(T-T_0)\left(\alpha_3+\frac{h}{2}\right)}{2(1-\mu)h}\alpha_3\mathrm{d}\alpha_3=\frac{Y\alpha(T-T_0)h^2}{24(1-\mu)} \tag{4.45}$$

$$\begin{aligned}M_{xx}^{\Theta}&=\int_{\alpha_3}\sigma_{xx}^{\Theta}\alpha_3\mathrm{d}\alpha_3\\&=\int_{-\frac{h}{2}}^{+\frac{h}{2}}\left[\sqrt[4]{\frac{3\ (1-\mu)^2}{R^2h^2}}\frac{3\alpha DR(T-T_0)}{h^2}+\frac{Y\alpha(T-T_0)\left(\alpha_3+\frac{h}{2}\right)}{2(1-\mu)h}\right]\alpha_3\mathrm{d}\alpha_3\\&=\frac{Y\alpha(T-T_0)h^2}{24(1-\mu)}\end{aligned} \tag{4.46}$$

将热载荷下合成力及合成力矩代入式(4.22)～(4.24)中,代替其中的对应项,得到热载荷下圆柱薄壳动力学模型与相应矩阵模型。

4.2　形状记忆合金智能结构矩阵模型仿真分析

传统的解析法只能对梁板型结构以及简单回转曲面壳体结构进行理论模型求解。为解决较复杂的回转曲面壳体结构理论模型求解的问题,本节以中圆环壳与圆柱壳智能结构单元数学模型为基础,分别以表面布置了余弦式压电传感/作动器的圆环壳、两端简支约束圆柱壳为算例,建立对应的混合程序仿真系统,采用矩阵数值迭代方法利用计算机进行求解。该方法在理论上可对任意复杂回转曲面壳体结构智能结构单元数学模型进行包含反馈与控制效果的时域、频域仿真与求解。经过将仿真结果与理论结果进行对比,验证了数学模型与相应混合程序仿真系统的正确性与有效性。

4.2.1　余弦式压电圆环壳混合程序仿真分析

1. 受控状态动力学模型

根据圆环壳各阶理论模态振型,采用图4.3所示的针对各阶模态进行独立控制的余弦型压电传感/作动贴片形式(4阶模态控制为例),传感层与作动层对位控制,如1号传感贴片对应1′号作动贴片,同时各贴片之间断开。

在圆环宽度为b时,对应n阶模态控制布置形式,所有压电传感贴片的面积总和可计算为

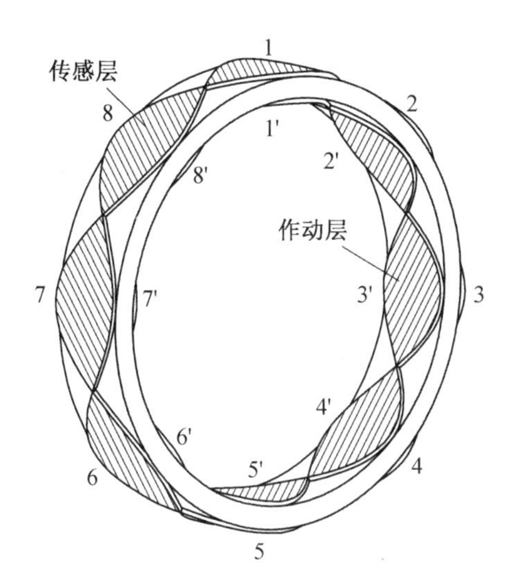

图 4.3　针对各阶模态进行独立控制的余弦型压电传感／作动贴片

$$S^e = 2n\int_{-\frac{\pi}{2n}}^{+\frac{\pi}{2n}} (b\cos n\theta) R\mathrm{d}\theta = 4Rb \tag{4.47}$$

可知，对于任意阶模态采用对应的压电传感／作动余弦式贴片时，压电传感器与作动器的贴片面积是一个常数。因此，对应 n 阶模态控制的单个贴片面积 S_n^e 为 $4Rb/2n$。各压电传感贴片传感信号可表示为[4]

$$\begin{aligned}\phi_n^s &= \frac{h^s}{S_n^e}\int_{S_n^e} (e_{31}S_{11}^s + e_{32}S_{22}^s) A_1 A_2 \mathrm{d}\alpha_1 \mathrm{d}\alpha_2 \\ &= \frac{h^s}{S_n^e}\int_{S_n^e} \left[e_{31}\left(\frac{1}{R}\frac{\partial u_1}{\partial \theta} + \frac{u_3}{R}\right) + \frac{e_{32}(h + h^s)}{2R^2}\left(\frac{\partial u_1}{\partial \theta} - \frac{\partial^2 u_3}{\partial \theta^2}\right)\right] A_1 A_2 \mathrm{d}\alpha_1 \mathrm{d}\alpha_2\end{aligned} \tag{4.48}$$

式中　ϕ_n^s—— 对应 n 阶模态布置形式各贴片传感信号；

e_{31}、e_{32}—— 压电材料压电常数；

A_i—— 分别为 α_i 方向拉梅系数，$i = 1,2$。

采用中心有限差分法对式(4.48) 进行简化处理可得

$$\begin{aligned}\phi_{n,k}^s = \frac{e_{31}h^s}{RS_n^e}\sum_{i=\frac{2k-3}{4n}m+1}^{\frac{2k-1}{4n}m-1}\Bigg\{ S_{n,i}^e \Bigg[&\frac{u_{1,i+1} - u_{1,i-1}}{2\Delta\theta}\left(1 + \frac{h + h^s}{2R}\right) - \\ &\frac{h + h^s}{2R}\frac{u_{3,i+1} - 2u_{3,i} + u_{3,i-1}}{\Delta\theta^2} + u_{3,i}\Bigg]\Bigg\}\end{aligned} \tag{4.49}$$

$$S_{n,i}^e = \left| \int_{i\frac{2\pi}{m}}^{(i+1)\frac{2\pi}{m}} Rb\cos(k\theta)\mathrm{d}\theta \right| = \frac{Rb}{n}\left| \sin\left(2n\pi\frac{i+1}{m}\right) - \sin\left(2n\pi\frac{i}{m}\right) \right| \tag{4.50}$$

式中　k—— 第 k 块压电贴片；

i—— 进行差分后分块内对应节点编号。

由于各压电传感器贴片方式相同，积分过程可用其中任意一块进行代替，从而简化最终智能结构单元矩阵模型的建立过程，因此本书选取1号压电传感器贴片作为积分贴片进行对应矩阵的推导。将式(4.49)化简为矩阵相乘的形式，即

$$\phi_{n,k}^{s} = \frac{e_{31}h^{s}}{RS_{n}^{e}} (S_{n,i}^{e})_{1\times\frac{m}{2n}} (S_{1}^{*} \ \vdots \ S_{3}^{*})_{\frac{m}{2n}\times\frac{m}{n}} \begin{bmatrix} u_{1n} \\ u_{3n} \end{bmatrix}_{\frac{m}{n}\times 1} \tag{4.51}$$

采用位移反馈，控制电压 $\phi^{a} = G\phi^{s}$，G 为比例增益系数。控制力与控制力矩分别为

$$N_{\theta\theta}^{a} = d_{31}Y_{\mathrm{p}}\phi^{a} = Gd_{31}Y_{\mathrm{p}}\phi^{s}W^{a}(\theta) \tag{4.52}$$

$$M_{\theta\theta}^{a} = r_{1}^{a}d_{31}Y_{\mathrm{p}}\phi^{a} = Gr_{1}^{a}d_{31}Y_{\mathrm{p}}\phi^{s}W^{a}(\theta) \tag{4.53}$$

式中　r_{1}^{a}—— 压电作动层中面到系统中曲面距离，即 $r_{1}^{a} = (h^{a} + h)/2$；

$W^{a}(\theta)$—— 作动器贴片的形状函数，与传感器贴片形状函数 $W^{s}(\theta)$ 相同。

建立系统的动力学矩阵模型，即

$$\left[\boldsymbol{K} + \begin{bmatrix} W_{1}^{a} & 0 \\ 0 & W_{3}^{a} \end{bmatrix} \begin{bmatrix} S_{n1}^{e*} & 0 \\ 0 & S_{n3}^{e*} \end{bmatrix} \begin{bmatrix} S_{11}^{*} & S_{13}^{*} \\ S_{31}^{*} & S_{33}^{*} \end{bmatrix}\right] \begin{bmatrix} u_{1,i} \\ u_{3,i} \end{bmatrix} + \boldsymbol{M} \begin{bmatrix} \ddot{u}_{1,i} \\ \ddot{u}_{3,i} \end{bmatrix} = 0 \tag{4.54}$$

式中，各矩阵从左到右依次为刚度矩阵、作动器形状矩阵、分块贴片面积矩阵、传感信号矩阵、分块位移矩阵、质量矩阵和分块加速度矩阵。

2. 压电圆环智能结构单元仿真结果分析

基于4.1节中得到的圆环壳动力学矩阵模型，以及以上推导出的受控状态下智能结构单元动力学矩阵模型，编写相应仿真程序。本节采用C++与Matlab混合编程建立仿真系统，利用Matlab强大的数学运算能力、信号分析能力以及图像处理能力，与C++高效的执行效率和丰富的人机交互界面相结合，对系统进行时域与频域仿真计算[5]。

仿真对象为半径0.05 m、厚度0.001 m、宽度0.01 m的圆环薄壳，材料为结构钢。其内、外表面分别布置了厚度均为 4×10^{-5} m的压电薄膜作为作动器和传感器，对应的圆环材料属性见表4.1。

表 4.1　圆环材料属性

属性	圆环薄壳	压电层
弹性模量/Pa	210×10^9	2.00×10^9
密度/$(kg\cdot m^{-3})$	7 800	1 800
厚度/m	0.001	4×10^{-5}
泊松比	0.3	0.2
压电常数 $d_{31}/(m\cdot V^{-1})$		2.3×10^{-11}
压电常数 $e_{31}/(V\cdot m^{-1})$		4.32×10^8

不施加作动力,改变差分密度 m,经过频域仿真计算得到各阶模态固有频率值与对应模态振型。使用幂逼近的方式对各阶固有频率仿真值随分块数变化情况进行拟合,得到 1 ~ 4 阶频率仿真拟合曲线方程为

$$f = Am^B + C \tag{4.55}$$

式中,圆环各阶拟合曲线方程常数见表 4.2。

由表 4.2 可知,当差分密度 m 足够大时,可得到 1 ~ 4 阶模态频率值分别为 259.3 Hz、739.3 Hz、1 419 Hz、2 295 Hz, 与理论值十分接近。

表 4.2　圆环各阶拟合曲线方程常数表

阶数	A	B	C
1	3.463×10^6	−1.754	259.3
2	8.313×10^6	−1.905	739.3
3	1.07×10^7	−1.949	1 419
4	1.185×10^7	−1.968	2 295

可知,差分密度越大,仿真模型越接近实际物理模型,仿真计算所得到的各阶模态固有频率值也越接近于由传统解析法求得的理论值。在差分密度与积分时间步长一定时,仿真模型所得各阶模态固有频率值与理论频率值的偏差随模态阶数的增大而减小。

设定差分密度为960,信号增益 G 为100 000,忽略其0阶刚体运动模态,分别对进行其1、2、3阶控制,位移反馈控制前后各阶固有频率对比见表4.3,可知余弦式压电传感/作动圆环在根据各阶模态振型进行贴片布置时,对于该阶模态具有明显的控制效果,而对于其他阶模态则相对几乎没有影响,与实际情况相符。

表 4.3 位移反馈控制前后各阶固有频率对比

阶数	控制前频率/Hz	1 阶控制		2 阶控制		3 阶控制	
		控制后频率/Hz	增强比例/%	控制后频率/Hz	增强比例/%	控制后频率/Hz	增强比例/%
1	286.72	313.34	9.28	291.54	1.68	290.71	1.39
2	775.54	778.41	0.37	818.57	5.55	788.30	1.65
3	1 471.01	1 449.45	-1.47	1 489.00	1.22	1 526.71	3.79
4	2 368.49	2 334.14	-1.45	2 359.43	-0.48	2 400.04	1.33
5	3 466.67	3 434.16	-0.94	3 435.01	-0.91	3 471.90	0.15
6	4 765.03	4 745.21	-0.42	4 718.87	-0.97	4 745.73	-0.41
7	6 263.32	6 259.42	-0.06	6 212.28	-0.81	6 223.70	-0.63

4.2.2 圆柱壳混合程序仿真分析

基于 4.1 节中圆柱壳动力学模型,引入两端简支边界条件,即

$$\frac{\partial^2 u_{3,1,j}}{\partial x^2} = \frac{\partial^3 u_{3,1,j}}{\partial x^3} = \frac{\partial^2 u_{3,m,j}}{\partial x^2} = \frac{\partial^3 u_{3,m,j}}{\partial x^3} = 0 \tag{4.56}$$

由式(4.56)可以推知

$$\begin{cases} u_{3,0,j} = 2u_{3,1,j} - u_{3,2,j} \\ u_{3,-1,j} = 4u_{3,1,j} - 4u_{3,2,j} + u_{3,3,j} \\ u_{3,m+1,j} = 2u_{3,m,j} - u_{3,m-1,j} \\ u_{3,m+2,j} = 4u_{3,m,j} - 4u_{3,m-1,j} + u_{3,m-2,j} \end{cases} \tag{4.57}$$

将式(4.57)代入圆柱壳动力学模型中,得到两端简支边界条件下圆柱壳动力学矩阵模型。将所得圆柱壳各阶模态固有频率与振型仿真结果与理论结果进行对比分析,从而验证数学模型与仿真系统的正确性与有效性。对象尺寸参数为 $\phi 4$ mm × 500 mm × 3 mm,铝制圆柱壳材料属性见表 4.4。

表 4.4 铝制圆柱壳材料属性

材料属性	圆柱薄壳
弹性模量/Pa	71×10^9
密度/(kg·m^{-3})	2 700
厚度/m	0.003
泊松比	0.33

建立混合程序仿真系统,经计算得到沿周向展开后圆柱薄壳前六阶模态振型仿真结果如图 4.4 所示,其中 0 阶模态为刚体运动模态。

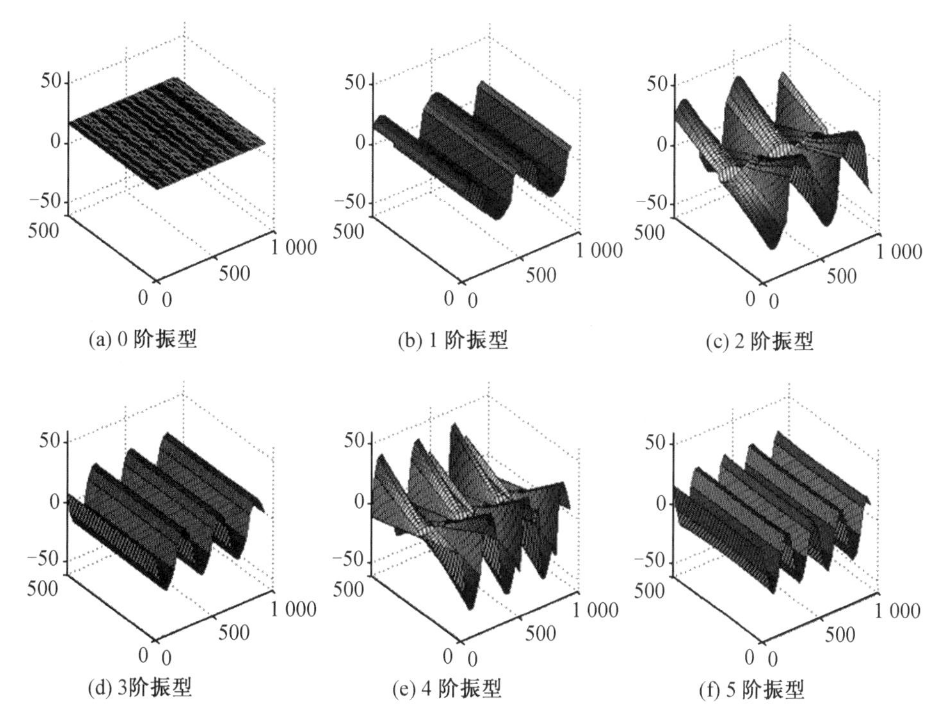

图4.4　沿周向展开后圆柱薄壳前六阶模态振型仿真结果

同时,改变圆柱壳差分密度,对不同轴向分块数与周向分块数条件下圆柱壳进行混合程序仿真。由以往仿真经验可知,为使仿真结果较理论值偏差达到所需范围,平直结构所需差分密度较弯曲结构所需差分密度在较大程度上要宽松。因此,对于圆柱壳结构,进行差分密度规划时,可设置较小的轴向分块数,而设置较大的周向分块数。经过拟合,得到固有频率仿真值f与周向差分密度m、轴向差分密度n关系式为

$$f = A \cdot m^B \cdot n^C + E \tag{4.58}$$

式中,圆柱壳各阶模态频率曲面拟合常数见表4.5。

表4.5　圆柱壳各阶模态频率曲面拟合常数

阶数	A	B	C	E
1	2.387×10^{11}	−1.619	−2.418	91.47
2	1.080×10^{12}	−1.749	−2.577	103.17
3	5.422×10^{12}	−1.917	−2.690	259.53
4	9.873×10^{12}	−1.981	−2.733	277.36

由表4.5可知,当差分密度m与n足够大时,可得到1～4阶模态频率值分别为91.47 Hz、103.17 Hz、259.53 Hz、277.36 Hz,与理论值92.34 Hz、104.11 Hz、260.92 Hz、278.48 Hz偏差极小。因此,可验证圆柱壳结构智能结构单元矩阵模

型的正确性以及对应混合程序仿真系统的有效性。

4.3 圆柱壳螺旋式 SMA 作动器设计优化

若要对圆柱壳周向与轴向模态同时进行有效控制,需提出一种能在圆柱壳轴向与周向同时产生作动力的作动器设计方案。为此,本节根据圆柱壳结构模型特点以及混合程序仿真结果设计了一种区别于以往只能进行单向模态控制的直线形与环形作动器形式的新型作动器,并使用有限元法对作动器各主要构型参数进行了优化,根据作动器与圆柱壳构成的刚度主动控制系统的静力学与模态仿真结果确定了最优 SMA 作动器构型。

4.3.1 螺旋式作动器原理设计方案

设计作动器需充分利用形状记忆合金管所产生的回复力与回复行程,在保证作动器自身质量尽量小的情况下,使作动器与圆柱壳内壁接触面作动力的大小及其分布均匀程度达到最优,同时对圆柱壳周向扭转模态与轴向弯曲模态都能具有较明显的控制作用。为此,提出了一种新型螺旋式作动器构型设计方案,螺旋式作动器初步设计简图与其作动原理图如图 4.5 所示。

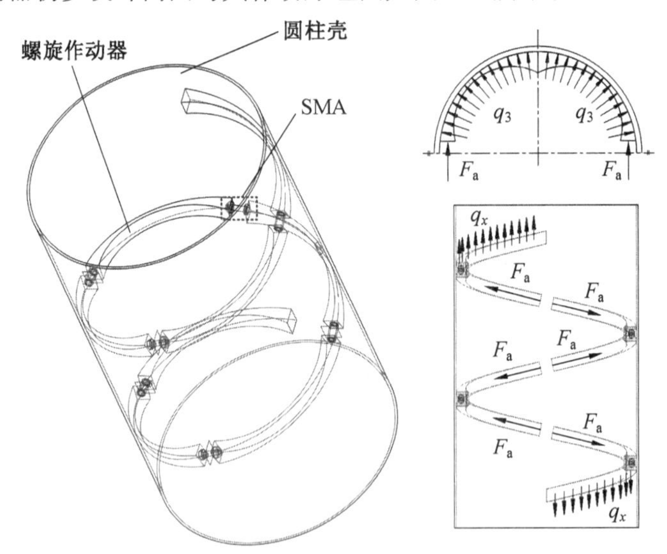

图 4.5 螺旋式作动器初步设计简图与其作动原理图

图 4.5 中,作动器驱动源采用形状记忆合金圆管,其尺寸参数为 ϕ9 mm × 19.7 mm ×2.5 mm,在马氏体状态下压缩后长度为 19.04 mm,无约束状态下加热回复,可回复到19.64 mm, 回复行程约为0.6 mm;F_a 为SMA 所产生的驱动力,

在两端约束回复状态下，单个 SMA 管可对外产生$(0.4 \sim 0.7) \times 10^4$ N 的驱动力；q_3 与 q_x 分别为作用在圆柱壳内壁上沿轴向与径向的作动力。圆柱薄壳采用铝合金材质，螺旋作动膨胀环则使用结构钢，材料属性见表 4.6。本节将对螺旋式作动器主要构型参数进行设计与优化。

表 4.6　材料属性

属性	铝	结构钢
密度 /$(\mathrm{kg \cdot m^{-3}})$	2 770	7 800
弹性模量 /GPa	71	210
泊松比	0.33	0.30

4.3.2　螺旋式作动器构型参数设计与分析

1. 圆柱壳模态特性仿真分析

受控对象是尺寸为 ϕ294 mm × 500 mm × 3 mm 的圆柱薄壳。使用有限元仿真软件 ANSYS Workbench 对未加作动器的圆柱薄壳进行模态分析。设定模态仿真阶数为 10，在忽略掉刚体运动模态后，可以得到圆柱壳前九阶固有频率与对应振型，如图 4.6 所示。

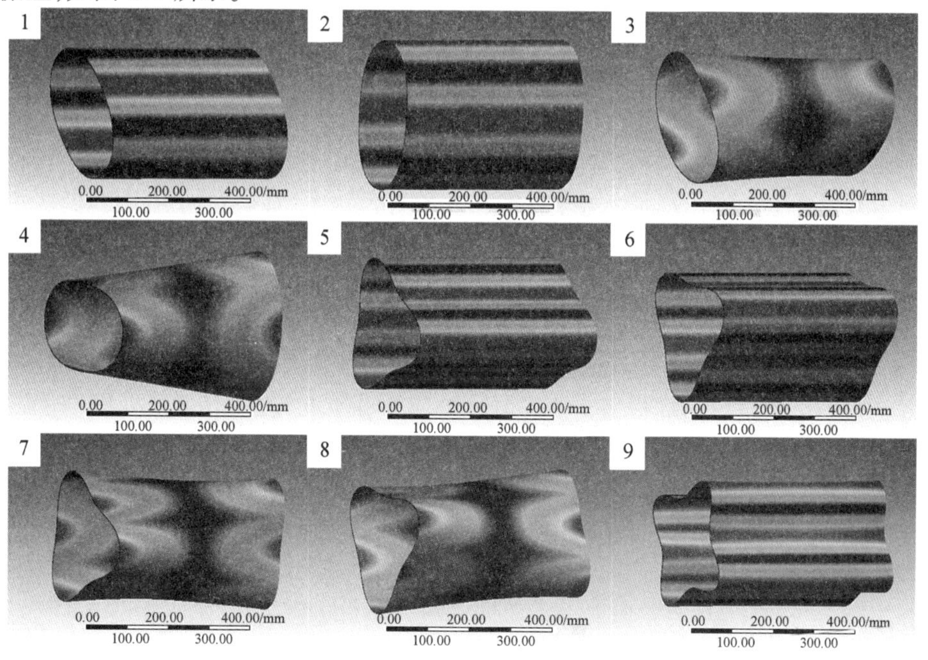

图 4.6　圆柱壳前九阶固有频率与对应模态振型（彩图见附录）

ANSYS 所得圆柱壳各阶振型与混合程序仿真结果相似,验证了混合程序仿真结果的正确性与有效性。

2. 受控系统静力学仿真分析

以 1/4 环沿圆柱壳轴向宽度20 mm、最薄处厚度5 mm 为初始参数,对螺旋作动系统控制圆柱壳刚度进行仿真分析,设定 SMA 驱动力为 40 MPa。同时,考虑到1/4 螺旋膨胀环可以沿其螺旋母线方向做较小的滑移运动,可以得到静力学仿真系统变形图如图 4.7 所示。

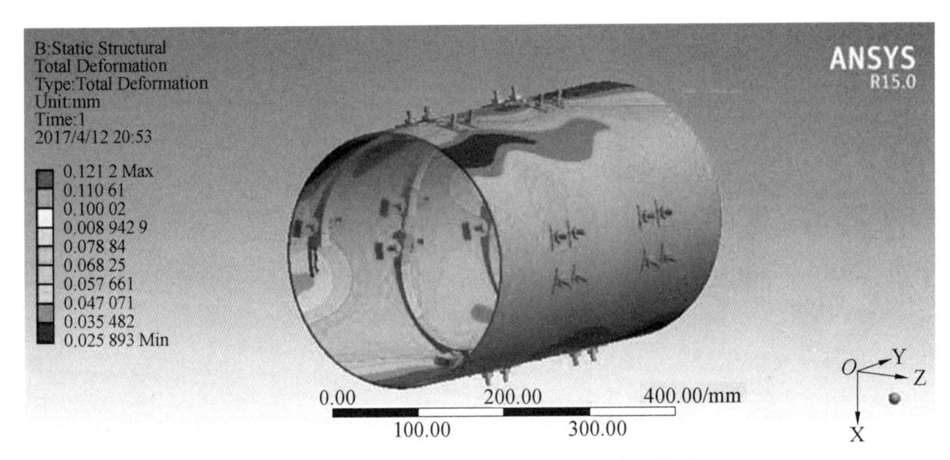

图 4.7　静力学仿真系统变形图(彩图见附录)

为对所关心位置进行分析,设定圆柱壳周向 12 点方向为 0°,将圆柱壳内壁 0°、30°、45°、60°、90° 处点的静力学参数单独提取出来,分析其静力学特性。

由仿真结果可以看到,应力峰值均出现在作动器与圆柱壳内壁接触处。考虑到0° 处与90° 处圆柱薄壳内壁应力并非1/4 螺旋膨胀环直接施加,而30°、45°、60° 位置应力峰值则为作动器 1/4 环对圆柱壳内壁产生的压应力,因此仅对此三处应力情况进行分析。保持 1/4 膨胀环轴向宽度不变,改变其最薄处厚度值,对厚度值为 5 mm、4.5 mm、4 mm、3.5 mm、3 mm、2.5 mm、2 mm 情况下系统分别进行静力学仿真,各厚度情况下圆柱薄壳内壁 30°、45°、60° 位置处应力轴向变化情况如图 4.8 所示。

同时,可得到各厚度值情况下圆柱薄壳内壁 30°、45°、60° 位置处应力峰值见表4.7。

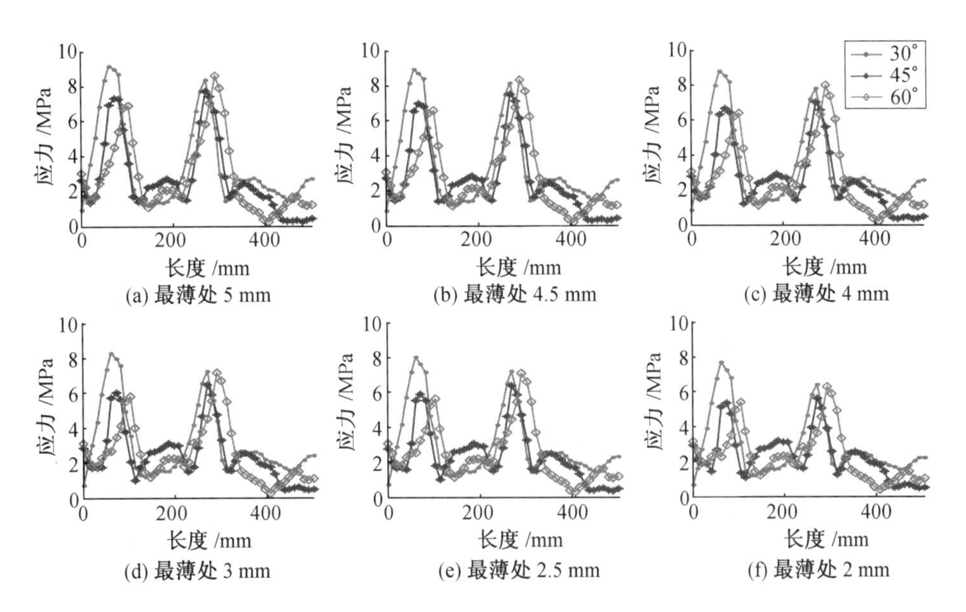

图4.8　各厚度情况下圆柱薄壳内壁30°、45°、60°位置处应力轴向变化情况(彩图见附录)

表4.7　各厚度值情况下圆柱薄壳内壁30°、45°、60°位置处应力峰值　MPa

位置	5 mm	4.5 mm	4 mm	3.5 mm	3 mm	2.5 mm	2 mm
30°	9.166 3	8.978 6	8.846 5	8.790 4	8.297 5	8.055 9	7.682 2
45°	7.732 2	7.519 0	7.018 2	6.751 1	6.441 3	6.351 7	5.609 8
60°	8.633 4	8.368 0	7.996 0	7.745 7	7.179 9	7.069 0	6.258 6

由于厚度的变化,因此1/4环的刚度也会发生变化,在端部受到SMA管施加的驱动力后,各厚度的1/4螺旋膨胀环在端部产生的最大变形位移值见表4.8。

表4.8　各厚度的1/4螺旋膨胀环在端部产生的最大变形位移值

最薄处 /mm	5	4.5	4	3.5	3	2.5	2
最大位移 /mm	0.094 2	0.094 2	0.094 3	0.104 1	0.119 5	0.138 4	0.161 4

由图4.8可知,施加相同驱动力,在不同1/4螺旋膨胀环最薄处厚度值情况下,圆柱薄壳内壁所受压应力具有相似的轴向分布。同时,由表4.7可知,在1/4螺旋膨胀环最薄处厚度值为4 mm时,三位置处应力峰值较3 mm时平均增加9.0%,而厚度值5 mm时较4 mm时三处应力峰值平均增加7.6%,变化率减小。由表4.8可知,最薄处2～5 mm间的1/4环端部最大位移的变化则超过0.06 mm,变化率超过66.7%,厚度为4 mm及以上时,端部最大位移变化很小,而当改变为3.5 mm及以下时,端部最大位移快速增大。因此,确定1/4螺旋膨胀环最薄处厚度为4 mm。在确定厚度的基础上,改变1/4螺旋膨胀环的轴向宽度

值，以轴向宽度值为 20 mm 为起始，轴向宽度值为 28 mm 为终止，分别进行静力学仿真分析，得到不同轴向宽度下圆柱薄壳内壁 30°、45°、60° 位置应力轴向分布图如图 4.9 所示。

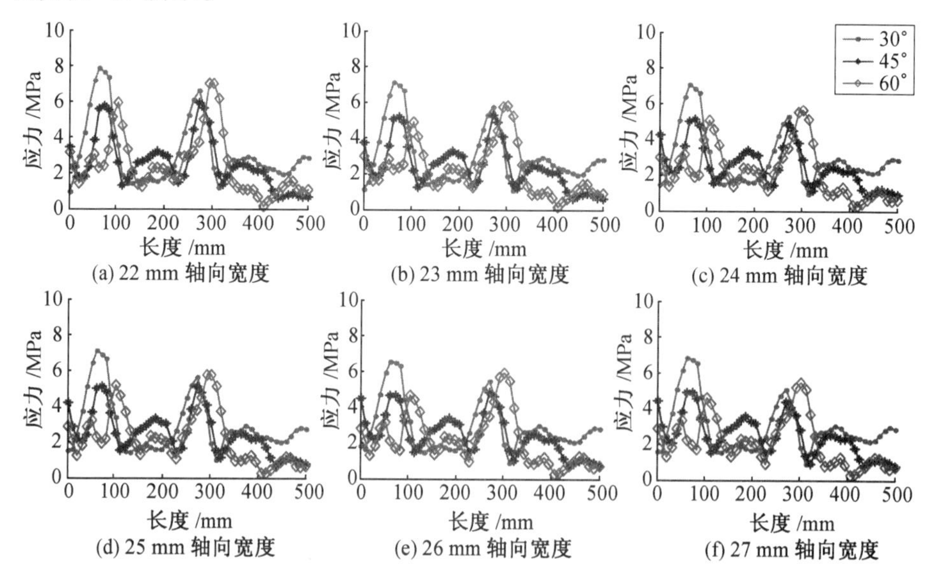

(a) 22 mm 轴向宽度 (b) 23 mm 轴向宽度 (c) 24 mm 轴向宽度
(d) 25 mm 轴向宽度 (e) 26 mm 轴向宽度 (f) 27 mm 轴向宽度

图 4.9　不同轴向宽度下圆柱薄壳内壁 30°、45°、60° 位置应力轴向分布图（彩图见附录）

不同轴向宽度条件下 1/4 膨胀环端部最大位移值见表 4.9。

表 4.9　不同轴向宽度条件下 1/4 膨胀环端部最大位移值

厚度 /mm	21	22	23	24	25	26	27	28	29	30
位移 /mm	0.093 9	0.101 4	0.092 7	0.092 2	0.091 5	0.090 9	0.916 9	0.091 1	0.091 0	0.090 1

由图 4.9 可知，随着 1/4 螺旋膨胀环轴向宽度的增加，其与圆柱薄壳内壁接触面积也增大，相同驱动力条件下所产生压应力随之减小，但各位置点处应力变化率不超过 15%。同时，由表 4.9 可知，1/4 螺旋膨胀环端部最大位移变化范围不超过 0.004 mm，变化率不超过 4.3%，接近于线性变化。由于随 1/4 螺旋膨胀环端轴向宽度变化，圆柱壳刚度主动控制系统静力学特性变化并不明显，因此轴向宽度的选择范围较广，需进一步考虑系统受控前后模态特性仿真结果后进行确定。

3. 受控系统模态特性仿真分析

圆柱薄壳在装配上螺旋式作动器后，由于作动器自身尺寸与质量的影响，圆柱薄壳系统模态特征将会产生变化。因此，若要对系统受控前后模态特性进行

模态仿真对比，初始模态特征应设定为装配各尺寸作动器后非受控系统模态特征。采用控制变量法，改变 SMA 螺旋式作动器执行部件 1/4 螺旋膨胀环最薄处厚度与轴向宽度，使用有限元仿真软件分别进行模态仿真，对作动前后系统各阶模态固有频率进行对比分析。分别绘制出变厚度与变宽度条件下前四阶模态频率增强曲线，如图 4.10 所示。

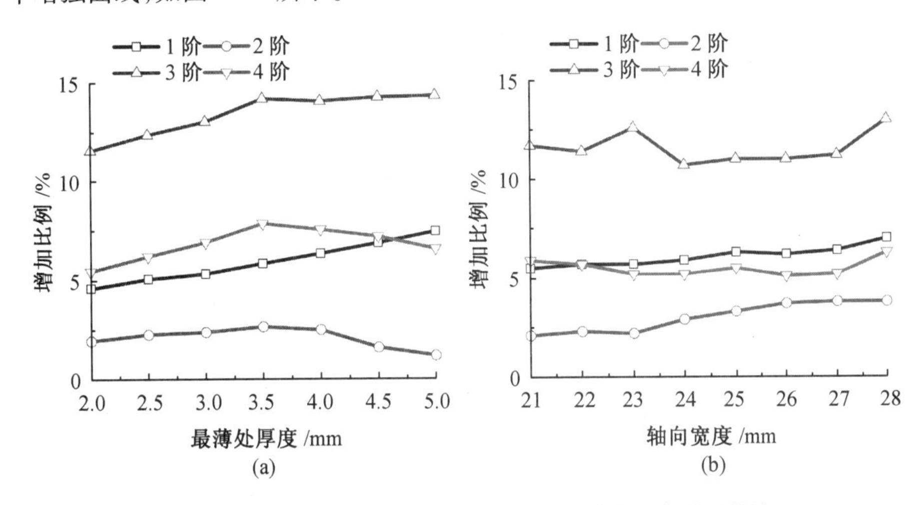

图 4.10　变厚度与变宽度条件下前四阶模态频率增强曲线

根据变厚度系统模态仿真分析结果可知，1/4 环最薄处厚度由 2 ~ 5 mm 变化过程中，1 阶模态增强比变化率约 3.85%，2 阶模态增强比变化率约 1.46%，3 阶模态增强比变化率约 2.75%，4 阶模态增强比变化率约 2.40%。考虑到低阶模态在系统振动中占主导地位，由图 4.10 可以看出，1/4 环最薄处厚度在 4 mm 时具有较好的综合控制效果，因此可选择最薄处厚度为 4 mm。

同理，根据变宽度系统模态仿真分析结果，宽度由 20 mm 到 28 mm 变化过程中，系统 1 阶模态增强比变化率不超过 1.5%，4 阶模态增强比变化率不超过 0.5%，且在 25 mm 为曲线极点，增强效果较好。2 阶模态增强比随宽度变大而变大，25 mm 处具有较好效果。而 3 阶模态增强比则随宽度变化较大，变化率约 2.34%，25 mm 情况下也有一定增强效果。因此，考虑到系统模态特征中低阶模态占主导部分，同时综合静力学仿真结果，可选择 25 mm 轴向宽度。

4.4　圆柱壳 SMA 智能结构主动控制实验

SMA 作为作动器的驱动源，需通过对其力学性能进行测试，确定最优加热条件以获得实验所需驱动力，然后对圆柱壳结构进行轴向刚度增强系统实验，最后使用具有最优构型参数的螺旋式作动器设计方案进行了刚度主动控制实验。通过改变实验条件，如 SMA 加热时间、SMA 驱动源数量等，对比受控前后系统各阶模态频率与模态振型，验证所设计的螺旋式作动器对圆柱壳结构周向扭转模态与轴向弯曲模态均具有控制效果。

4.4.1 SMA 驱动源力学性能测试

1. SMA 驱动圆管压缩力学性能测试

实验中要用到的SMA驱动圆管尺寸为ϕ9 mm × 19.7 mm × 2.5 mm，SMA驱动圆管的理论回复率约为3.3%，即理论回复行程为0.6 ~ 0.7 mm。同时由于SMA 驱动圆管具有一定弹性，为使圆管达到满足工作要求的轴向形变，其压缩行程应大于其回复行程。

相同规格形状记忆合金圆管在低温马氏体状态下压缩到产生不同压缩形变，加热回复时产生的回复力也不同。为使作动器在工作时对圆柱薄壳内壁压应力趋于均匀，应令形状记忆合金驱动源驱动力尽量相同。设定压力机压缩行程为0.75 mm，对形状记忆合金圆管进行轴向压缩，记录圆管所受载荷随压缩行程变化曲线如图4.11 所示。

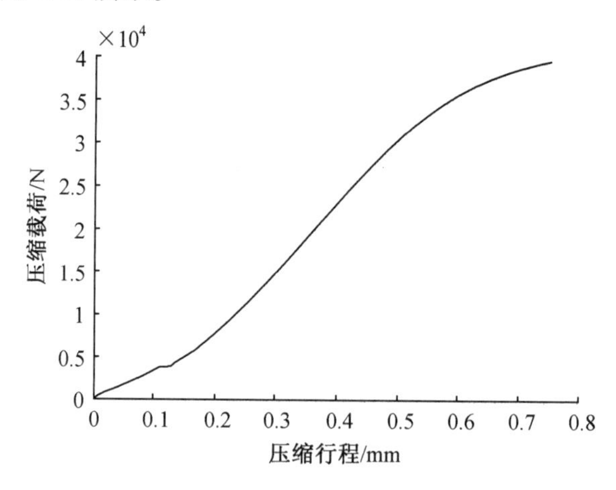

图4.11　圆管所受载荷随压缩行程变化曲线

由图可知，压缩行程达到0.75 mm 时，SMA 圆管所受压缩载荷约为40 kN。由于存在弹性变形，因此在卸载后对 SMA 圆管进行测量，得到变形后圆管轴向长度约为19.04 mm。对各圆管进行相同压缩过程，得到各圆管受压过程中载荷变化曲线与卸载后轴向长度基本相同。

2. SMA 驱动圆管回复力学性能测试

在作动器正常工作过程中，SMA 驱动源被加热到奥氏体相变温度以上，并保持加热温度，同时限制住驱动源的受热回复，使其产生驱动作动器改变圆柱薄壳

刚度的驱动力。因此,需对 SMA 驱动圆管回复力学性能进行测试。使用聚亚酰乙胺加热膜对 SMA 圆管外侧表面进行全包裹加热,其额定电压为12 V,额定功率为 20 W,通电加热温度随加热电压、加热电流以及加热时间变化。为使 SMA 圆管在加热过程中具有最佳的回复力学性能,需对其回复力随各参数变化情况进行测试。使用直流稳压电源进行供电,设定直流稳压电源输出加热电压为12 V,对加热电流分别为 0.8 A、1 A、1.2 A、1.4 A、1.5 A、1.6 A 条件下 SMA 驱动圆管回复力随时间变化进行测试,得到改变加热电流回复力随时间变化曲线如图 4.12 所示。

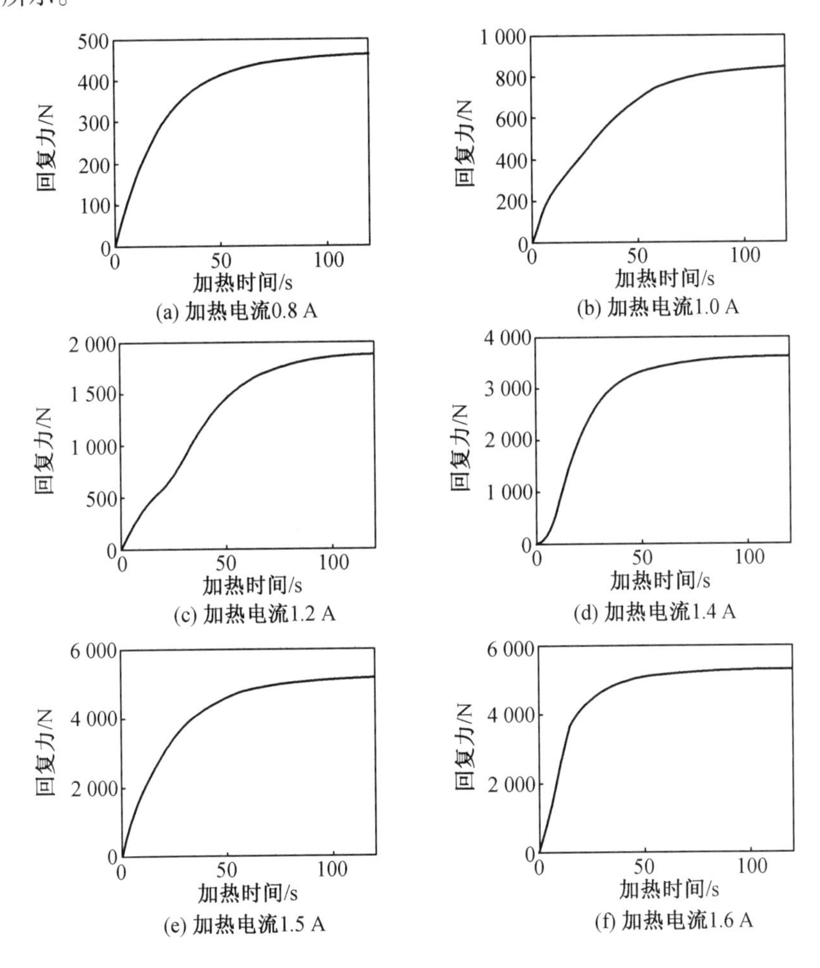

图 4.12 改变加热电流回复力随时间变化曲线

由图4.12 可知,在加热电流为 1.5 A 时,SMA 圆管最大回复力随加热电流增加几乎不再变化。而各加热电流情况下,圆管回复力在前 50 s 迅速增加到最大回复力的 90% 以上,50 s 后增加趋缓。测量圆管轴向长度,可得回复行程约为

0.64 mm。

4.4.2 基于螺旋式SMA作动器的圆柱壳刚度主动控制测试

1. 圆柱薄壳刚度主动控制系统工装

受控对象是尺寸为ϕ294 mm × 500 mm × 3 mm的圆柱薄壳,装配上4.3节中设计的螺旋作动器后圆柱薄壳系统,圆柱薄壳刚度主动控制系统工装如图4.13所示。

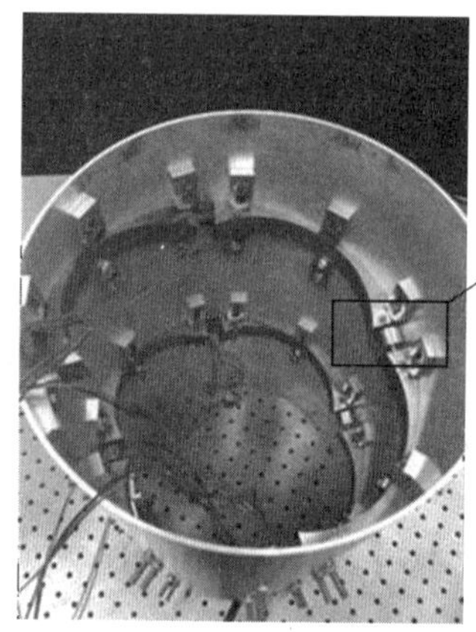

图4.13 圆柱薄壳刚度主动控制系统工装

圆柱薄壳刚度主动控制系统边界条件为两端简支约束,即对圆柱薄壳两端沿与轴线方向垂直方向运动进行限制,同时对一端轴线方向运动进行限制。

2. 两端简支圆柱薄壳刚度主动控制测试

圆柱薄壳刚度主动控制测试使用LMS多通道振动测试系统,由三部分组成:测试激振部分、响应信号采集部分、模态分析与处理部分。测试激振部分主要包括一个包含力传感器的力锤,负责测试触发与系统激振;响应信号采集部分包括LMS SCADASⅢ数据采集记录仪与加速度传感器,负责进行数据采集与记录;模态分析与处理部分主要为LMS TEST. Lab 14a客户端软件。测试系统结构简图如图4.14所示。

实验使用单点激振多点拾振的激励方法,为反映被测圆柱薄壳的基本外形与特征,在圆柱薄壳外表面上均匀标定出30个点,此30个点将圆柱薄壳分别沿周向与轴向分成五段,在LMS TEST. Lab中建立圆柱薄壳LMS模型,如图4.15所示。实验过程中使用力锤对提前设定好的固定激振点进行敲击激振,使用六个加速度传感器沿轴向标定点粘贴进行拾振,沿周向移动加速度传感器以获得整个圆柱薄壳的模态特征。

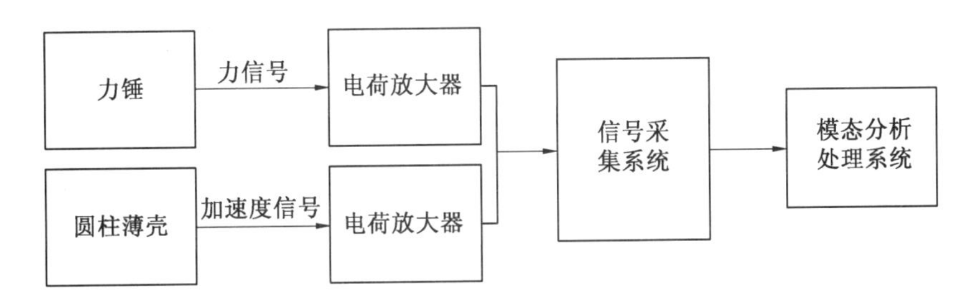

图4.14　测试系统结构简图

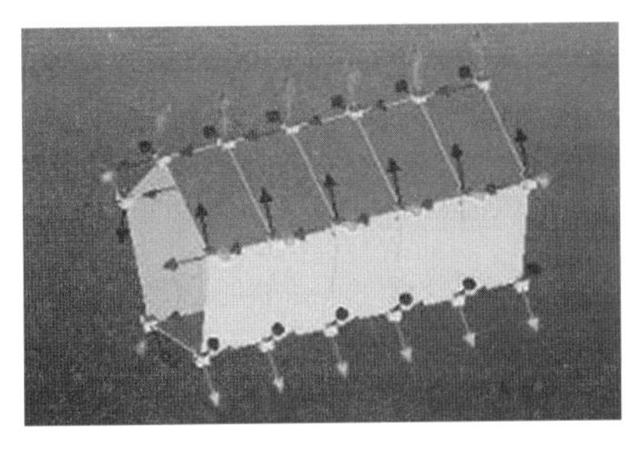

图4.15　圆柱薄壳LMS模型

设置每次移动传感器的敲击测试次数为10次，取平均值，信号采集带宽设置为研究关心的带宽2倍左右，取2 560 Hz。每次敲击实验数据采集与处理同步进行，每采好一批信号，当场观察响应信号与激励信号之间的相干性，剔除相干函数不理想、锤击质量不佳的测试数据，以提高激励信号的信噪比。同时，开启自动舍弃过载与双击响应以避免偶然误差。实验数据采集完成后，进行数据处理与刚度主动控制系统模态分析。

使用LMS Poly MAX对采集的数据进行模态分析。以作动器非工作状态下圆柱薄壳刚度主动控制系统为例，将30个测试点所采集响应信号经频域分析所得频响函数进行综合得到综合频响函数。对作动器非工作状态下圆柱薄壳刚度主动控制系统综合频响函数进行模态定阶与拟合。根据有限元仿真分析结果，选择带宽为0～900 Hz。对提取出的各阶模态进行模态振型拟合，得到前六阶模态振型，将各阶模态振型分别进行周向与轴向分析，得到前六阶模态周向与轴向振型，如图4.16所示。

由图4.16可看出，1阶、2阶、3阶模态主要为周向扭转模态，4阶、5阶、6阶模态除周向扭转模态外还包含轴向弯曲模态。分别设置一组与两组SMA驱动圆管（一组包含4个SMA驱动圆管，每段连接处一个，两组则乘二）为螺旋式作动器提供驱动力。对SMA驱动圆管进行加热，分别测量一组与两组驱动圆管在被加热

30 s与60 s时系统的模态特性。提取出各实验条件下前六阶模态频率值对比,见表4.10。

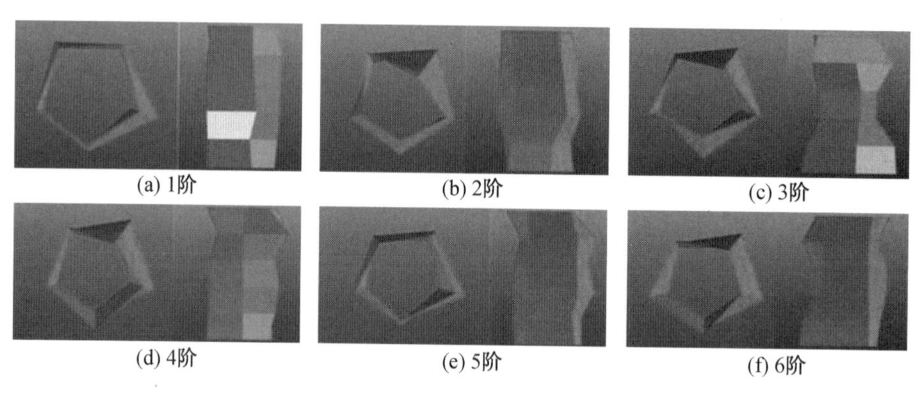

图4.16　前六阶模态周向与轴向振型(彩图见附录)

表4.10　各实验条件下前六阶模态频率值对比

阶数	非作动状态频率/Hz	一组SMA驱动圆管				两组SMA驱动圆管			
		加热30 s时的频率/Hz	增强比/%	加热60 s时的频率/Hz	增强比/%	加热30 s时的频率/Hz	增强比/%	加热60 s时的频率/Hz	增强比/%
1	145.35	158.42	8.99	161.44	11.07	171.31	17.86	182.00	25.21
2	181.96	190.98	4.96	192.51	5.80	199.95	9.89	201.95	10.99
3	329.57	376.05	14.10	380.84	15.56	344.62	4.57	373.97	13.47
4	396.40	430.14	8.51	434.78	9.68	442.56	11.64	446.50	12.64
5	438.83	501.58	14.30	499.75	13.88	511.46	16.55	504.77	15.02
6	501.60	591.06	17.83	600.62	19.74	642.76	28.14	643.48	28.29

由表4.10可知,SMA驱动的螺旋式作动器对于圆柱壳结构前六阶模态固有频率均有明显的增强效果。在考虑实验时偶然误差造成的实验数据出现偏差的情况下,可得加热时间越长,SMA驱动源所产生的驱动力越大,模态增强比越大,采用两组SMA驱动源进行作动时,模态增强效果为一组SMA驱动源作动时的1.3 ~2倍。由此可确定,所设计的SMA螺旋式作动器对圆柱薄壳结构的周向扭转模态与轴向弯曲模态均有增强效果,改变SMA驱动源加热时间可实现对圆柱壳刚度的主动控制。

4.5　本章小结

本章以典型飞行器蒙皮的圆环壳与圆柱壳结构为研究对象，对因高速飞行过程中受到气动热载荷而产生热颤振与变形的结构刚度变化问题进行分析。以同时提升结构周向扭转刚度和轴向弯曲刚度为目的，建立智能结构单元矩阵模型，对结构动力学特定和模态特性进行研究。提出兼顾周向及轴向刚度控制的螺旋式刚度主动控制方案并进行仿真和实验验证。为解决气动热载荷下飞行器结构力学性能下降、热颤振等问题提供了新的思路及方法。

本章参考文献

[1] TZOU H S. Piezoelectric shells:distributed sensing and control of continua[M]. Dordrecht:Kluwer Acadamic Publishers,1993.

[2] WERNER S. Vibrations of shells and plates[M]. New York:Marcel Dekker Inc. ,2004.

[3] 尚伟钧，张维新. 圆柱壳热应力的理论与实验研究[J]. 南京航空航天大学学报，1987(3):53-61.

[4] TZOU H S. Piezoelectric shells-distributed sensing and control of continua[J]. Solid Mechanics and Its Applications,1993,19:472-477.

[5] 罗朝明，胡顺超，邓日晓，等. Visual C ++ 与 MATLAB 混合编程方法的对比分析研究[J]. 现代电子技术，2013(20):47-50.

第5章

基于 PLZT 光电效应的月尘主动清除技术

铁电陶瓷镧改性锆钛酸铅(PLZT)经过极化后,在高能紫外光照射下可在两电极表面间产生每厘米高达数千伏的电压,利用光电压产生的高压静电场可实现对月面探测器表面月尘的清除。当月尘暴露在有高能辐射和微流星等复杂的太空环境中时,月尘变得细小、不规则、易带电,且极易受到扰动而悬浮。由于其具有超强的黏附性,因此很容易附着并污染探测器表面,造成热控系统故障、密封失效、机构卡死、磨损材料和产生放电干扰等问题[1]。目前最为普遍接受的除尘方法是电帘除尘,但电帘除尘需要附加升压设备,以及额外消耗探测器的能源系统,而且其除尘效率受电帘施加的电压和频率、尘埃颗粒状态和所处环境等诸多因素的影响[2-4]。为减少能源系统的消耗,同时实现大表面月尘清除,本章介绍了一种全新的解决月球探测器表面月尘黏附问题的方法:即通过分离 - 再聚焦太阳光中的紫外光,触发光电材料 PLZT 的反常光伏效应、热电效应和热弹性效应,从而利用PLZT两电极表面输出的光电压(每厘米高达数千伏)对月尘进行静电吸附清除。PLZT 具有体积小、质量轻、输出电压高等优势,同时这种材料的光电系数大、响应速度快。这种以太阳能为能量来源,利用智能材料的光电特性,将太阳光能转化成静电场能,并施加在被除尘表面,利用静电吸附特性达到清除月尘目的的方法,可为登月工程中解决月尘污染问题、提高设备可靠性提供一个全新的思路。本章首先介绍基于 PLZT 反常光生伏打效应产生的高压静电场进行探测器表面月尘清除的原理以及除尘电场力的数学模型,然后介绍梳齿电极、共面双极型电极等除尘电极构型的设计及参数优化,最后通过搭建月尘主动清除的实验平台验证这一技术的可行性。

5.1　光电除尘原理及除尘电场力数学模型

月面探测器表面黏附月尘的光电除尘技术的工作原理如图 5.1 所示。

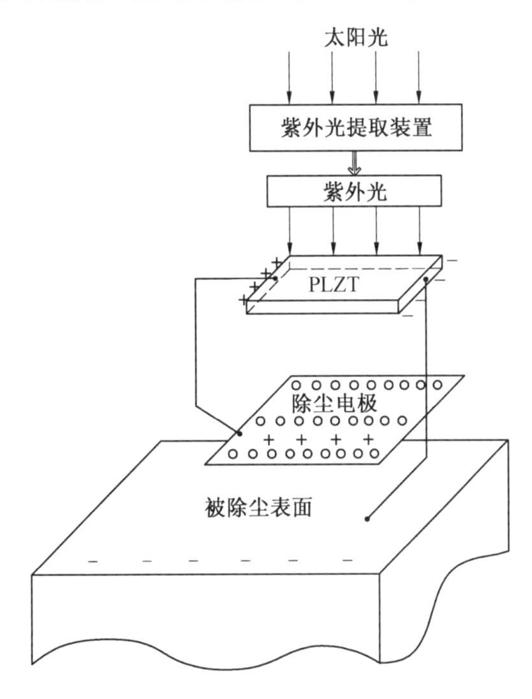

图 5.1　光电除尘技术的工作原理

当从太阳光中提取出来的紫外光(波长 365 nm) 照射到 PLZT 表面时,由于光－电耦合、光－热耦合、热－电耦合及热振动等多能场耦合的作用,因此PLZT会在两个电极表面的剩余极化方向上产生几千伏的电压[5]。将 PLZT 的一个电极表面由细导线连接到吸附月尘的极板上,PLZT 另一表面与月尘待清除表面相连接,其中被除尘表面将覆盖一层透明导电薄膜。此时,除尘电极与被除尘表面间在 PLZT 两电极表面间光电压的作用下形成电场,月尘粒子受到的电场力会克服自身重力及其与探测器表面黏附力的作用而被除尘电极吸附并带离探测器表面。在宇宙射线、太阳风的作用下,月尘粒子本身所带的电荷也可以被利用,如利用逻辑电路分别控制 PLZT 电极与除尘电极和被除尘表面的连接,可以使除尘极板带有与月尘粒子相反的电量,以便进行除尘工作。例如,如果月尘粒子暴露在月面环境中而带有负性电量,则只需将 PLZT 正极与除尘电极板相接即可。

PLZT 产生光电压可等效为一个电流源与电容、电阻相关联的回路[6]。当 PLZT 两极分别与被除尘表面和除尘电极相连时，相当于在原有 PLZT 电学模型基础上又并联一个电阻 R_1 和一个电容 C_1。因此，除尘等效电学模型如图 5.2 所示，总电阻 R 和总电容 C 分别为

$$R = \frac{R_1 R_p}{R_1 + R_p} \tag{5.1}$$

$$C = C_1 + C_p \tag{5.2}$$

除尘电压为

$$U = I_p \frac{R_1 R_p}{R_1 + R_p}\left(1 - e^{-\frac{t}{\frac{(C_1+C_p)R_1R_p}{R_1+R_p}}}\right) = I_p R(1 - e^{-\frac{t}{RC}}) = U_s\left(1 - e^{-\frac{t}{\tau}}\right) \tag{5.3}$$

式中　U_s—— 除尘饱和电压；

τ—— 时间常数。

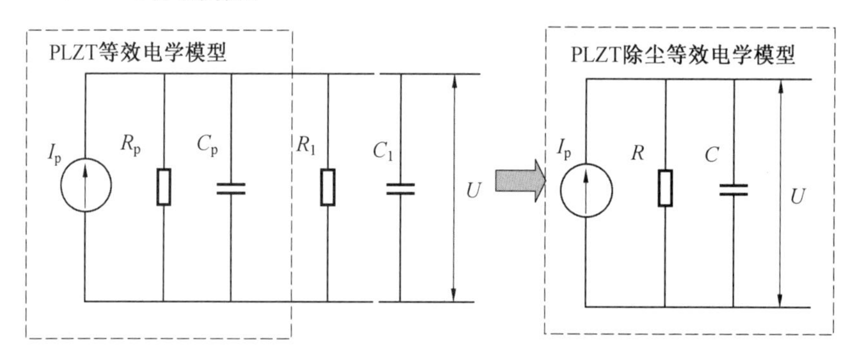

图 5.2　除尘等效电学模型

负载电容为

$$C_1 = \frac{\varepsilon S}{d}$$

式中　S—— 除尘电极的面积；

ε—— 相对介电常数；

d—— 除尘电极与被除尘表面之间的距离。

因此，除尘电场强度 E 为

$$E = \frac{U}{d} = \frac{I_p \frac{R_1 R_p}{R_1 + R_p}\left(1 - e^{-\frac{t}{\frac{(C_1+C_p)R_1R_p}{R_1+R_p}}}\right)}{d} \tag{5.4}$$

月尘粒子所受到的电场力 F 为

$$F = \frac{UQ}{d} = I_p \frac{R_1 R_p Q}{(R_1 + R_p)}\left(1 - e^{-\frac{t}{\frac{(C_1+C_p)R_1R_p}{R_1+R_p}}}\right) \tag{5.5}$$

式中　Q—— 月尘粒子的带电量。

光电流 I_p 只与光照强度 I 有关，月尘粒子所受静电力与静电场强和粒子带电量有关。由此可见，当月尘粒子带电量一定时，其所受的静电力只与光照强度、除尘电极板面积、除尘电极和被除尘表面距离有关。除尘距离过大会降低除尘电场强度而使光照强度越大，PLZT 自身等效光电阻 R_p 越小，光电流 I_p 越大，而且激发出来的饱和电压越高，响应速度越快。当除尘电极与被除尘表面距离大于一个临界值时，除尘电场强度就会小到不足以克服月尘粒子所受到的重力和黏附力，从而导致除尘失败。随着除尘极板面积的增大，除尘饱和电压和响应速度均降低。为保证除尘的可行性，除尘电极板面积不能大于某一临界值。为提高除尘效率，最有效、最直接方法就是增大除尘电极面积，而增大除尘电极板面积会使整个系统的等效电容和电阻均发生变化。通过实验可以发现，当光照强度一定，除尘电极表面积增大到某一临界值时，会减小除尘电场强度，使月尘粒子难于脱离被除尘表面。因此，在后面的研究中，需要通过除尘电极的构型设计及参数优化，在保证除尘电场强度的同时尽可能增大除尘电极板面积。

5.2　梳齿型除尘电极的研究

尽管通过增加 PLZT 联合驱动可以增大除尘电极面积从而提高除尘效率，但这样会由于增大紫外采集系统的体积而使除尘装置复杂，不符合航天轻质化要求。因此，应尽量让单片 PLZT 驱动尽可能大的电极面积。同时，研究表明，随着除尘电极面积的增大，除尘电场更难以保证其均匀性而导致局部被除尘表面的月尘难以清除。因此，本节通过梳齿电极构型的研究增大单片 PLZT 可驱动的除尘电极面积以提高除尘效率，同时利用电荷的边缘效应使除尘电场分布更均匀。本节基于矩量法建立梳齿电极场强分布模型，并通过与软件仿真结果的对比验证了数学模型的可靠性；利用仿真结果得到的梳齿电极构型参数对除尘电场的影响规律，制作了不同构型参数的梳齿电极，并通过除尘实验得出了加工工艺允许范围内相对最佳的梳齿形电极尺寸参数。实验结果表明，梳齿电极可将单片 PLZT 可驱动的除尘电极面积增大近两倍。

5.2.1　梳齿电极的除尘电场仿真分析

基础性实验结果表明梳齿电极能够极大地提高除尘效率，但是梳齿电极结构参数众多。为优化单片 PLZT 所能驱动的电极面积，本节采用矩量法对梳齿电极的电场分布进行理论分析以确定每种齿宽下合适的缝宽范围。在提出理论模型之前，为更好地说明除尘效率改善程度，在此首先定义除尘提升效率表达式为

$$\eta = \frac{S_1 - S_2}{S_2} \times 100\% \tag{5.6}$$

式中　η——除尘效率提升量；

S_1、S_2——梳齿电极总面积及梳齿电极中导体电极面积。

从整片电极的电场分布入手，首先利用矩量法求出全区域平行板的电荷分布，再借此得出空间电场分布。假设有矩形平行板电容器，间距为 d，边长为 a、b，平行板电容器参数尺寸如图 5.3 所示。

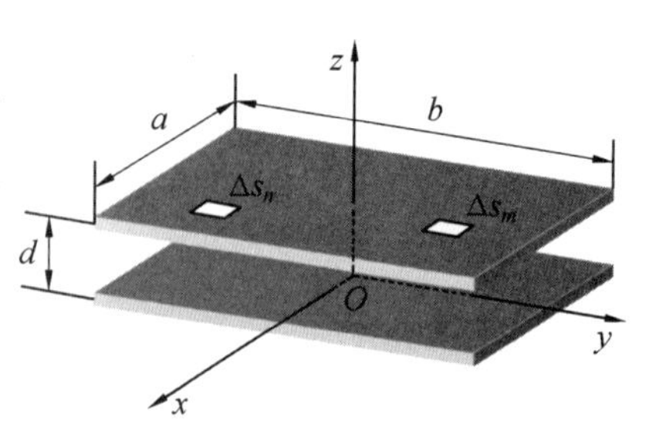

图 5.3　平行板电容器参数尺寸

设无穷远为电势零点，电容器上极板电势为 ϕ，将极板均匀分成 N 个微小的矩形区域，当 N 足够大时，可以认为每一个微小区域 Δs 内的电荷密度 $\boldsymbol{\sigma}$ 不变，并可将每一个区域等效为一个点电荷，其电荷量为 $q = \boldsymbol{\sigma}\Delta s$。对于 N 个矩形区域中的第 m 个区域 Δs_m，任意微小区域 Δs_n 内的电荷对区域 Δs_m 电势的贡献可以用 Z_{mn} 按照如下方式表达，即

$$Z_{mn} = \frac{1}{4\pi\varepsilon_0}\iint_{\Delta s_n}\left(\frac{1}{\sqrt{(x_n - x_m)^2 + (y_n - y_m)^2}} - \frac{1}{\sqrt{(x_n - x_m)^2 + (y_n - y_m)^2 + d^2}}\right)\mathrm{d}x\mathrm{d}y \tag{5.7}$$

当 $m \neq n$ 时，假设电荷集中在矩形区域 Δs_n 中心处，此时

$$Z_{mn} = \frac{1}{4\pi\varepsilon_0}\Delta s_n\left(\frac{1}{\sqrt{(x_n - x_m)^2 + (y_n - y_m)^2}} - \frac{1}{\sqrt{(x_n - x_m)^2 + (y_n - y_m)^2 + d^2}}\right) \tag{5.8}$$

当 $m = n$ 时，为避免出现分母为零，假设电荷均匀分布在面积为 Δs_n 的圆形区域内，此时

$$Z_{nn} = \frac{1}{4\pi\varepsilon_0}\int_0^R\left(\frac{1}{r} - \frac{1}{\sqrt{r^2 + d^2}}\right)r\mathrm{d}r\int_0^{2\pi}\mathrm{d}\theta = \frac{1}{2\varepsilon_0}\left(\sqrt{\frac{\Delta s_n}{\pi}} - \sqrt{\frac{\Delta s_n}{\pi} + d^2} + d\right) \tag{5.9}$$

进一步，可以将方程整理为

$$\boldsymbol{Z}_{N\times N}\boldsymbol{\sigma}_{N\times 1} = \boldsymbol{\phi}_{N\times 1} \tag{5.10}$$

由上式即可解得电荷密度 $\boldsymbol{\sigma}$ 之后，利用点电荷电场分布可以得出两极板间任意位置处的电场强度为

$$\boldsymbol{E}(x,y,z) = \sum_{n=1}^{N}\frac{1}{4\pi\varepsilon_0}\frac{\sigma_n\Delta S_n}{|\boldsymbol{r}_n|^2}\cdot\frac{\boldsymbol{r}_n}{|\boldsymbol{r}_n|} \tag{5.11}$$

其中，$\boldsymbol{r}_n = (x - x_n, y - y_n, z - z_n)$，利用 Matlab 可求解出 25 mm × 25 mm 电极电荷分布，如图 5.4 所示。从图中可以看出正方形电极边缘电荷密度高于中间部分，

并且四个顶点尤其突出，这也符合逼近法得出的结论。值得指出的是，由于场强是矢量，因此场强方向的叠加问题很棘手。通过分析，本模型把各个电荷产生的叠加场强的方向转化为坐标矢量叠加的方向，即利用目标点坐标与起点坐标矢量相减作为一组场强方向，同理可以得到其他点的方向，最后得到最终场强方向，进而解决场强方向问题。图 5.5 所示为齿数为 10、齿宽为 10 mm、齿长为 80 mm、缝宽为 3 mm 的电极场强分布。

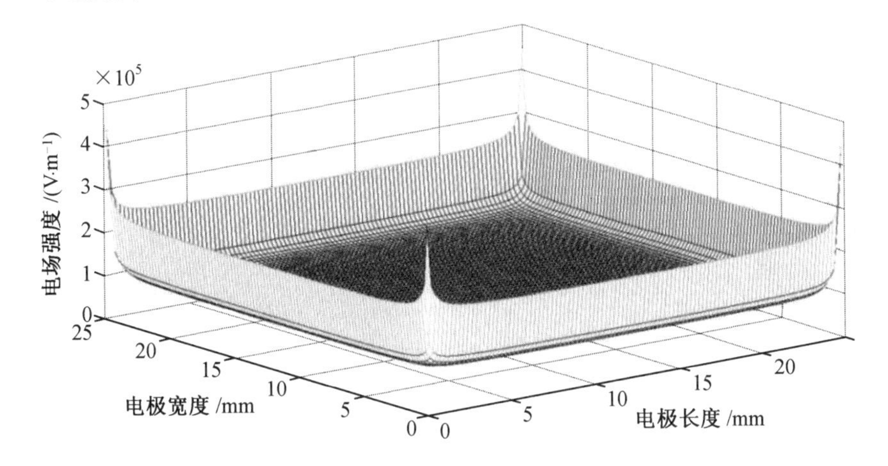

图 5.4　25 mm × 25 mm 电极电荷分布（彩图见附录）

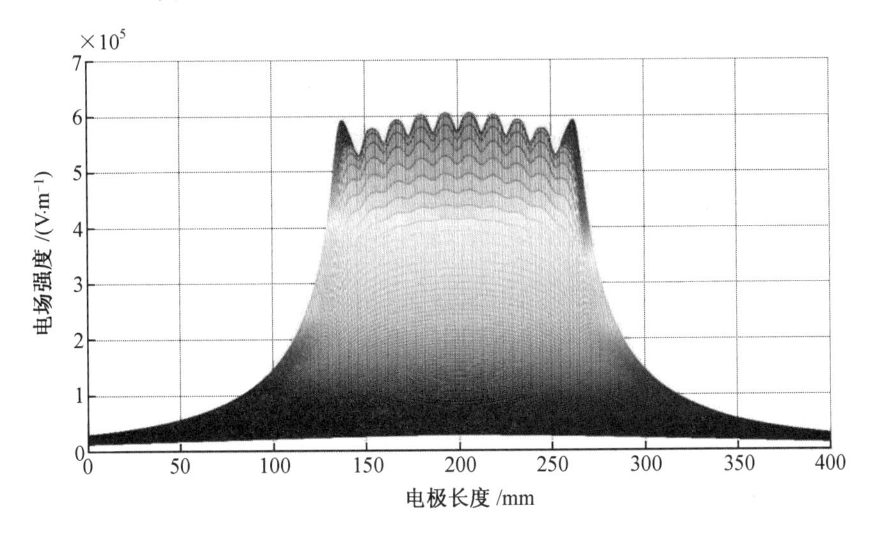

图 5.5　齿数为 10、齿宽为 10 mm、齿长为 80 mm、缝宽为 3 mm 的电极场强分布（彩图见附录）

矩量法模型不仅计算出了全区域的电荷分布，而且绘制出了电场分布，虽然没有给出最合适缝宽的具体计算数值，但是由于缝宽值本身不需要太精确，因此可以从整体上对比得出合适缝宽。与此同时，其建模之初就已经限定了求解范

围,因此不会出现无限的情况。本书利用 COMSOL Multiphysics 软件对电极进行三维静态电场分析,用以验证上述模型。图 5.6 所示为按照矩量法模型与 COMSOL Multiphysics 软件分别得出的 100 mm × 80 mm 整片导体在下电极电场分布的结果对比图。

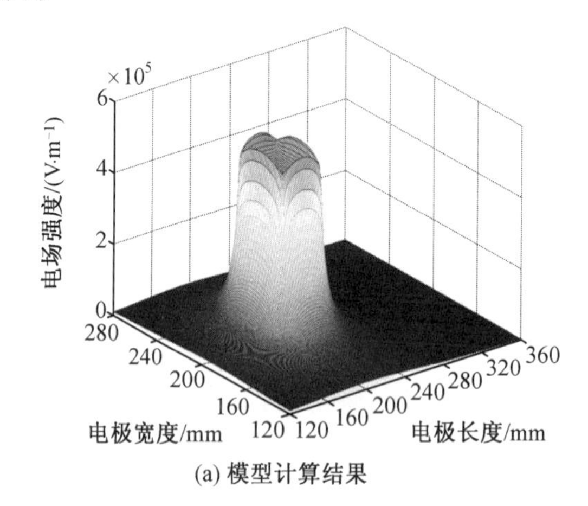

(a) 模型计算结果

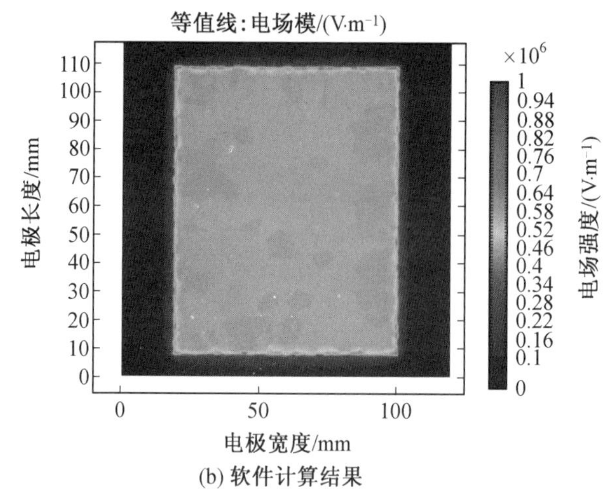

(b) 软件计算结果

图 5.6　按照矩量法模型与 COMSOL Multiphysics 软件分别得出的 100 mm × 80 mm 整片导体在下电极电场分布的结果对比图

从图中对比容易发现二者均具有较为明显的边缘效应,尤其是 COMSOL Multiphysics 软件结果甚至出现了几倍于平均值的电场值,相比之下模型计算结果较为均衡,整体差别不大。而对于最佳缝宽值的比较,以导体面积均为 100 mm × 80 mm,齿宽分别为 10 mm、5 mm 为例说明。缝宽计算数值的对比结果见表 5.1(下降比率按照齿缝处对应电场强度平均值相对于齿所对应电场强度平均值得出),模型与软件仿真缝宽计算结果对比如图 5.7 所示。

表 5.1　缝宽计算数值的对比结果

齿宽 /mm	缝宽 /mm	模型下降比率 /%	软件下降比率 /%	除尘提升率 η/%
10	2	1.91	2.90	18
10	3	3.70	5.56	27
10	4	6.69	7.75	36
5	2	1.85	2.22	38
5	3	6.01	8.43	57
5	4	8.87	10.85	76

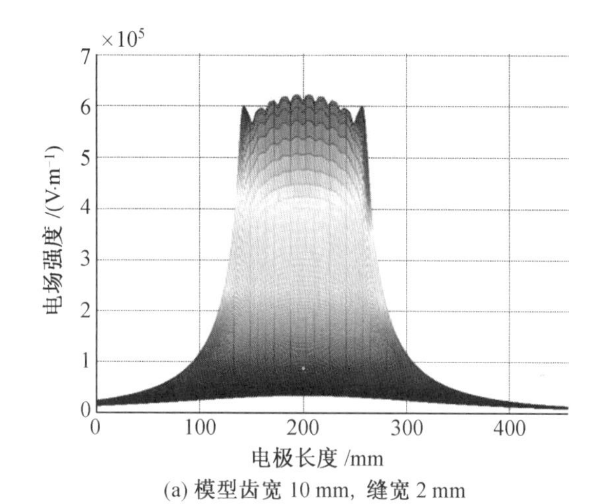

(a) 模型齿宽 10 mm，缝宽 2 mm

(b) 软件仿真齿宽10 mm，缝宽2 mm

图 5.7　模型与软件仿真缝宽计算结果对比

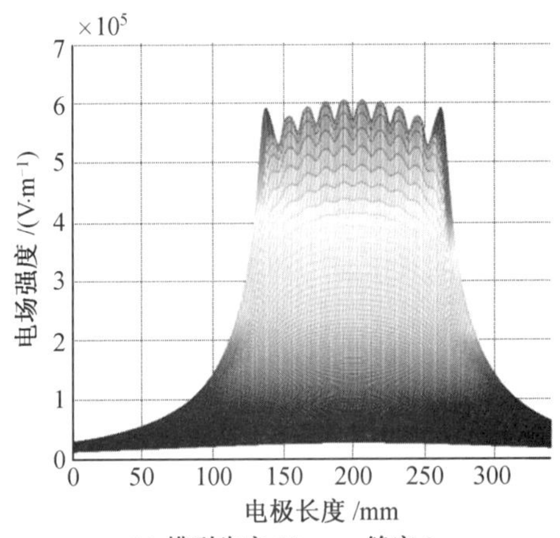

(c) 模型齿宽 10 mm，缝宽 3 mm

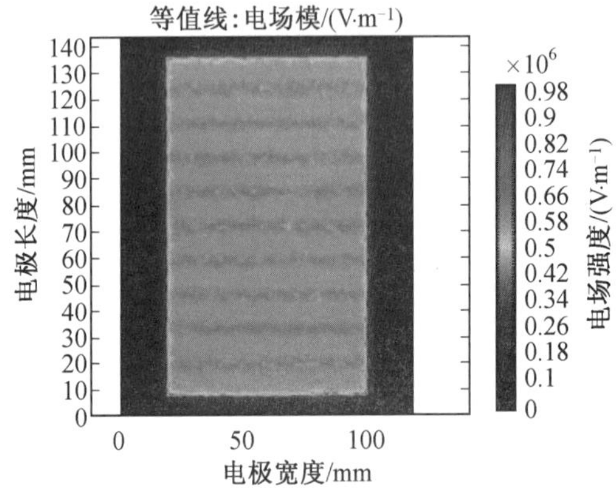

(d) 软件仿真齿宽10 mm，缝宽3 mm

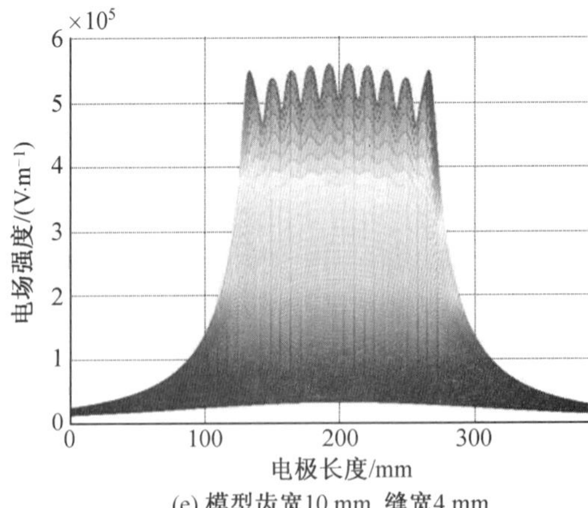

(e) 模型齿宽10 mm，缝宽4 mm

续图 5.7

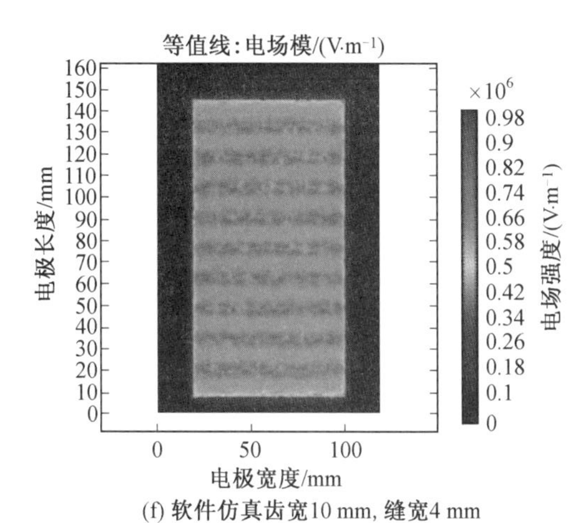

(f) 软件仿真齿宽10 mm, 缝宽4 mm

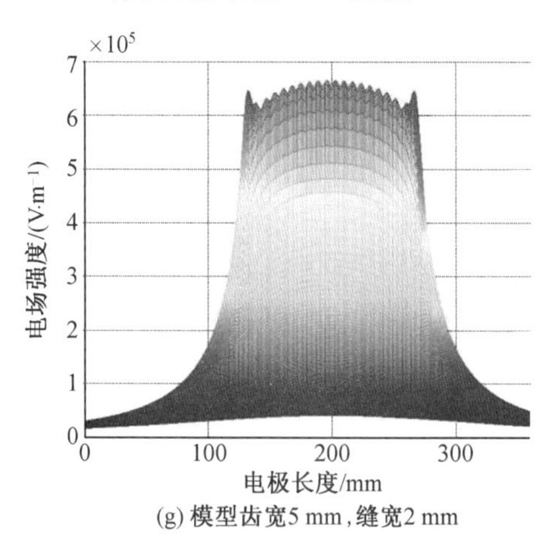

(g) 模型齿宽5 mm，缝宽2 mm

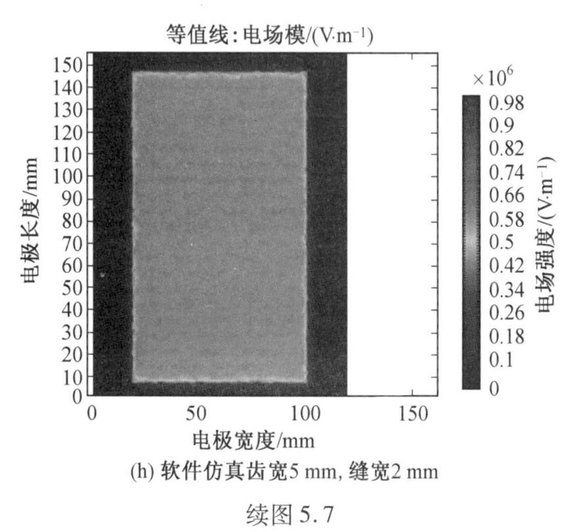

(h) 软件仿真齿宽5 mm, 缝宽2 mm

续图 5.7

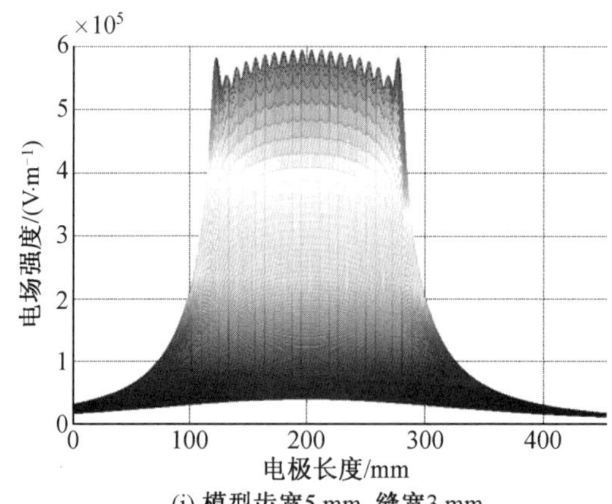

(i) 模型齿宽5 mm,缝宽3 mm

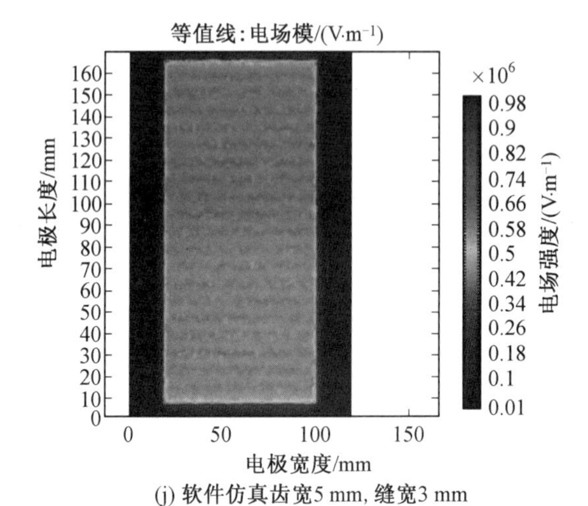

(j) 软件仿真齿宽5 mm, 缝宽3 mm

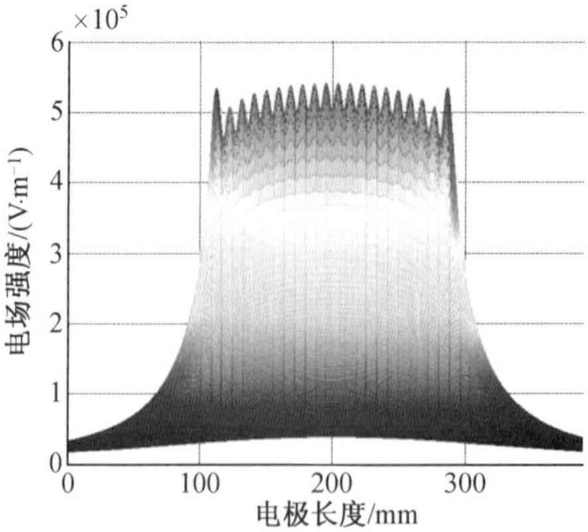

(k) 模型齿宽5 mm,缝宽4 mm

续图 5.7

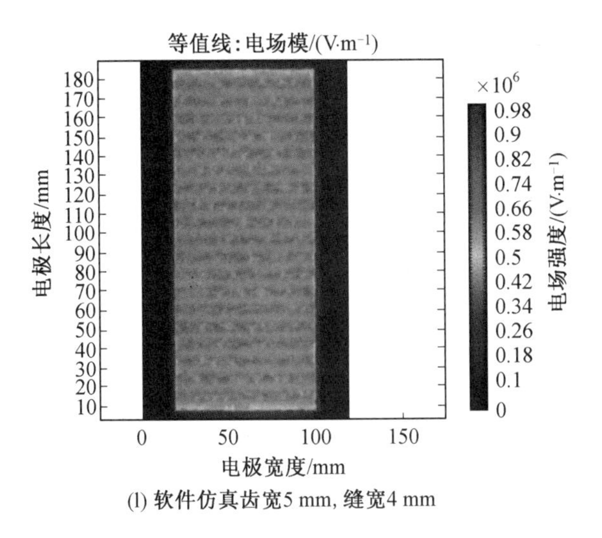

(l) 软件仿真齿宽5 mm,缝宽4 mm

续图 5.7

对比两结果发现,软件结果下降相比模型结果偏高,但下降比率均在同一数量级,矩量法模型可以作为后续进一步研究的依据。分析表格可知,梳齿电极齿宽为10 mm时,合适的缝宽范围为2 ~ 4 mm;而齿宽为5 mm时,合适缝宽为2 ~ 3 mm,其效率提升分别为18% ~ 36% 和38% ~ 57%。齿宽和缝宽均为1 mm,导体面积依然为100 mm × 80 mm时的电场分布如图 5.8 所示。此时,除尘效率提升已经接近 100%,并且电场分布仍然十分均匀。因此,理论表明当齿宽变小时效率提升更加明显。

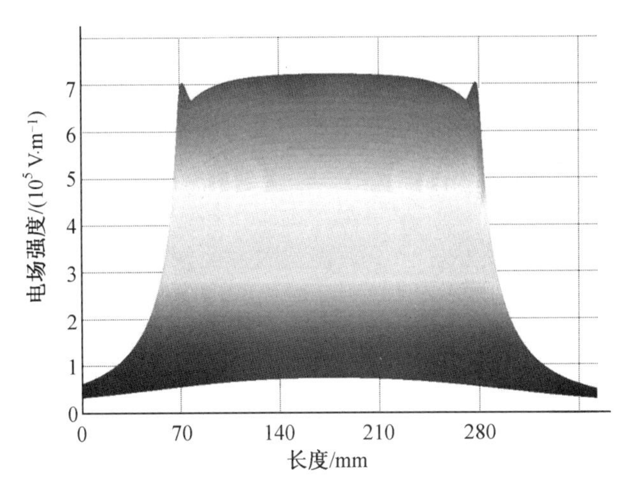

图 5.8　齿宽和缝宽均为 1 mm,导体面积依然为 100 mm × 80 mm 时的电场分布

5.2.2　梳齿电极构型参数对除尘效率影响的实验分析

前面的仿真分析表明,梳齿电极齿宽越小,除尘效率提升越明显。受加工工艺影响,齿宽小于 1 mm 时很难保证齿宽均匀,因此小于 1 mm 齿宽不再进行讨论。下面将针对10 mm、5 mm 和 1 mm 齿宽除尘电极进行除尘实验以验证仿真结果的正确性并优化梳齿电极构型参数。

为优化梳齿电极的结构参数,提高除尘效率,下面以实验的方法进行探究,以数学模型为依据将实验分为三组,不同参数电极除尘效果见表 5.2。为充分显示电极构型变化对除尘效果的影响,每组实验中较窄缝宽的电极面积偏大,并且每组实验电极面积都根据情况有所调整。实验所采用的光强为 480 mW/cm^2,除尘时间为 1.5 min。不同参数电极除尘效果实验结果如图 5.9 所示。

表 5.2　不同参数电极除尘效果

实验组	齿宽 /mm	缝宽 /mm	电极总面积 /mm^2	除尘率 η_0/%	除尘提升率 η/%
a	10	3	192	51	28
	5	2	194	91	38.6
b	5	2	208	53	38.7
	1	1	209	87	99.1
c	1	1	197	95	99.1
	1	1.5	196	32	148.2

(a) a组

(b) b组

(c) c组

图 5.9　不同参数电极除尘效果实验结果(彩图见附录)

分析实验结果可知，前两组实验中齿宽较小的电极，在电极总面积较大的前提下，除尘率依然明显高于较大齿宽的电极，并且较小齿宽电极的除尘提升率也更高，这说明减小齿宽在保证除尘率的前提下可以提高除尘提升率。c 组实验表明，当试图通过增加缝宽进一步提高除尘提升率时，除尘率仅为 32%。因此，相对最好的除尘电极构型是齿宽和缝宽均为 1 mm 时的电极，除尘提升率为 99.1%。

5.2.3　梳齿电极可清除的月尘粒径范围

月尘粒子在除尘电极与被除尘表面之间受到电场力、重力以及黏附力的综合作用，当电场力大于重力与黏附力的合力时，就会被除尘电极吸引。电极能够清除的月尘，其粒径必然在一定范围之内。为探索梳齿电极除尘适用范围，本节采用实验的方法进行研究。

电极采用齿宽和缝宽均为 1 mm 的梳齿电极，面积为 100 mm × 80 mm，紫外光光强为 600 mW/cm^2，除尘高度设置为 2 mm，除尘时间设置为 1 min。梳齿电极可清除粒径范围实验结果如图 5.10 所示。

图 5.10　梳齿电极可清除粒径范围实验结果（彩图见附录）

为验证电极是否有能力清除剩余模拟月尘，在此基础上继续清除 1 min，发现尘量并无减少。利用黏尘纸收集被清除的模拟月尘以及没有被清除的模拟月尘进行微观放大，梳齿电极可清除粒径范围实验微观图如图 5.11 所示。分析实验结果可知，梳齿电极可清除的模拟月尘粒径范围为30 ~180 μm，当粒径小于 20 μm 或者大于 200 μm 后将不能清除。

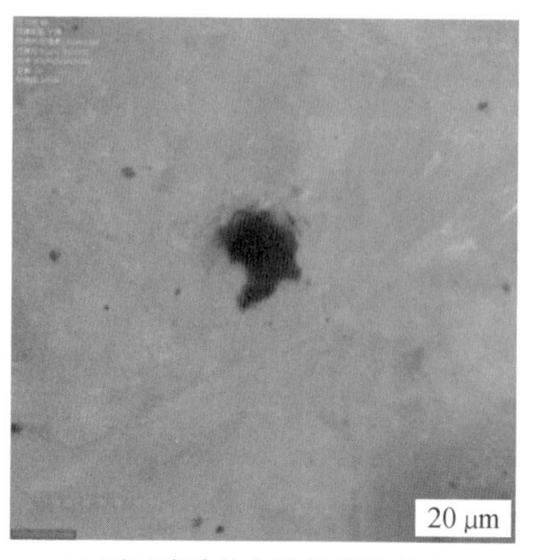

(a) 不可清除的小粒径模拟月尘

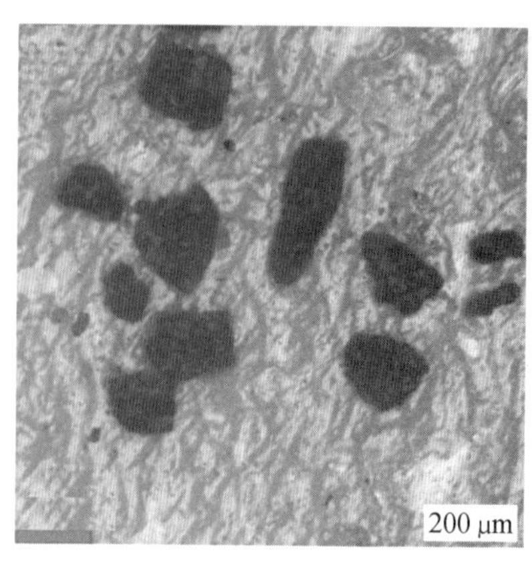

(b) 不可清除的大粒径模拟月尘

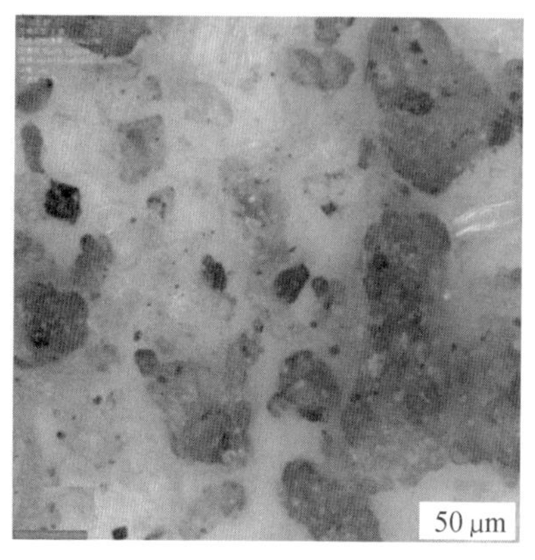

(c) 可清除的小粒径模拟月尘

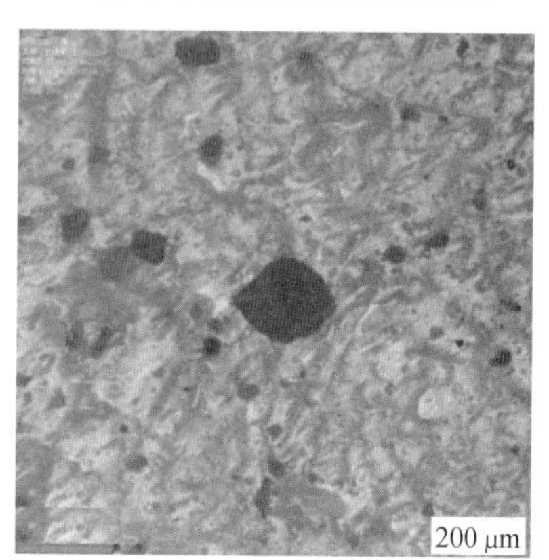

(d) 可清除的大粒径模拟月尘

图 5.11　梳齿电极可清除粒径范围实验微观图

5.3　共面双极型除尘电极的研究

前面介绍的连接方式中要求被除尘表面需覆一层导电薄膜，为进一步拓展光电月尘清除技术的适用范围，使其适应绝缘表面的月尘清除，本节介绍共面双极型电极的研究。

5.3.1　共面双极型电极对被除尘表面的适应性

共面双极型电极除尘方法将 PLZT 正、负极分别与两片相同的除尘电极连接，并直接铺设在被除尘表面上，共面双极型电极除尘方法原理图如图 5.12 所示。PLZT 在高强度紫外光照射时会在极化的两端产生几千伏的高压，当电极铺

设在被除尘表面上时,大量电荷与月尘以绝缘膜相隔,其产生的电场足以使月尘极化,带上与电极相反的电荷,进而吸附在除尘电极上。

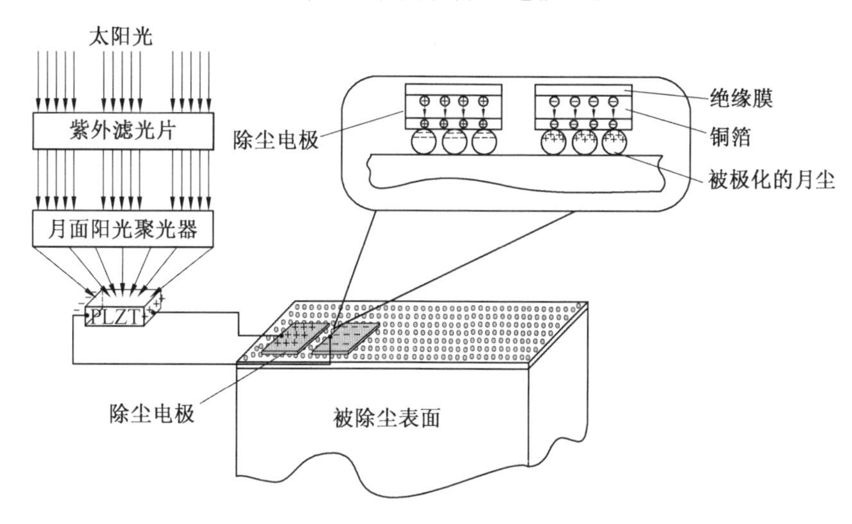

图5.12　共面双极型电极除尘方法原理图

这种方法由于除尘电极与被除尘表面之间并不存在物理连接关系,因此当电极稍抬离被除尘表面时,除尘效果将会大大下降。采用光强为400 mW/cm^2,除尘时间为1 min,单位面积铺尘量为100 $\mu g/mm^2$,正、负电极的尺寸均为100 mm ×100 mm。电极贴在被除尘表面时,正、负电极共除尘1.8 g,占总质量的90%,而抬离2 mm时正、负电极除尘1.2 g,只占总质量的60%。因此,除尘电极需要贴附在被除尘表面上。根据其工作原理,采用共面双极型电极,理论上可以不受被除尘表面的导电性的限制,而且可以使PLZT驱动电极面积大大提高。同时,也可以避免前面介绍的光电式月尘清除方法中除尘电极变大时,由除尘高度不均匀而导致的除尘电极各部分电场力不均匀,甚至局部月尘无法清除的情况。

为证明共面双极型电极对导体表面及绝缘表面均可进行月尘清除,采用共面双极型电极分别对金属板、环氧板、大理石板以及玻璃表面的模拟月尘进行清除。实验用紫外光光强为300 mW/cm^2,除尘时间为1 min,不同表面除尘效果对比图如图5.13所示。

实验测得对各表面进行除尘后吸附在正、负除尘电极上的模拟月尘质量和分别为1.75 g、1.73 g、1.74 g、1.72 g(从左到右)。分析实验结果可知,在1 min内,共面双极型电极对于不同表面的模拟月尘都进行了明显的清除,在相同驱动条件下,除尘效果并无太大差别,这也说明采用这种方法清除模拟月尘时不受被除尘表面材质的限制。

(a) 金属表面除尘效果

(b) 环氧表面除尘效果

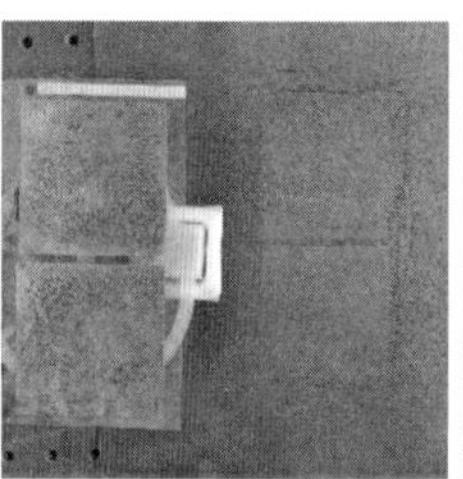
(c) 理石表面除尘效果

(d) 玻璃表面除尘效果

图 5.13　不同表面除尘效果对比图(彩图见附录)

5.3.2　电极面积及多片 PLZT 驱动对除尘效率的影响

本书利用实验研究共面双极型除尘电极面积及多片 PLZT 驱动对其除尘效率的影响。实验中采用的与 PLZT 正、负极相连的共面双极型电极的尺寸分别为两片 100 mm × 100 mm 及两片 400 mm × 100 mm 的电极。实验中模拟月尘清除的效果以电极单位面积吸尘的质量作为衡量标准。首先进行单片 PLZT 驱动的除尘实验,不同面积电极在单片 PLZT 作用下除尘饱和时的除尘效果如图5.14 所示。实验结果表明,电极面积为 100 mm × 100 mm 的饱和除尘时间为 90 s,电极面积为 400 mm × 100 mm 的饱和除尘时间为 150 s,两种电极单位面积除尘质量饱和值分别为 1.1×10^{-4} g/mm^2 和 9×10^{-5} g/mm^2。

(a) 电极面积为100 mm×100 mm

(b) 电极面积为400 mm×100 mm

图 5.14　不同面积电极在单片 PLZT 作用下除尘饱和时的除尘效果(彩图见附录)

可以看出,随着电极面积变大,月尘清除的响应速度及单位面积的除尘质量均下降。相比之前的除尘方法,采用梳齿电极单位面积除尘质量达到 9×10^{-5} g/mm^2, 单片 PLZT 最大驱动的电极面积只有 200 mm × 80 mm,仅为共面双极型电极除尘方法的 1/5。因此,采用共面双极型电极可以大幅度提高单片 PLZT 可驱动的除尘电极面积。

为探讨多片PLZT驱动对共面双极型电极除尘效率的影响，进行了两片PLZT并联驱动的除尘实验。采用单片及双片PLZT驱动下，除尘电极单位面积除尘质量随时间变化对比曲线如图5.15所示。

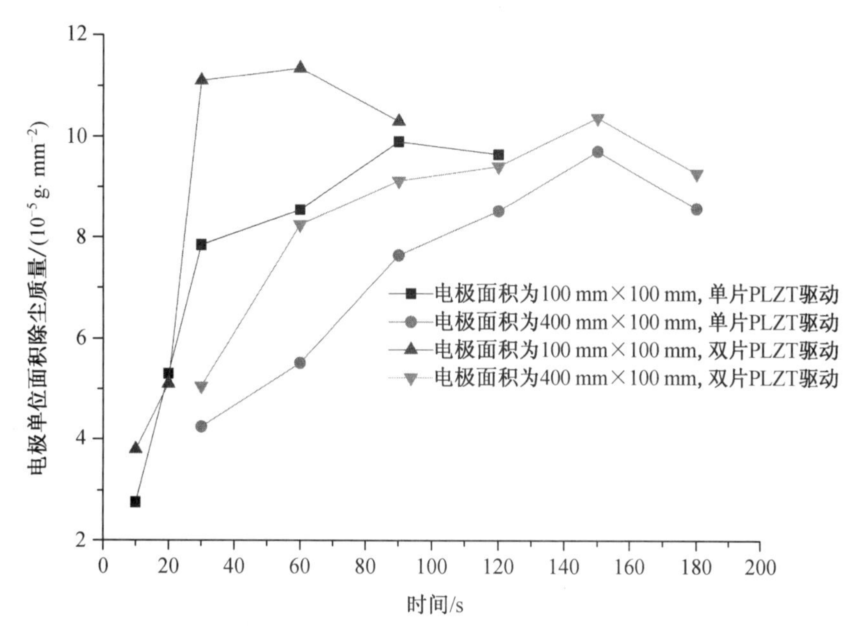

图5.15　除尘电极单位面积除尘质量随时间变化对比曲线

实验结果表明，采用两双PLZT并联驱动除尘电极时，100 mm × 100 mm和400 mm × 100 mm两种面积的电极除尘饱和时间分别为30 s和150 s，较单片PLZT而言，当除尘电极面积为100 mm × 100 mm时，其响应速度得到了很大的提高，除尘达到饱和所用的时间减少了近60 s，但是当电极面积达到400 mm × 100 mm时，其响应速度没有明显变化。对于不同面积的除尘电极，采用双片PLZT驱动时，其达到饱和时除尘电极单位面积的除尘质量均比单片PLZT驱动时得到提高，这说明对于不同面积的电极，增加PLZT数目都可以明显提高其除尘效率。

月尘粒子被除尘电极吸附过程中受到电场力、重力和黏附力的综合作用，当重力和黏附力的综合作用效果无法抵抗电场力时，就会被除尘电极吸附。月尘粒径过大或者过小时，会因为重力或黏附力过大而导致共面双极型电极所产生的电场力无法清除月尘。由于月尘粒径平均直径为70 μm，因此选用0 ~ 10 μm、10 ~ 25 μm、50 ~ 75 μm、75 ~ 100 μm四种不同粒径的月尘进行实验。实验设置紫外光光强为400 mW/cm^2，除尘时间为1 min或2 min，被除尘表面材料为玻璃，选用两片面积为100 mm × 100 mm的除尘电极分别与PLZT正、负极相连。

实验结果表明，对于粒径范围在50 ~ 75 μm和75 ~ 100 μm范围内的模拟月尘,单片 PLZT 驱动除尘 1 min 时,除尘质量就已经达到 1.62 g 和 1.68 g,延长至 2 min 后达到1.95 g 和2.1 g;利用两片 PLZT 驱动 1 min 可达到2.31 g 和2.4 g。因此,利用共面双极型电极进行模拟月尘清除时,对于粒径在 50 ~ 100 μm 范围内的模拟月尘,可以进行很好的清除,并且可以通过延长除尘时间或者增加 PLZT 数目等方法提高除尘效率,但是对于粒径在0 ~ 25 μm 范围内的模拟月尘,无论是延长除尘时间还是增加 PLZT 数目都无法很好清除干净,因此共面双极型电极不适用于粒径范围在0 ~ 50 μm 的模拟月尘的清除。这主要是因为共面双极型电极贴附在被除尘表面上,对于小粒径月尘,黏附力过大。因此,小粒径月尘的清除工作还需要利用梳齿电极的连接方式。

值得指出的是,对于不同粒径范围的模拟月尘,虽然除尘效果有所差异,但都无法完全清除。为进一步解释这种现象,将无法清除的模拟月尘在光学显微镜下进行观察,未清除的模拟月尘放大图如图5.16 所示。通过观察发现,未能清除的模拟月尘样本粒径大于150 μm 或小于50 μm,这从实验角度验证了理论的正确性。

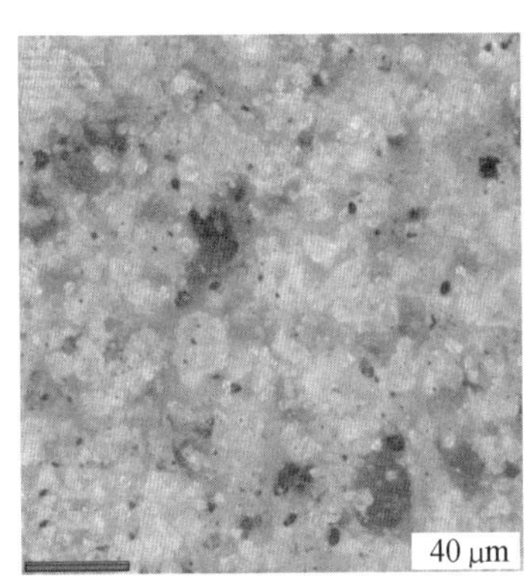

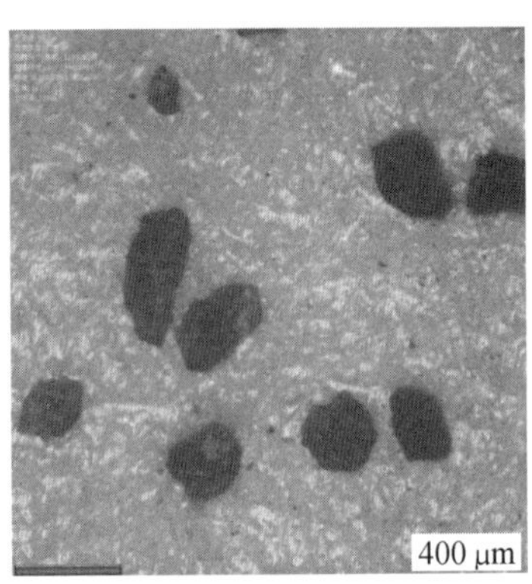

图5.16　未清除的模拟月尘放大图

根据文献对月尘粒子的受力分析可知,由于月尘粒子所受的重力、黏附力及电场力分别与其粒径的三次方、二次方和一次方成正比,当粒径过大时,重力增长最快,而当粒径太小时,黏附力下降最小,因此电场力无法克服重力及黏附力的作用而无法实现月尘的清除。通过对比可知,共面双极型电极相比梳齿电极的除尘范围 30 ~ 180 μm 有所降低。

5.4　光电月尘主动清除技术实验研究

本节通过搭建月尘清除实验平台验证光电月尘主动清除技术的可行性。

5.4.1　模拟太阳能电池板的月尘光电主动清除实验

实验主要模拟太阳能电池板的除尘过程，由于太阳能电池板工作时需要正对 12 点太阳方向，与地面成30° ~ 45°夹角，并且需放置在室外环境下，而室外有风条件会对月尘造成极大的干扰，因此这些限制条件使得实验不能选取太阳能电池作为实验器材。经过对比分析之后，实验选用硅光电池作为传感器来代替太阳能电池板，除尘系统主动控制平台将采用硅光电池组（六块串联）的电压响应作为反馈信号，利用控制器中编写的程序完成对传感信号的分析、处理，同时能够实现插补运算，控制步进电动机带动除尘电极运动。当满足控制程序设定的停止条件时，控制器发送停止命令，实现对控制除尘电极板运动的主动控制。除尘系统控制框图如图 5.17 所示。

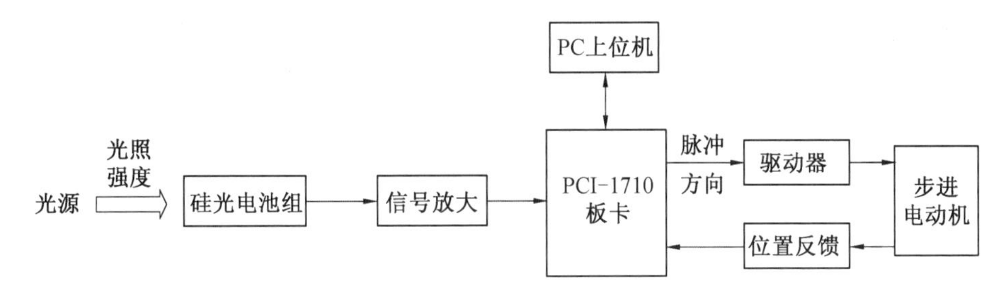

图 5.17　除尘系统控制框图

首先测试硅光电池在无尘条件下的输出特性，将六块硅光电池均匀排布在平面上进行串联，并用普通日光灯进行激励。得出硅光电池组（S1 ~ S6）的输出电压曲线，PCI - 1710 板卡对硅光电池的输出响应电压进行实时采集并记录，而且各硅光电池之间存在着制备工艺差异，所得到的响应电压基本在 0.3 V 左右，在硅光电池的量程范围之内，因此硅光电池组可以模拟太阳能电池板的工作原理，实时反馈自身随光照强度的输出电压变化。搭建的地面除尘系统实验平台如图 5.18 所示。

实验依然选用型号为 UVEC8 - 144A 的面紫外光源为 PLZT 提供能源。除尘电极尺寸为 100 mm × 100 mm，安装在三自由度的位移平台上，调节 z 轴滑台使除尘电极板与被除尘表面相距 3 mm，通过 LabVIEW 程序控制除尘电极板沿 x 轴的运动，为防止粒子电荷同化，将除尘电极附上绝缘膜。被除尘表面由 320 mm × 125 mm 的铝板构成，表面均匀排布六块硅光电池作为传感器，调节 z 轴微调位移平台使其与除尘电极板保持平行。硅光电池组与板卡接线端子模拟信号输入端口（AI0 ~ AI5）相连，用来实时采集硅光电池组的输出信号；数字信号输出端口（DI0 与 DI8）与 x 轴位移滑台步进电动机的驱动器相连，用来控制除尘电极的运动。

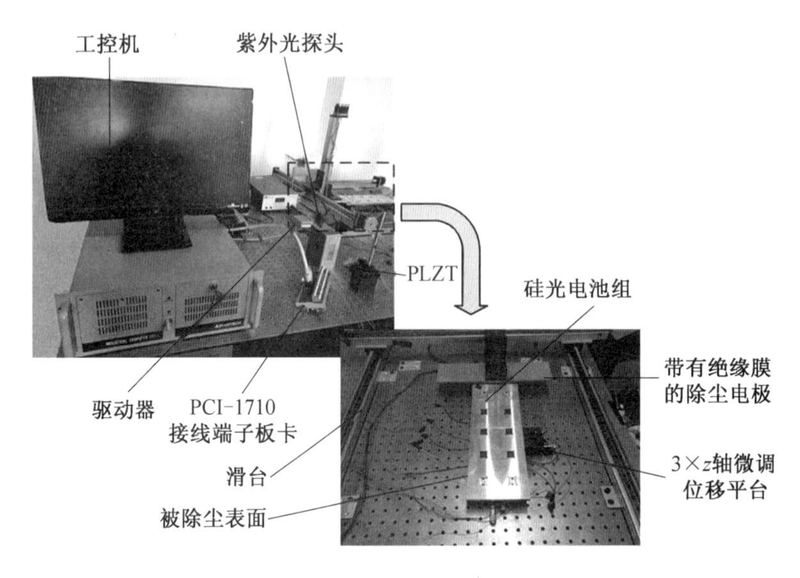

图 5.18　地面除尘系统实验平台

根据前面的研究结果,选取粒径 $d=0.1\sim0.18$ mm 的样尘(CLDS－1)作为实验对象,将样尘均匀铺满被除尘表面,未除尘时下极板状态如图 5.19 所示。根据被除尘表面尺寸,设定除尘电极板的位移为300 mm,根据实验对除尘速度的分析将除尘电极板的除尘速度设为 287 mm/min,以除尘时电极板往返一次为一个工作周期,记录每个工作周期硅光电池组的输出电压并记录,以串联电压为反馈值。实验规定当其恢复至未覆盖样尘的串联电压值峰值(约 2 V)时,除尘电极板自动停止除尘工作。对比不同周期的输出电压和除尘状态,如图 5.20 所示。

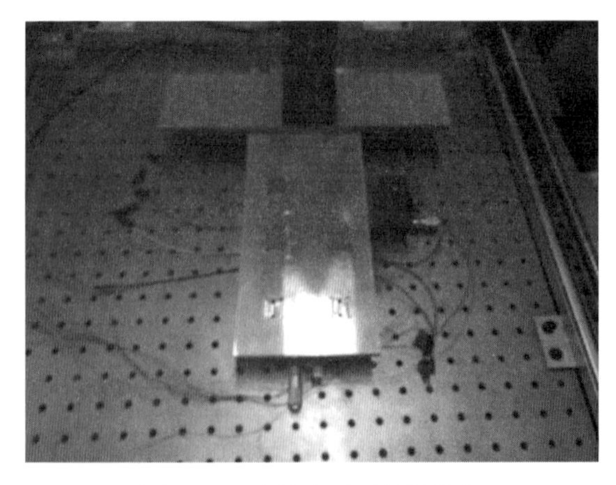

图 5.19　未除尘时下极板状态

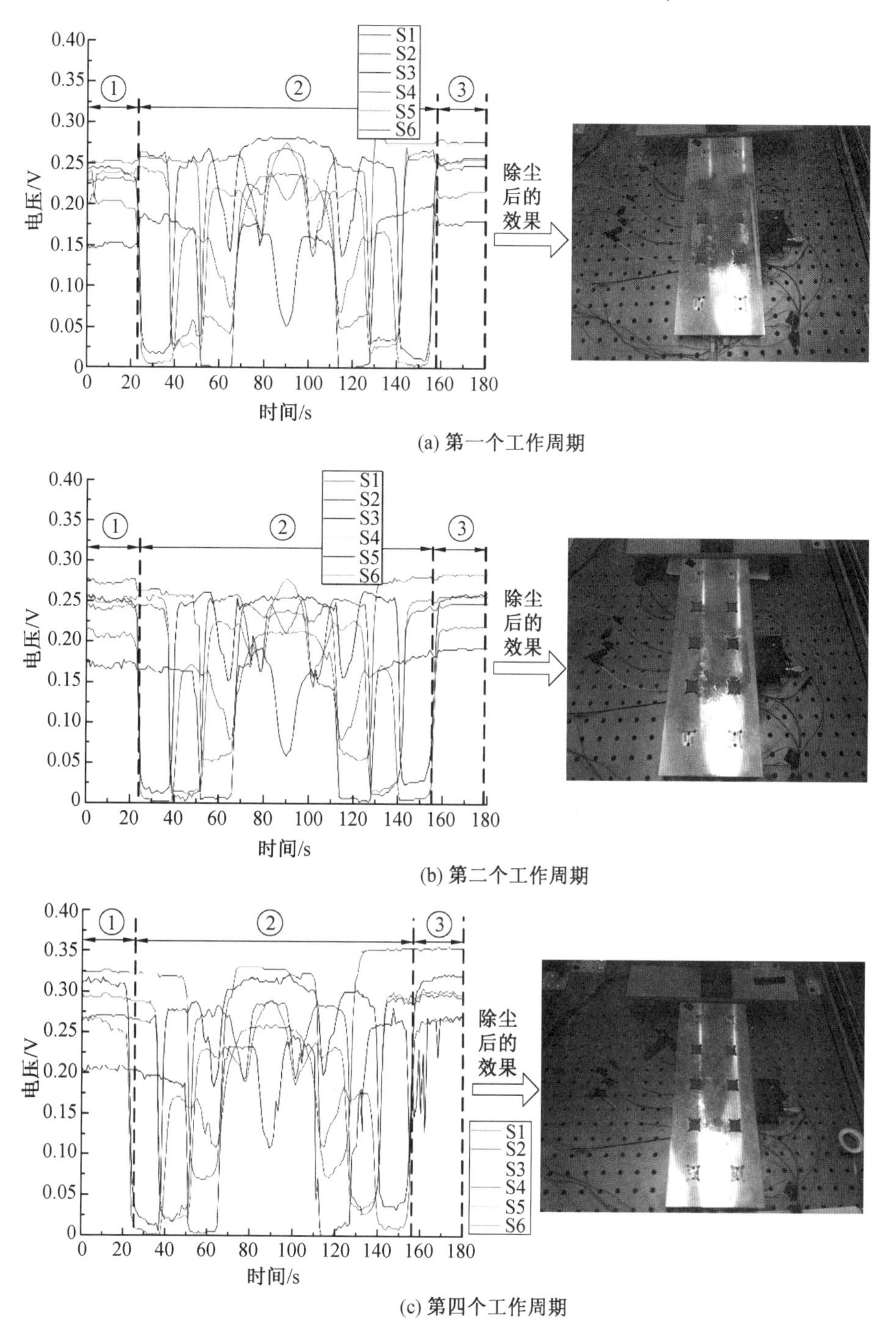

(a) 第一个工作周期

(b) 第二个工作周期

(c) 第四个工作周期

图5.20　不同周期的输出电压和除尘状态(彩图见附录)

(区域①为除尘前;区域②为除尘中;区域③为除尘后)

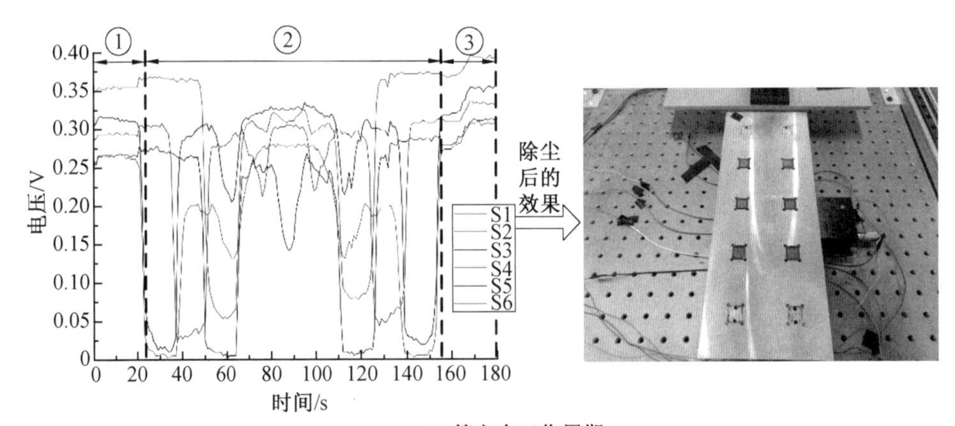

(d) 第六个工作周期

续图 5.20

设当采集的串联信号大于2.0 V时停止除尘,认为被除尘表面的样尘已经基本被清除。从实验结果中可以看出,当除尘电极处于区域①时,硅光电池组的输出电压基本保持恒定;当处于区域②时,由于除尘电极板在运动时会对硅光电池组造成遮挡,因此电池组的输出电压会明显下降,而且距离电极板较近的S1和S4的输出电压会优先衰减,然后S2、S6和S3、S5依次产生衰减;当电极板反方向运动返回初始位置时,硅光电池组的输出电压按照之前衰减的逆次序依次增长。从被除尘表面的样尘覆盖情况来看,随着除尘周期次数增加,表面的样尘逐渐减少。

实验结果表明,在经过6次除尘之后,硅光电池组的串联输出电压由1.323 V上升至2.025 V,基本恢复至未除尘之前的输出电压水平。本章定义除尘率为

$$\text{除尘率} = \frac{\text{除尘后输出电压} - \text{样尘覆盖时输出电压}}{\text{无样尘覆盖时输出电压} - \text{样尘覆盖时输出电压}} \times 100\% \tag{5.12}$$

不同除尘周期的除尘率见表5.3。

表5.3 不同除尘周期的除尘率

第 i 次除尘后	除尘率/%
$i=1$	18.6
$i=2$	41.0
$i=4$	64.7
$i=6$	95.3

随着除尘周期次数增加,除尘率也随之大幅升高。由于硅光电池表面不导电,势必会削弱除尘电场强度,因此在实际应用中,太阳能电池板表面会镀一层

氧化铟锡导电薄膜,除尘率随着除尘周期次数的增加而增长得更加显著,最后除尘率也会更加接近 100%。本节的原理性实验已经很好地描述了光电主动除尘技术实际应用的原理,实验结果验证了光电除尘系统可以对被除尘表面的月尘进行清除,而且多次除尘可以有效提高除尘率,根据传感器的反馈信息除尘机构能够进行主动除尘工作。

5.4.2　共面双极型光电月尘主动清除系统实验研究

为实现共面双极型电极动态除尘,并适应月面无人操作环境,本节将搭建实验平台,设计一款针对板状平面并基于共面双极型电极动态除尘的履带式除尘运动机构,通过实验验证共面双极型光电除尘技术的可行性。

共面双极型电极月尘清除方法要求除尘电极直接铺设在被除尘表面上,因此考虑设计履带式除尘机构。此类电极将在一定时间内达到饱和,因此该机构不仅需要具备自动规划轨迹以完成设备表面月尘自主清除,还应能够完成除尘电极的自清洁以防电极饱和之后不再除尘。

履带式除尘机构主要由除尘电极、电极清洁毛刷、同步带轮、同步带以及月尘收纳盒等组成,履带式除尘机构实物图和三维效果图如图 5.21 所示。机构前方设置有电极清洁毛刷,清洁毛刷轴与同步带轮轴之间依靠差速齿轮机构连接,在保证精度的同时,可以实现毛刷较带轮更快地旋转,以确保能够将电极上的月尘实时清除。被清除的月尘暂时存储在月尘收纳盒中,当除尘机构工作规定时间之后,将会到指定位置倒掉月尘。倒尘过程由最前方的直流电动机实现,行走动力依靠两个步进电动机实现。

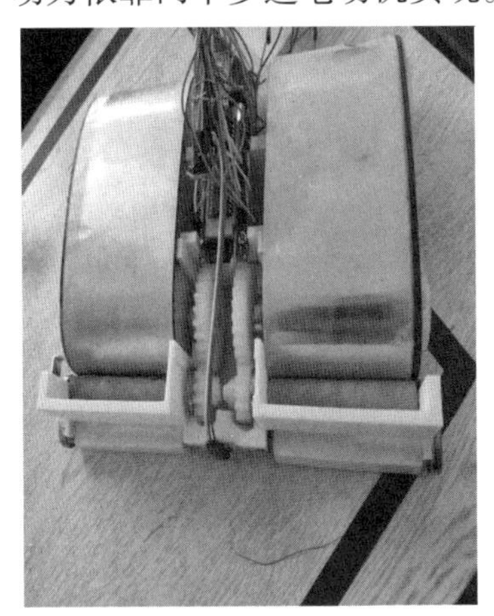

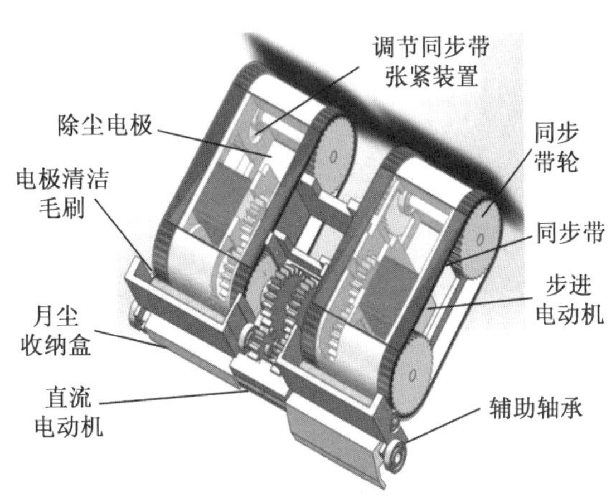

图 5.21　履带式除尘机构实物图和三维效果图

利用履带式除尘机构进行模拟月尘清除,机构运行速度过快时,细小或难以极化的模拟月尘将难以清除,过慢时又会影响除尘效率。因此,采用变速方式进行模拟月尘清除，以提高整体除尘效率。

实验光强采用400 mW/cm^2，根据不同速度下除尘实验的对比，履带机构行进速度设置为20 mm/s和10 mm/s，除尘方案为快速除尘两个周期后改为慢速除尘。除尘机构变速除尘效果如图5.22所示。分析实验结果发现，变速除尘方法在第四个除尘周期时除尘率达到88.4%，在五个除尘周期后总除尘率达到96.1%。由于月面设备表面的月尘需要定期清除，设备表面总尘量变化幅度不大，因此可以利用变速除尘的方法对其进行固定周期的变速除尘，从而避免了人为参与调节除尘周期。

(a) 快速第一周期除尘效果
(除尘率为42.2%)

(b) 快速第二周期除尘效果
(除尘率为61.3%)

(c) 慢速第一周期除尘效果
(除尘率为79.5%)

(d)慢速第二周期除尘效果
(除尘率为88.4%)

(e) 慢速第三周期除尘效果
(除尘率为96.1%)

图5.22　除尘机构变速除尘效果(彩图见附录)

在除尘实验中，除尘率始终无法达到100%，主要存在两个原因：一是部分月尘样本难以被极化；二是利用履带机构进行动态除尘时，由于机构振动、清洁刷的设计等，因此理论上将会更加难以将模拟月尘完全清除。

本书通过动态除尘和静态除尘实验结果的对比，确定机构设计原因导致的月尘无法清除所占的比例，以便找到除尘机构存在的问题，未来将通过改进除尘机构提高其除尘性能。实验将10 g的模拟月尘铺设在300 mm × 400 mm的木制表面上，光强设置为400 mW/cm^2，机构行进速度设置为20 mm/s和10 mm/s快

慢两种。依照上一节实验结果,机构快速清除模拟月尘两次,慢速清除三次。利用黏尘纸收集未能清除的模拟月尘,放到高倍光学显微镜下观察。然后将履带机构放置在平铺有 10 g 模拟月尘的相同表面上,利用共面双极型电极除尘方法进行静态除尘。除尘总时间设置为 2.5 min,分两次完成,分别为 1 min 和 1.5 min。光强为 400 mW/cm^2,对于未能成功清除的模拟月尘采用相同方法处理。动静态除尘实验效果如图 5.23 所示,动静态除尘效果微观图片如图 5.24 所示。

(a) 动态除尘未除尘

(b) 动态除尘五次除尘效果

(c) 静态除尘两次除尘效果

图 5.23　动静态除尘实验效果(彩图见附录)

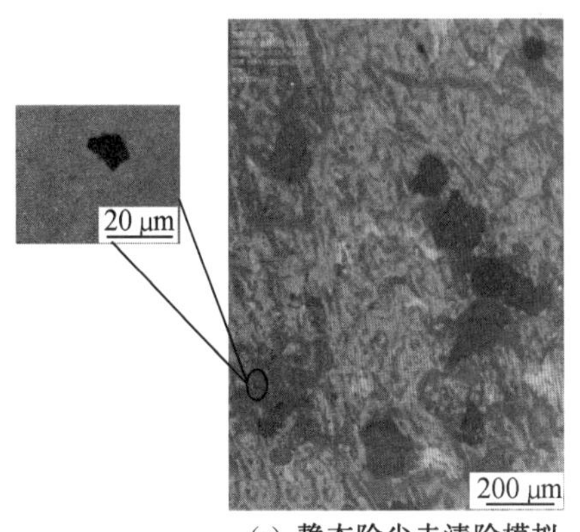

(a) 静态除尘未清除模拟月尘微观样张

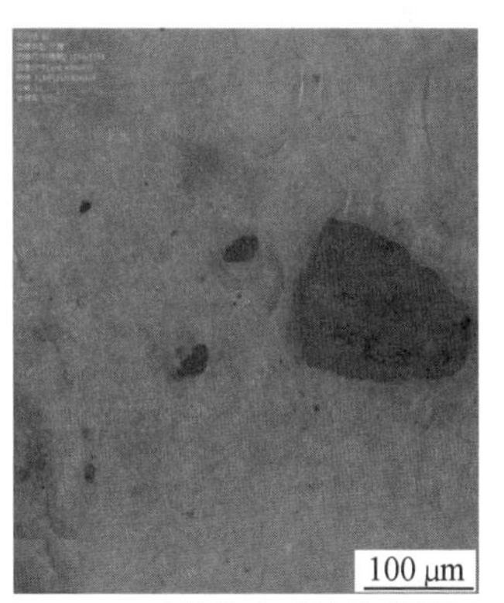

(b) 动态除尘未清除模拟月尘微观样张

图 5.24　动静态除尘效果微观图片

通过对动静态除尘实验效果的微观分析可以看出,利用共面双极型电极进行月尘清除时(无论动静态),模拟月尘中不可避免地含有一部分粒径过大或过小的样本,导致无论哪种除尘方法都无法将模拟月尘尽数清除。其中,静态除尘时由于极化时间长，因此未能清除的小粒径模拟月尘在 15 μm 级别，大粒径在 200 μm级别；动态除尘时，即使是低速除尘，相比静态2.5 min的极化时间还是过快，并且机构本身会产生振动，因此未清除模拟月尘的粒径范围更大，小粒径在 25 μm 级别，大粒径则在150 μm 级别。为取得更加优良的除尘效果，应该将机构进行减速降振处理。

本节分别针对普通平板型及共面双极型两种电极构型展开了光电主动除尘系统实验研究，实验结果证明了基于 PLZT 反常光生伏打效应的光电主动月尘清除技术的可行性。

5.5 本章小结

本章介绍了基于铁电陶瓷 PLZT 的反常光生伏打效应对月面探测器表面黏附月尘进行主动清除的新技术。利用铁电陶瓷 PLZT 在高能紫外光激励下产生的高压静电在除尘电极与被除尘电场间形成高压静电场，对月尘粒子进行极化并使其在电场力的作用下克服范德瓦耳斯力及重力的作用被吸附到除尘电极表面上，并通过运动机构实现月尘的清除。本章首先介绍了在光电压作用下的除尘电场力数学模型；然后分别介绍了梳齿型及共面双极型除尘电极对被除尘表面的适应性、可清除的月尘粒径范围以及除尘电极的构型参数和 PLZT 数目对除尘率的影响规律；最后通过搭建光电主动月尘清除实验平台验证了此技术的可行性。

本章参考文献

[1] 曾令斌，邱宝贵，肖杰，等. 月面扬尘特性与月尘防护技术研究[J]. 上海航天，2015，1：58-72.

[2] 孙旗霞，杨宁宁，蔡小兵，等. 基于交变电场的月表除尘方法研究进展[J]. 力学进展，2012，6：785-803.

[3] KAWAMOTO H，HARA N. Electrostatic cleaning system for removing lunar dust adhering to space suits[J]. Journal of Aerospace Engineering，2010，24(4)：442-444.

[4] KAWAMOTO H. Electrostatic cleaning device for removing lunar dust adhered to spacesuits[J]. Journal of Aerospace Engineering，2011，25(3)：470-473.

[5] BRODY P S. High voltage photovoltaic effect in barium titanate and lead titanate-lead zirconate ceramics[J]. Journal of Solid-State Chemistry,1975,12(3):193-200.

[6] NAKADA T,CAO D H,HSIEN C Y,et al. Study on optical servo system (modeling for photovoltaic effect in PLZT element)[J]. The Japan Society of Mechanical Engineers,1993,58(552):189-193.

第 6 章

PLZT 陶瓷光控微镜的驱动与控制

光学微镜结构被广泛应用到航空航天、激光雷达、光学通信、生物医疗成像、光学精密测量等领域，而微镜镜面的形状调整、平移、旋转等动作一般需要通过微驱动器来完成。目前应用于微镜驱动的主要有压电驱动、电磁驱动、电热驱动和静电驱动等驱动方式[1-8]。虽然上述几种驱动方式存在各自的优缺点，并依据其特点应用于不同的使用环境和技术领域，但是均需要电、磁源能源装置进行驱动，因此易受电磁干扰，且不具备独立性，尤其是在洁净操作空间及航空航天类真空环境中应用具有较大的局限性。与上述几种驱动方式相比，基于 PLZT 陶瓷的光驱动技术具有驱动清洁、无电磁干扰、非接触远程光控以及无线能量传输等优点。因此，开展利用 PLZT 陶瓷驱动的光控微镜及其驱动控制策略的研究具有重要的意义。本章首先介绍几种基于 PLZT 陶瓷的光控微镜驱动方式；然后对 PLZT 陶瓷光致微位移闭环控制进行数值仿真；最后搭建实验平台，设置控制策略，对光控微镜用 PLZT 陶瓷执行器开展闭环控制实验研究。

6.1 PLZT 陶瓷光控微镜驱动机构

6.1.1 光控微镜平移驱动机构

1. PLZT 陶瓷串联驱动机构

PLZT 陶瓷的光致形变特性使其具有直接作为微镜驱动装置的潜力，然而 PLZT 陶瓷在紫外光源的直接照射下，温度升高引起的热膨胀效应使 PLZT 陶瓷

的光致形变与光生电压之间产生迟滞现象，严重影响PLZT陶瓷作为光控微镜驱动装置的响应速度[9]。将两块PLZT陶瓷串联，利用紫外光源照射下的PLZT-2陶瓷产生的光生电压驱动用于输出位移的PLZT-1陶瓷，可以有效消除温度升高对PLZT-1陶瓷的影响，并且其光致形变响应速度相比于光源直接照射在PLZT-1陶瓷上有明显的提高。此外，通过双光源交替照射两片PLZT陶瓷可以实现公共电极间光生电压方向的快速切换。

根据上述分析，本节提出一种PLZT陶瓷双晶片与PLZT陶瓷单片串联的复合驱动机构，如图6.1所示。两片极化方向相反的PLZT陶瓷通过导电银胶黏合在一起，并在垂直于极化方向的两端面上涂有公共电极，制成PLZT陶瓷双晶片，同时将PLZT陶瓷双晶片两端的公共电极通过导线分别与单片式PLZT陶瓷的两端电极相连。

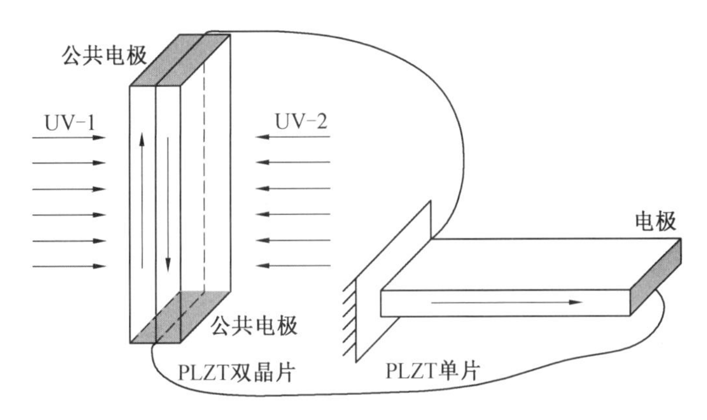

图6.1 PLZT陶瓷双晶片与PLZT陶瓷单片串联的复合驱动机构

开启紫外光源UV-1，PLZT陶瓷双晶片的两端公共电极之间迅速产生每厘米数千伏的光生电压，并通过导线加载在因此单片式PLZT陶瓷的电极两端，由于逆压电效应的作用，因此单片式PLZT陶瓷发生伸长形变。单片式PLZT陶瓷没有受到紫外光源的直接照射，不产生温升，其光致形变的响应速度得到了极大的提高。当输出位移达到目标值后，关闭紫外光源UV-1，同时打开紫外光源UV-2，PLZT陶瓷双晶片两端的公共电极之间迅速产生反向电压并加载在单片式PLZT陶瓷的两端电极上。此时，加载在单片式PLZT陶瓷两端电极上的光生电压与其剩余极化方向相反，单片式PLZT陶瓷产生收缩变形，从而能够实现对单片式PLZT陶瓷输出位移的双向控制。

综上所述，PLZT陶瓷双晶片与PLZT陶瓷单片串联的复合光致驱动器可以获得较高的响应速度和较好的动态控制效果，并且能够双向驱动，可作为光控微镜的平移驱动机构。

2. PLZT 陶瓷光电 - 静电复合驱动机构

由于光照下 0 - 1 极化 PLZT 陶瓷产生的光生电压较高，可达到数千伏，因此可以作为电压源向平行板电容器供能。0 - 1 极化 PLZT 陶瓷双晶片在双光源交替激励作用下可以对其两端公共电极间的光生电压进行快速动态控制，理论上在高光强紫外光照射下，光生电压达到几百伏所需时间可达毫秒级，响应速度较快。将 0 - 1 极化 PLZT 陶瓷双晶片的光生电压加载在平行板电容器的两电极上，平行板电极在光生电压作用下产生静电力，可以实现多种光控微型结构器件，从而实现光电 - 静电复合驱动的新型光控驱动机制。图 6.2 所示为 0 - 1 极化 PLZT 陶瓷双晶片负载平行板电极示意图即为光电 - 静电复合驱动理论示意图。PLZT 陶瓷双晶片两端的公共电极分别通过银导线与平行板电容的两电极板连接，PLZT 陶瓷双晶片在双光源照射下产生的光生电压加载在平行板电容两端，从而实现光电 - 静电复合驱动器件。

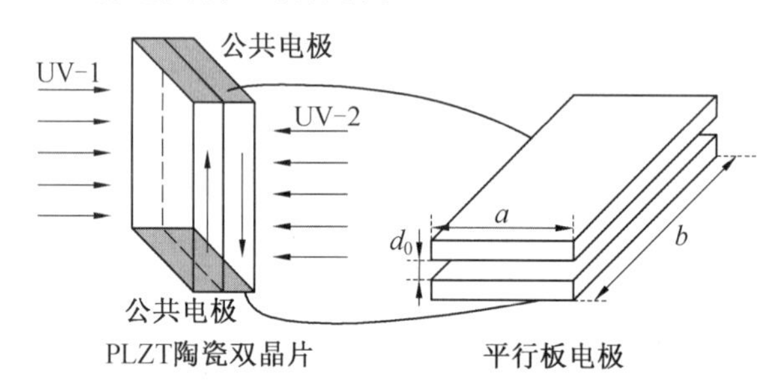

图 6.2　0 - 1 极化 PLZT 陶瓷双晶片负载平行板电极示意图

(1) 平行板电极的静电力。

平行板电极是静电驱动的原理性构件，是静电驱动结构的基础。平行板电极的静电力公式广泛应用于静电微结构中，若不考虑边缘效应，则平行板电极电容的表达式为

$$C = \varepsilon \frac{ab}{d_0} \tag{6.1}$$

式中　ε—— 介电常数；

d_0—— 电极板间距；

a—— 电极板的宽度；

b—— 电极板的长度。

任意两电极板间储存的能量可表示为

$$W = \frac{1}{2}CU^2 \tag{6.2}$$

式中　U—— 电极板间的电压。

结合式(6.1) 与式(6.2)，可求得两电极板间的电场能量为

$$W = \frac{1}{2}\varepsilon\frac{ab}{d_0}U^2 \tag{6.3}$$

根据虚位移原理，两电极板间的静电力为

$$F = \frac{\partial W}{\partial d_0} = -\frac{\varepsilon ab}{2d_0^2}U^2 \tag{6.4}$$

其中，负号代表静电力为吸引力。

PLZT陶瓷在光照下产生的光生电压为[10]

$$U(t) = V_s(1 - e^{-\frac{t}{\tau_1}}) + \left(\frac{AP}{C_p} - \beta\frac{\lambda D_e}{d_{3i}Y_a}\right)\Delta T_s(1 - e^{-\frac{t}{\tau_\theta}}) \tag{6.5}$$

式中，各参数含义详见参考文献[10]。

因此，在光生电压驱动下，平行板电极之间的静电力为

$$F(t) = -\frac{\varepsilon ab}{2d_0^2}\left[V_s(1 - e^{-\frac{t}{\tau_1}}) + \left(\frac{AP}{C_p} - \beta\frac{\lambda D_e}{d_{3i}Y_a}\right)\Delta T_s(1 - e^{-\frac{t}{\tau_\theta}})\right]^2 \tag{6.6}$$

（2）倾斜板电极间的静电力和静电力矩。

平行板电极在静电力作用下发生倾斜，在大部分静电微结构中，平行板电极是倾斜的，具有一定的夹角。本节忽略电极板的边缘效应，利用无限大平行板电容理论求解倾斜平行板之间的电容、静电力和静电力矩，从而建立光生电压驱动下的倾斜板随时间及光照强度的变化关系表达式。图6.3所示为倾斜板横截面示意图，长度为b，宽度为a，两电极板绕长度b方向形成夹角。坐标原点在两电极板的延长线交点处，x轴平分夹角，极板的两个边缘至原点的距离分别为R_1和R_2，且$a = R_2 - R_1$，假设长度和宽度远远大于两电极板间最短距离d_0。

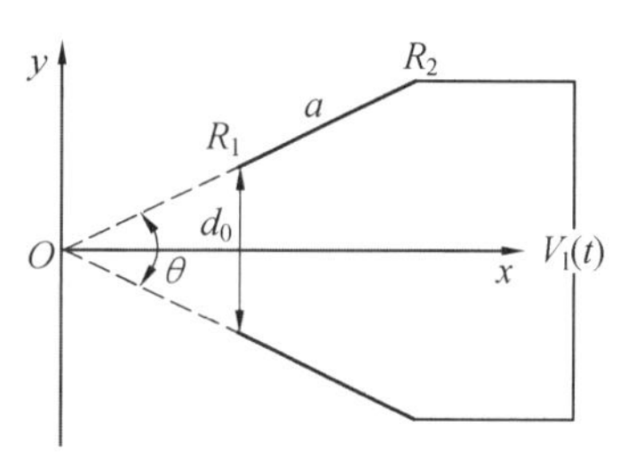

图6.3 倾斜板横截面示意图

在两倾斜板电极上取微元$\mathrm{d}x$，假设两极板上的微元是平行的，则所取的微元的电容为

$$\mathrm{d}C = \frac{\varepsilon b}{2x\tan\frac{\theta}{2}}\mathrm{d}x \tag{6.7}$$

对式(6.7)进行积分，可以得到整个倾斜板电极的电容为

$$C = \frac{\varepsilon b}{2\tan\frac{\theta}{2}}\ln\frac{R_2}{R_1} \tag{6.8}$$

则根据虚位移原理，可以求得对原点的静电力矩为

$$M = -\frac{\varepsilon b U^2(t)}{8\sin^2\frac{\theta}{2}}\ln\frac{R_2}{R_1} \tag{6.9}$$

根据图6.3，由几何关系可得

$$R_1 = \frac{d_0}{2\sin\frac{\theta}{2}}, \quad R_2 = R_1 + a$$

将此关系式代入式(6.8) 中，可得

$$C = \frac{\varepsilon b}{2\tan\frac{\theta}{2}}\ln\left(1 + \frac{2a\sin\frac{\theta}{2}}{d_0}\right) \tag{6.10}$$

同样地，根据虚位移原理可得到两倾斜极板间的静电力为

$$F = -\frac{\varepsilon a b U^2(t)\cos\frac{\theta}{2}}{2d_0\left(2a\sin\frac{\theta}{2} + d_0\right)} \tag{6.11}$$

由式(6.6) 和式(6.11) 可知，当平行板电极结构的基本参数一定时，其静电力只与光生电压有关。基于平行板电极原理的静电扭转微镜具有体积小、畸变小、频率高、功耗低、制造简单等优点，被广泛用作微型光学器件。光照下0 - 1极化 PLZT 陶瓷产生的光生电压可以对平行板电极进行有效驱动，且 0 - 1 极化 PLZT 双晶片产生的光生电压可以通过光源交替照射实现快速高频控制，因此可以用0 - 1极化PLZT双晶片产生的光生电压驱动静电微镜，从而实现光电 - 静电复合驱动的光控微镜。

3. PLZT/PVDF 层合悬臂梁复合驱动机构

PLZT 陶瓷在紫外光照射下产生较大的光生电压，具有较快的响应速度，并且实验曲线稳定，具有较好的重复性，因此可以利用 PLZT 陶瓷在光照条件下产生的光生电压作为能源供给，为压电类材料供能，从而实现间接的光驱动控制。

根据前述分析，本节提出基于一种 PLZT/PVDF 层合悬臂梁复合驱动机构作为光控微镜平移机构的驱动装置，如图 6.4 所示。PLZT 陶瓷双晶片通过导线与 PVDF 压电薄膜连接，PVDF 压电薄膜层合在靠近悬臂梁固定端的上下表面。当高能紫外光源照射在 PLZT 陶瓷表面时，其公共电极之间产生的光生电压通过导线分别加载在两片 PVDF 压电薄膜的上下电极面上。当施加在 PVDF - 1 上的光生电压与 PVDF - 1 的极化方向相同时，则施加在 PVDF - 2 上的光生电压与 PVDF - 2 的极化方向相反。因此，压电薄膜 PVDF - 1 在 PLZT 陶瓷光生电压的驱动下，沿悬臂梁长度方向产生扩张力；而 PVDF - 2 压电薄膜在 PLZT 陶瓷光生电压的驱动下，沿悬臂梁长度方向产生收缩力，使得弹性悬臂梁发生弯曲变形。

当悬臂梁自由端挠度达到目标值后，紫外光源 UV－1 关闭，紫外光源 UV－2 打开，加载在 PVDF 压电薄膜电极间的光生电压反向，悬臂梁上表面的 PVDF－1 产生收缩力，悬臂梁下表面的 PVDF－2 产生扩张力，悬臂梁执行器在光生电压的作用下快速恢复到初始挠度值，当 UV－2 持续照射时，悬臂梁向上弯曲，从而能够实现对微镜移动平台的双向驱动。

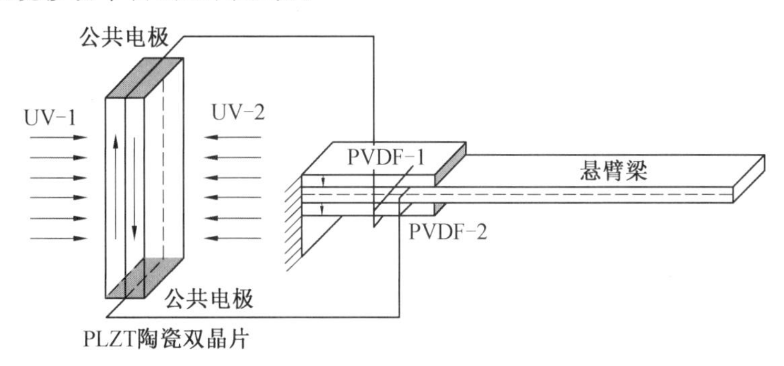

图 6.4　PLZT/PVDF 层合悬臂梁复合驱动机构

光源照射前后悬臂梁结构变化图如图 6.5 所示，假设 PVDF 层合悬臂梁结构中两片 PVDF 压电薄膜的性能与尺寸参数完全相同，其长度为 l，宽度为 w，厚度为 h_p，弹性模量 E_p；中间柔性悬臂梁的长度为 L，宽度为 w_0，厚度为 h，弹性模量为 E_0，其中 PVDF 压电薄膜与弹性悬臂梁的宽度相等，即 $w = w_0$。

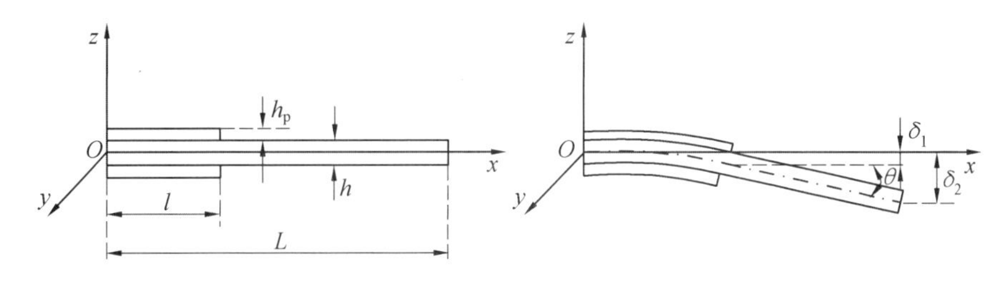

图 6.5　光源照射前后悬臂梁结构变化图

PLZT 陶瓷双晶片在紫外光源照射下，产生每厘米数千伏的光生电压，通过导线加载在 PVDF 压电薄膜上。两片 PVDF 压电薄膜在悬臂梁长度方向上产生大小相等、方向相反的力，从而使弹性悬臂梁发生弯曲变形。对于 PVDF 压电薄膜，其在 PLZT 陶瓷光生电压作用下，将电行为和力行为结合起来，便得到压电方程的张量表达式，即

$$\varepsilon_i = c_{iu}^E \sigma_u + d_{jx} E_j, \quad i,u = 1,2,3,4,5,6; j = 1,2,3 \tag{6.12}$$

式中　c_{iu}^E——PVDF 压电薄膜的弹性柔顺系数，单位是 m^2/N，其倒数 $(c_{iu}^E)^{-1}$ 为 PVDF 的弹性模量；

d_{jx}—— 压电应变常数，第一个下标表示电场方向，第二个下标表示应变

方向;

E_j—— 电场强度。

式(6.12)的物理意义是压电材料的应变是由材料本身所承受的应力和电场两部分影响所组成。第一项 $c_{iu}^E\sigma_u$ 是电场强度 E 为零或常值时应力对应变的影响;第二项 $d_{jx}E_j$ 是电场强度对应变的影响。

由此可得到在 PLZT 陶瓷光生电压作用下,PVDF 压电薄膜产生的应力为

$$\sigma_1 = (c_{11}^E)^{-1}\varepsilon_1 - (c_{11}^E)^{-1}d_{31}E_3 \tag{6.13}$$

柔性悬臂梁内部的应力可以表示为

$$\sigma_1 = (c_{11})^{-1}\varepsilon_1 \tag{6.14}$$

式中 c_{11}—— 柔性悬臂梁的弹性柔顺系数,$(c_{11})^{-1}$ 为柔性悬臂梁的弹性模量,即 E_0。

根据上述分析,在柔性悬臂梁的长度方向,受到大小相等、方向相反的力偶矩,使柔性悬臂梁发生弯曲变形。由材料力学知识可知,变形前后中性层的长度不变,则可以得到距离中性层为 y 的纤维的应变,即

$$\varepsilon = \frac{(R+y)\mathrm{d}\theta - R\mathrm{d}\theta}{R\mathrm{d}\theta} = \frac{y}{R} \tag{6.15}$$

式中 R—— 柔性悬臂梁中性层的曲率半径。

根据式(6.13)可得层合在柔性悬臂梁上方的 PVDF 压电薄膜的正应力为

$$\sigma_1 = E_p\frac{y}{R} - E_p d_{31}E_3 \tag{6.16}$$

同理,层合在柔性悬臂梁下方的 PVDF 压电薄膜的正应力为

$$\sigma_1 = E_p\frac{y}{R} + E_p d_{31}E_3 \tag{6.17}$$

对于柔性悬臂梁,由式(6.14)可得到其弯曲形变的正应力为

$$\sigma_1 = E_0\frac{y}{R} \tag{6.18}$$

在 $y-z$ 截面截取以微小面积,则该微小面积上的拉力为

$$\mathrm{d}F = \sigma_1\mathrm{d}A \tag{6.19}$$

式中 $\mathrm{d}A$—— $y-z$ 截面的微小面积,$\mathrm{d}A = w\mathrm{d}y$。

由式(6.19)可得 $y-z$ 截面的微小面积的弯矩为

$$\mathrm{d}M = \sigma_1 y\mathrm{d}A \tag{6.20}$$

由材料力学知识可知,层合在柔性悬臂梁固定端表面的两片 PVDF 产生的扩张力相互平衡,对于悬臂梁结构受到的弯矩 M 也达到平衡,则柔性悬臂梁弯矩满足

$$M = \int_{-\frac{h}{2}-h_p}^{-\frac{h}{2}}\left(E_p\frac{y}{R} + E_p d_{31}E_3\right)wy\mathrm{d}y + \int_{-\frac{h}{2}}^{\frac{h}{2}}\left(E_0\frac{y}{R}\right)wy\mathrm{d}y +$$

$$\int_{\frac{h}{2}}^{\frac{h}{2}+h_p}\left(E_p\frac{y}{R}-E_pd_{31}E_3\right)wy\mathrm{d}y=0 \tag{6.21}$$

求解上式积分方程,可以得到悬臂梁的曲率半径为

$$R=\frac{E_p(6h^2h_p+12hh_p^2+8h_p^3)+E_0h^3}{12d_{31}E_3E_p(hh_p+h_p^2)} \tag{6.22}$$

当柔性悬臂梁对称机构发生纯弯曲时,其挠度满足

$$w(x)=\frac{x^2}{2R} \tag{6.23}$$

由此可得,PVDF 层合柔性悬臂梁机构中 PVDF 末段的悬臂梁挠度为

$$\delta_1=\frac{6d_{31}E_3E_p(hh_p+h_p^2)l^2}{E_p(6h^2h_p+12hh_p^2+8h_p^3)+E_0h^3} \tag{6.24}$$

PVDF 层合柔性悬臂梁机构中 PVDF 末段的悬臂扭转角为

$$\theta_l=l\frac{12d_{31}E_3E_p(hh_p+h_p^2)}{E_p(6h^2h_p+12hh_p^2+8h_p^3)+E_0h^3} \tag{6.25}$$

根据 PVDF 层合柔性悬臂梁机构层合位置关系可知,柔性悬臂梁自由端挠度可以表示为

$$\delta_2=l(2L-l)\frac{6d_{31}E_3E_p(hh_p+h_p^2)l^2}{E_p(6h^2h_p+12hh_p^2+8h_p^3)+E_0h^3} \tag{6.26}$$

结合 PLZT 陶瓷在紫外光源照射下产生的光生电压表达式,可以得到 PLZT/PVDF 层合悬臂梁复合驱动机构,悬臂梁自由端的输出位移为

$$\delta_2=\frac{l(2L-l)6d_{31}E_3E_p(hh_p+h_p^2)l^2}{E_p(6h^2h_p+12hh_p^2+8h_p^3)+E_0h^3}\times\left[V_s\left(1-\mathrm{e}^{-\frac{t}{\tau_1}}\right)+\left(\frac{AP}{C_p}-\beta\frac{\lambda D_e}{d_{3i}Y_a}\right)\Delta T_s\left(1-\mathrm{e}^{-\frac{t}{\tau_\theta}}\right)\right] \tag{6.27}$$

6.1.2　光控微镜旋转驱动机构

光控微镜旋转机构要求能够使微镜具有一个较大角度可调范围、响应速度快、空间所占体积小等;光控微镜旋转机构可以利用 PLZT 陶瓷的光致形变效应直接驱动方式和基于 PLZT 陶瓷反常光生伏特效应的光电 - 静电复合驱动方式。

利用 PLZT 陶瓷的光致形变效应直接驱动微镜的旋转机构响应速度较慢,并且由于高能紫外光源直接照射在驱动器表面会造成驱动器温度升高,因此其他结构件发生形变,造成微镜旋转机构精度下降。此外,由于直接驱动方式体积大、质量大,对于光控微镜平移机构的驱动力要求较高,因此微镜动态响应速度变慢。基于上述分析,利用 PLZT 陶瓷光致形变效应直接驱动的方式不适合光控微镜的旋转机构。

图6.6所示为基于PLZT陶瓷反常光生伏特效应的光电-静电复合驱动微镜旋转机构。微镜由支撑柱和柔性支撑梁支撑，并且微镜的非反射面作为一端电极，基座上一端布置有驱动电极，微镜电极和基座上的电极分别与PLZT陶瓷两端电极通过导线连接。当高能紫外光源照射在PLZT陶瓷的上表面时，PLZT陶瓷两端电极间产生的光生电压加载在微镜和基座的电极上，从而在微镜电极与基座电极间产生了静电驱动力，在静电驱动力的作用下，驱动微镜发生偏转。

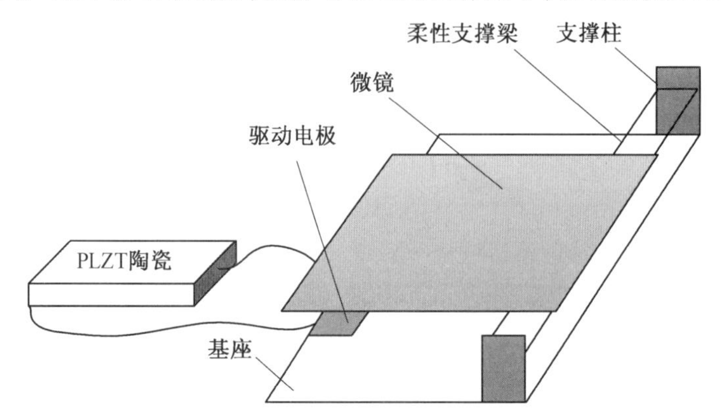

图6.6　基于PLZT陶瓷反常光生伏特效应的光电-静电复合驱动微镜旋转机构

图6.7所示为光控微镜旋转机构的截面示意图，其中h_m为柔性支撑梁与基座上的驱动电极之间的垂直距离，l_m、w_m、t_m分别为柔性支撑梁的长度、宽度和厚度尺寸，微镜的宽度为a_m，则驱动电极在基座上的位置相对于旋转轴满足

$$s_1=\alpha_1 a_m,\quad s_2=\alpha_2 a_m$$

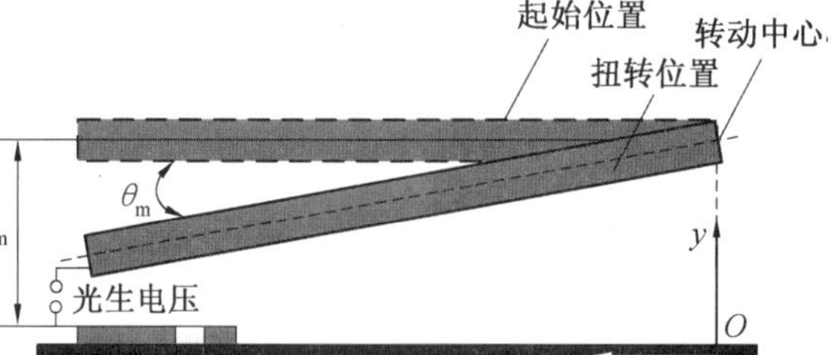

图6.7　光控微镜旋转机构截面示意图

当紫外光源照射在PLZT陶瓷上时，PLZT陶瓷双晶片的公共电极两端会产生每厘米数千伏的光生电压，并通过导线加载在微镜电极与基座电极之间，微镜在静电力的作用下发生偏转，则可得到静电力矩M_e为[11]

$$M_e = \int_{\alpha_1 a_m}^{\alpha_2 a_m} F \mathrm{d}x = \int_{\alpha_1 a_m}^{\alpha_2 a_m} x \frac{\varepsilon L_m V^2}{2(h_m - x\tan\theta_m)^2} \mathrm{d}x$$

$$= \frac{\varepsilon L_m V^2}{2\theta_m^2}\left[\frac{1}{1-\left(\frac{\alpha_2 a_m}{h_m}\right)\theta_m} - \frac{1}{1-\left(\frac{\alpha_1 a_m}{h_m}\right)\theta_m} + \ln\frac{1-\left(\frac{\alpha_2 a_m}{h_m}\right)\theta_m}{1-\left(\frac{\alpha_1 a_m}{h_m}\right)\theta_m}\right] \quad (6.28)$$

式中　ε——空气的电导率。

为对旋转微镜的静电力矩表达式进行简化,假设 $\Theta = \frac{\theta_m}{\theta_{m-max}}$,其中 θ_{m-max} 是旋转微镜的最大扭转角,由几何关系得到 $\theta_{m-max} = \frac{h_m}{a_m}$,则可以将静电力矩 M_e 简化为

$$M_e = \frac{\varepsilon L_m V^2}{2\theta_{m-max}^2 \Theta^2}\left(\frac{1}{1-\alpha_2\Theta} - \frac{1}{1-\alpha_1\Theta} + \ln\frac{1-\alpha_2\Theta}{1-\alpha_1\Theta}\right) \quad (6.29)$$

根据材料力学中的扭转变形理论[12],当微镜在静电力吸附作用下发生旋转时,柔性支撑梁所产生的恢复力矩 M_r 为

$$M_r = S_0\theta_m \quad (6.30)$$

式中　S_0——柔性支撑梁的扭转刚度,且有 $S_0 = \frac{2GI_p}{l_m}$,其中 G 是材料的剪切弹性模量。

微镜的柔性支撑梁的横截面为矩形,其抗扭截面模量为

$$I_p = t_m w_m^3\left[\frac{1}{3} - 0.21\frac{w_m}{t_m}\left(1 - \frac{w_m^4}{t_m^4}\right)\right], \quad w_m \leqslant t_m \quad (6.31)$$

根据材料力学中力矩平衡原理得到力矩 $M_e = M_r$,因此可以得到 PLZT 陶瓷光生电压与微镜旋转角度之间的关系式为

$$V = k_0\sqrt{\frac{1}{2}\left(\frac{\Theta^3}{\frac{1}{1-\alpha_2\Theta} - \frac{1}{1-\alpha_1\Theta} + \ln\frac{1-\alpha_2\Theta}{1-\alpha_1\Theta}}\right)} \quad (6.32)$$

$$k_0 = \sqrt{\left(\frac{S_0\theta_{m-max}^2}{\varepsilon L_m}\right)}$$

6.2　PLZT 陶瓷光致微位移闭环控制数值仿真

本节利用 PLZT 陶瓷光照阶段多物理场耦合数学模型以及光停阶段的形变特性,建立 PLZT 陶瓷光致微位移闭环控制理论模型,并利用 ON – OFF 控制策略,在 Matlab 软件中对 PLZT 陶瓷的光致微位移闭环控制进行数值仿真。

6.2.1 PLZT 陶瓷光致微位移闭环控制模型

根据 PLZT 陶瓷在光照阶段和光停阶段的多物理场耦合数学模型[13]，可以得到基于 ON－OFF 控制策略的 PLZT 陶瓷光致微位移伺服控制模型为

$$\begin{cases}S(t_{(m+1)_j}) = S(t_{m_j}) + \left(\dfrac{d_{3i}V_s}{\tau_1}\mathrm{e}^{-\frac{t_{m_j}}{\tau_1}} + \dfrac{B_1}{\tau_\theta}\mathrm{e}^{-\frac{t_{m_j}}{\tau_\theta}}\right)\Delta t \\ t_{n_j}(n=0) = S_d^{-1}[S(t_{m_j})] \\ S_d(t_{(n+1)_j}) = S_d(t_{n_j}) - \left(\dfrac{B_2}{\tau_d}\mathrm{e}^{-\frac{t_{n_j}}{\tau_d}}\right)\Delta t \\ t_{m_{(j+1)}}(m=0) = S^{-1}[S_d(t_{n_j})] \\ t = \sum\limits_j (m_j + n_j)\Delta t \end{cases} \tag{6.33}$$

式中 Δt—— 位移传感器的采样周期；

$S(t)$—— 目标位移；

j—— 紫外光源的 ON－OFF 控制周期数，周期可以用 $T=(m_j+n_j)\Delta t$ 表示；

m_j—— 一个 ON－OFF 控制周期内光照阶段位移传感器的采样周期数；

n_j—— 一个 ON－OFF 控制周期内光停阶段位移传感器的采样周期数；

$S_d^{-1}[S(t_{m_j})]$—— 光停阶段 PLZT 陶瓷输出位移公式的反函数；

$S^{-1}[S_d(t_{n_j})]$—— 光照阶段 PLZT 陶瓷输出位移公式的反函数；

t——PLZT 陶瓷光致微位移伺服控制系统运行的总时间。

6.2.2 PLZT 陶瓷光致微位移闭环控制模型参数识别

通过 PLZT 陶瓷光致形变静态实验，对不同光照强度（100 mW/cm^2、200 mW/cm^2、300 mW/cm^2、400 mW/cm^2）下 PLZT 陶瓷输出位移进行开环测量，测量时间为 540 s，其中光照阶段 240 s，光停阶段 300 s。实验中，选用的 PLZT 陶瓷为 0－1 方向极化，极化温度在居里温度以上，其组分为 3/52/48，其尺寸参数为 13 mm（长）、5 mm（宽）、0.8 mm（厚）。此外，实验中采用色散共焦位移传感器对 PLZT 陶瓷自由端的位移进行测量，图 6.8 所示为不同光照强度下 PLZT 陶瓷光致形变静态实验曲线。

依据光照和光停阶段 PLZT 陶瓷光致形变位移表达式，给出 PLZT 陶瓷在静态实验中，输出位移与光照时间的 $S-t$ 数学模型表达式为

$$\begin{cases}S(t) = d_{3i}V_s(1-\mathrm{e}^{-\frac{t}{\tau_1}}) + B_1(1-\mathrm{e}^{-\frac{t}{\tau_\theta}}), & 0 < t \leqslant 300 \\ S_d(t) = B_2\mathrm{e}^{-\frac{t-300}{\tau_d}}, & 300 < t \leqslant 600\end{cases} \tag{6.34}$$

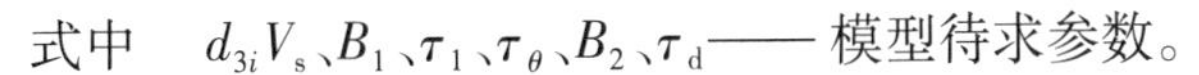

式中　$d_{3i}V_s$、B_1、τ_1、τ_θ、B_2、τ_d—— 模型待求参数。

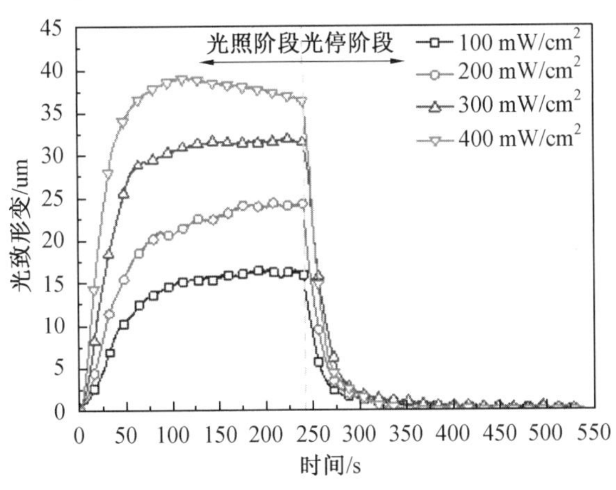

图 6.8　不同光照强度下 PLZT 陶瓷光致形变静态实验曲线

利用 Origin 软件的非线性曲线拟合功能，基于 $S-t$ 模型的表达形式，对不同光照强度下 PLZT 陶瓷输出位移曲线进行拟合，得到 $S-t$ 模型各待定参数，光照阶段 PLZT 陶瓷位移输出表达式中各参数拟合值见表 6.1，光停阶段 PLZT 陶瓷位移输出表达式中各参数拟合值见表 6.2。

表 6.1　光照阶段 PLZT 陶瓷位移输出表达式中各参数拟合值

光照强度/($mW \cdot cm^{-2}$)	参数 $d_{3i}V_s$/μm	参数 B_1/μm	参数 τ_1/s	参数 τ_θ/s
100	0.315 6	16.123 8	11.741	48.827 6
200	0.363 2	23.428 27	8.349 2	44.363 9
300	0.52	31.686 8	7.342 2	36.527 8
400	1.288	37.157 09	5.228 6	26.343 6

表 6.2　光停阶段 PLZT 陶瓷位移输出表达式中各参数拟合值

光照强度/($mW \cdot cm^{-2}$)	参数 B_2/μm	参数 τ_d/s
100	16.086 1	18.355 8
200	23.684 9	18.355 8
300	32.606 3	18.355 8
400	38.840 8	18.355 8

根据表 6.1 和表 6.2 中的参数拟合值，可以分别得到在 100 mW/cm^2、200 mW/cm^2、300 mW/cm^2、400 mW/cm^2 光照强度下，PLZT 陶瓷在光照和光停阶段位移输出表达式，即

$$\begin{cases} S(t) = 0.315\,6(1 - e^{-\frac{t}{11.741}}) + 16.123\,8(1 - e^{-\frac{t}{48.827\,6}}), & t \leqslant 240 \\ S_d(t) = 16.086\,1e^{-\frac{t-240}{18.355\,8}}, & t > 240 \end{cases} \tag{6.35}$$

$$\begin{cases} S(t) = 0.363\,2(1 - e^{-\frac{t}{8.349\,2}}) + 23.428\,27(1 - e^{-\frac{t}{44.363\,9}}), & t \leqslant 240 \\ S_d(t) = 23.684\,9e^{-\frac{t-240}{18.355\,8}}, & t > 240 \end{cases} \tag{6.36}$$

$$\begin{cases} S(t) = 0.52(1 - e^{-\frac{t}{7.342\,2}}) + 31.686\,8(1 - e^{-\frac{t}{36.527\,8}}), & t \leqslant 240 \\ S_d(t) = 32.606\,3e^{-\frac{t-240}{18.355\,8}}, & t > 240 \end{cases} \tag{6.37}$$

$$\begin{cases} S(t) = 1.288(1 - e^{-\frac{t}{5.228\,6}}) + 37.157\,09(1 - e^{-\frac{t}{26.343\,6}}), & t \leqslant 240 \\ S_d(t) = 38.840\,8e^{-\frac{t-240}{18.355\,8}}, & t > 240 \end{cases} \tag{6.38}$$

6.2.3 PLZT 陶瓷光致微位移闭环控制仿真流程

基于 ON - OFF 控制策略的 PLZT 陶瓷光致微位移闭环控制仿真流程图如图 6.9 所示。

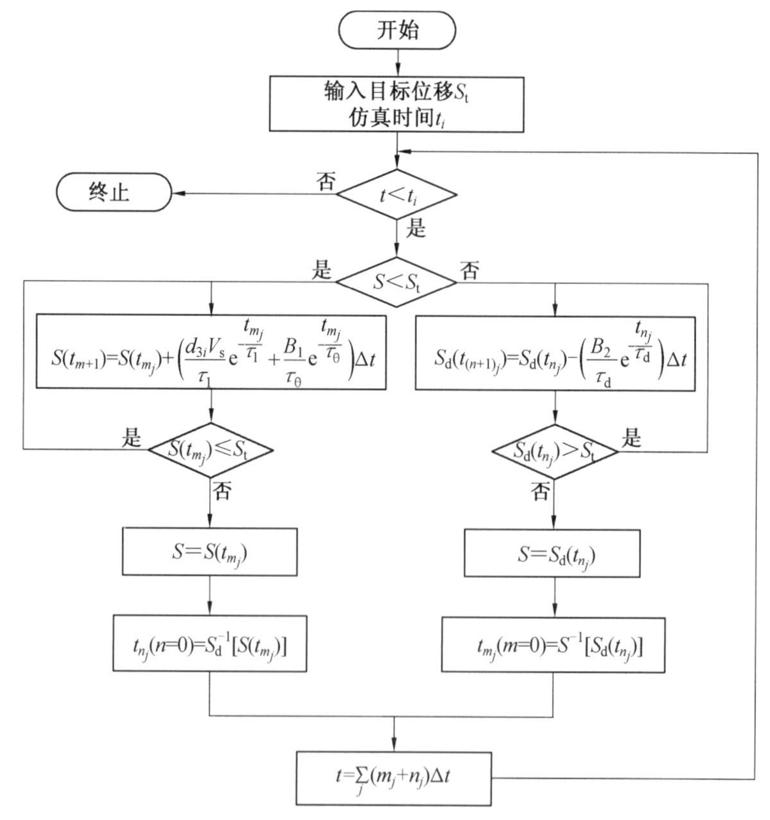

图 6.9　基于 ON - OFF 控制策略的 PLZT 陶瓷光致微位移闭环控制仿真流程图

仿真开始之前，输入PLZT陶瓷驱动器输出位移的目标值S_t和仿真时间t_i。当仿真启动后，利用PLZT陶瓷光致微位移闭环控制模型，分别模拟PLZT陶瓷驱动器的输出位移在光照与光停阶段的变化趋势。当PLZT陶瓷的输出位移S小于目标位移值S_t时，系统调用基于式(6.35)编写的ON函数，并由公式(6.36)计算出初始条件；当PLZT陶瓷的输出位移S大于目标位移值S_t时，系统调用基于公式(6.37)编写的OFF函数，并由式(6.38)计算出初始条件。在光照与光停阶段进行切换时，考虑光快门的响应速度以及PLZT陶瓷本身的迟滞特性，通过随机数产生不定时间的延迟。当仿真时间大于设定时间t_i时，仿真停止，输出基于ON-OFF控制策略的PLZT光致闭环控制曲线。

6.2.4　PLZT陶瓷光致微位移闭环控制仿真结果

根据式(6.32)及表6.1和表6.2所识别的$S-t$模型参数，在Matlab中分别对100 mW/cm^2、200 mW/cm^2、300 mW/cm^{2}和400 mW/cm^{2}光照强度下PLZT陶瓷的输出位移进行伺服控制仿真。采样周期Δt设置为200 ms，目标位移设置为12 μm，仿真时间设置为200 s，不同光照强度下PLZT陶瓷光致微位移闭环控制仿真曲线如图6.10所示。从图中可以看出，对高能紫外光源施加ON-OFF控

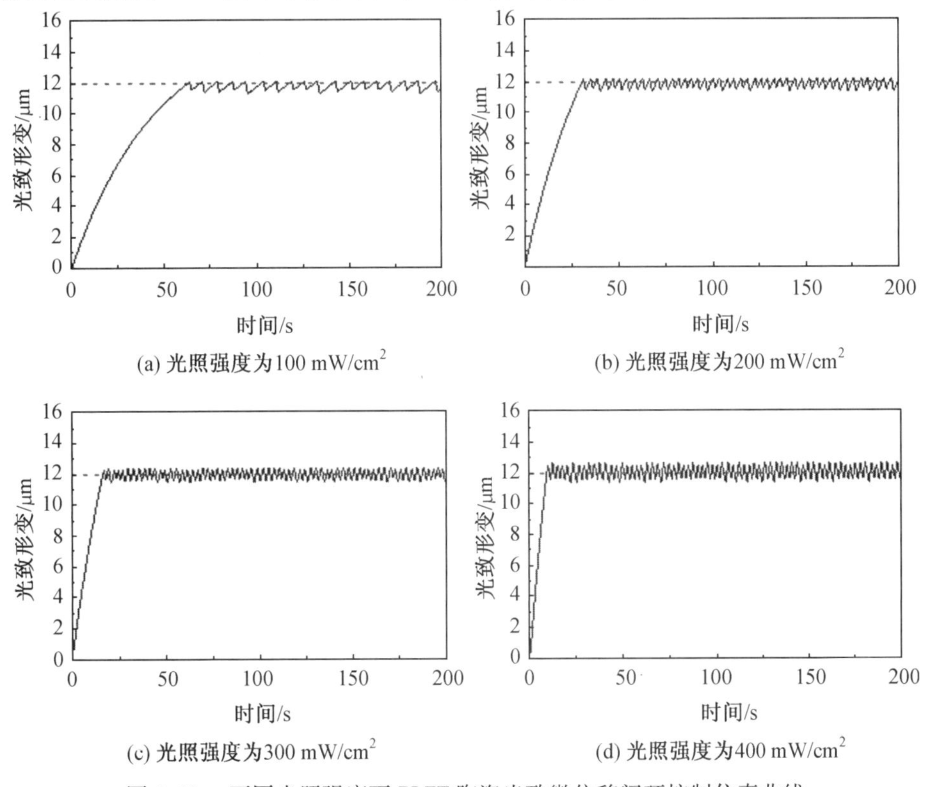

(a) 光照强度为100 mW/cm^2

(b) 光照强度为200 mW/cm^2

(c) 光照强度为300 mW/cm^2

(d) 光照强度为400 mW/cm^2

图6.10　不同光照强度下PLZT陶瓷光致微位移闭环控制仿真曲线

制，能够实现 PLZT 陶瓷输出位移的闭环控制，并且随着光照强度的增加，PLZT 陶瓷的响应速度增加，到达目标位移的时间逐步减小，但是到达目标位移后，PLZT 陶瓷的输出位移曲线围绕目标位移的波动幅度也逐步增加。

6.3 光控微镜用 PLZT 陶瓷执行器的闭环控制实验研究

目前针对 PLZT 陶瓷智能材料的研究主要集中在材料制备和理论建模等方面，对于其应用控制研究也主要通过仿真分析和数值模拟来实现，而对于施加有控制策略的实验验证较为薄弱。PLZT 陶瓷作为一种新型光致形变材料，目前对于其实验研究主要集中在材料本身的光生电压及光致形变特性上，虽然少部分学者开展了基于 PLZT 陶瓷智能结构的主动振动控制开环实验，但是仍然缺乏基于 PLZT 陶瓷的光驱动闭环控制实验研究。前述章节中单片式 PLZT 陶瓷的光致形变静态实验表明，光照下的 PLZT 陶瓷可以产生可观的驱动位移。若要对 PLZT 陶瓷光控伺服系统的输出位移进行有效控制，则需要研究切实可行的控制策略。由于实验条件限制，不易实现对光照强度的实时动态控制，因此本节将采用定光强、变光照时间的控制策略对单片式 PLZT 陶瓷光致形变进行闭环控制实验研究。

6.3.1 PLZT 陶瓷光控伺服系统实验平台

基于简单 ON - OFF 控制策略的 PLZT 陶瓷光致微位移闭环控制实验装置由 PLZT 陶瓷、色散共焦位移传感器、高能紫外光源、光快门及计算机组成。图 6.11 所示为 PLZT 陶瓷光致微位移闭环控制实验原理图及实验台实物照片。在光控伺服系统实验过程中，紫外光源一直处于照射状态，通过光快门的开闭实现入射光的通断。

实验所用的单片式 0 - 1 极化 PLZT 陶瓷由中国科学院上海硅酸盐研究所提供，极化过程在空气中进行且极化温度在居里温度以上，陶瓷片的尺寸参数为 13 mm ×5 mm × 0.8 mm，组分为 3/52/48。高能紫外光源是波长为 365 nm 的 LED - UV 面光源，其光照强度可通过紫外辐照计进行标定。

本实验采用的是美国 Thorlabs 公司生产的 SHB1 型光快门，为实现对紫外光源的闭环控制，需要重新设计光快门的驱动控制电路。图 6.12 所示为光快门的驱动与控制电路，该电路的核心部分是 C8051F410 微控制器。微控制器根据计算机反馈的控制信号改变光快门的状态（开或关）。由于微控制器每个引脚的最大输出电流为 100 mA，而光快门的开启电流需要 0.6 A，因此光快门不能够由微控制器的引脚直接驱动。选择驱动直流电动机实现正反转的 L9110 芯片来驱动光快门实现开关动作，其每个通道能够通过 700 ~ 800 mA 的持续电流，同时它具有较低的输出饱和压降，内置的钳位二极管能释放感性负载的反向冲击电流。光快门通过 Mini Din4 接口与控制器连接。

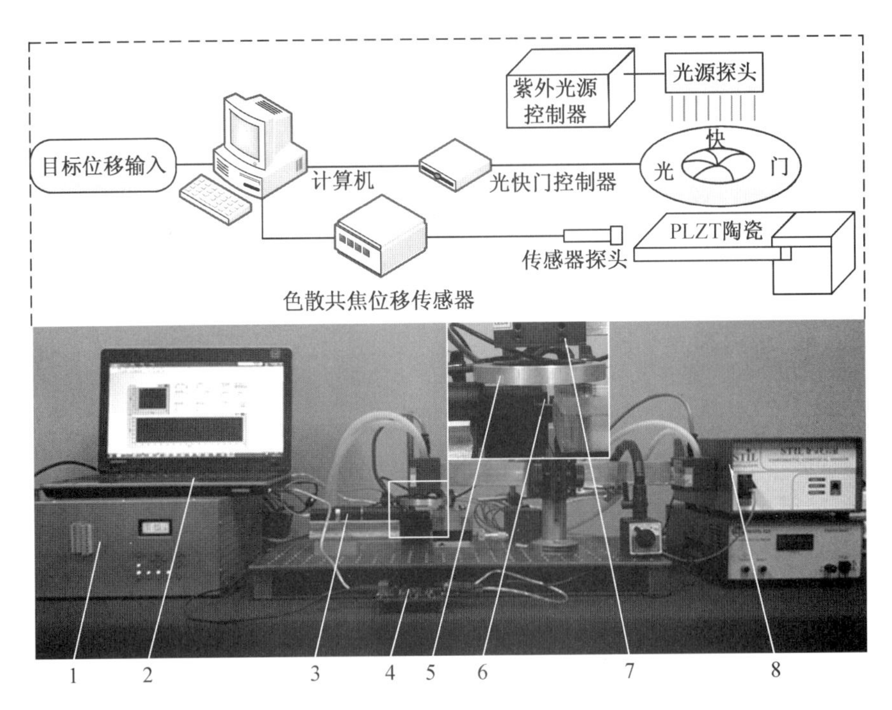

图 6.11　PLZT 陶瓷光致微位移闭环控制实验原理图及实验台实物照片

1— 紫外光源控制器;2— 计算机;3— 非接触式位移传感器探头;4— 光快门控制器;5— 光快门;6—PLZT 陶瓷;7— 紫外光源探头;8— 非接触式位移传感器控制器

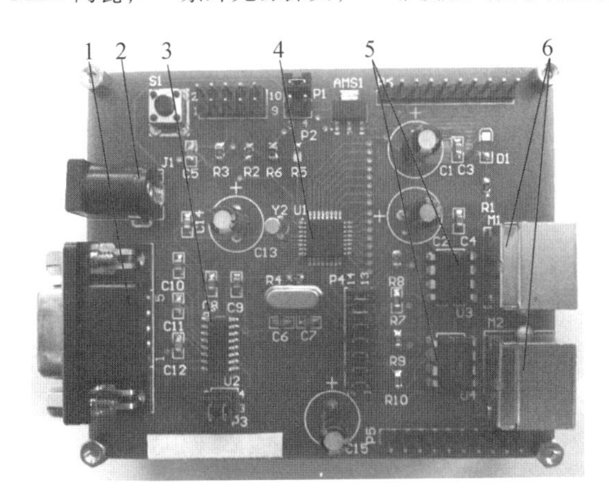

图 6.12　光快门的驱动与控制电路

1— 串行接口;2— 电源供电接口;3—Max3232 芯片;4— 微控制器 C8051F410;5—L9110 芯片;6— 光快门 Mini Din4 接口

实验中高能紫外光源垂直照射在 PLZT 陶瓷的上表面,其自由端的位移通过色散共焦位移传感器(STIL Initial 12) 进行测量,并将数据实时传输到计算机中。由于 PLZT 陶瓷光致微位移闭环控制实验需要实时利用所测得的位移数据进行控制和反馈,因此需要对色散共焦位移传感器的上位机软件进行二次开发。在本次实验中,采用 LabVIEW 软件编写上位机程序,LabVIEW 程序的前面板如图 6.13 所示。该程序分为两个线程,即数据采集线程和光快门控制线程。此外,采集到的位移数据能够直接显示在前面板上,并通过队列从数据采集线程实时发送到光快门控制线程。实验结束后,按下停止按钮,整个实验数据能够以图形的形式在波形图表窗口中得以显示。

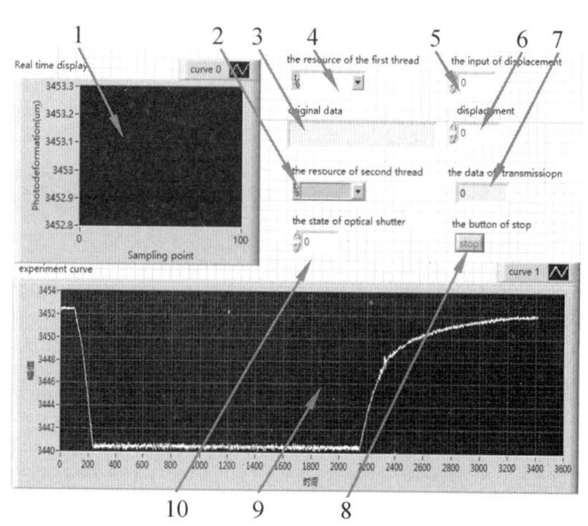

图 6.13　LabVIEW 程序的前面板

1— 位移数据实时显示窗口;2— 线程 2 资源;3— 原始采样数据;4— 线程 1 资源;5— 目标位移输入窗口;6— 位移值实时显示;7— 线程间数据传递;8— 停止按钮;9— 实验曲线完整显示窗口;10— 光快门状态标志变量

6.3.2　简单 ON - OFF 控制策略

根据 ON - OFF 控制策略的实现方式,结合 PLZT 陶瓷光致微位移闭环控制实验装置的特性,设置控制实验流程,简单 ON - OFF 控制策略如图 6.14 所示。

(1) 光快门保持开启状态,打开上位机软件,输入目标位移值,启动色散共焦位移传感器,开始位移数据采集。

(2) 开启高能紫外光源,直接照射在 PLZT 陶瓷的上表面,PLZT 陶瓷产生光致形变,自由端输出位移增加。

(3) 色散共焦位移传感器实时采集 PLZT 陶瓷自由端的动态位移变化,将结果反馈到计算机上,与目标位移做对比。

(4) 实时位移 X 大于目标位移 X_t,则将“OFF” 赋值给变量 Z_c;反之,则将“ON” 赋值给 Z_c。将 Z_c 与状态变量 Z_n 进行比较,如果二者一致,则没有任何操

作;如果二者不一致,则将 Z_c 发送给光快门控制器。光快门状态发生改变后,将改变后的状态反馈给计算机,修正状态变量 Z_n 的值。

(5) 实验结束,点击“STOP”按钮后,位移数据采集中断,ON - OFF 控制结束,进行数据保存。

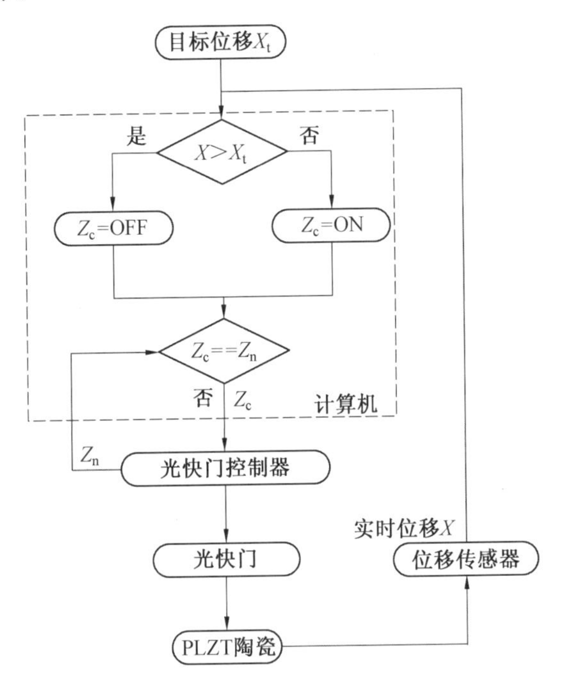

图 6.14　简单 ON - OFF 控制策略

6.3.3　简单 ON - OFF 策略 PLZT 陶瓷光致微位移闭环控制实验结果

根据上述实验装置,设置采样周期为 200 ms,PLZT 陶瓷目标位移值为 12 μm,图 6.15 所示为 PLZT 陶瓷光致微位移闭环控制实验曲线。

如图 6.15(a) 所示,100 mW/cm^2 光照强度下,PLZT 陶瓷驱动器自由端位移经过 53 s 达到目标值,然后位移曲线围绕目标值上下波动。同时,由图示位移曲线可以看出,波峰距离目标值的平均偏差为 0.2 μm,波谷距离目标值的平均偏差为 0.8 μm,即平均波高为 1 μm。

如图 6.15(b) 所示,200 mW/cm^2 光照强度下,PLZT 陶瓷驱动器自由端位移经过 40 s 达到目标值,然后位移曲线围绕目标值上下波动。同时,由图示位移曲线可以看出,波峰距离目标值的平均偏差为 0.3 μm,波谷距离目标值的平均偏差为 0.8 μm,即平均波高为 1.1 μm。

如图 6.15(c) 所示,300 mW/cm^2 光照强度下,PLZT 陶瓷驱动器自由端位移经过 24 s 达到目标值,然后位移曲线围绕目标值上下波动。同时,由图示位移曲线可以看出,波峰距离目标值的平均偏差为0.5 μm,波谷距离目标值的平均偏差为0.8 μm,即平均波高为1.3 μm。

如图 6.15(d) 所示,400 mW/cm^2 光照强度下,PLZT 陶瓷驱动器自由端位移经过 15 s 达到目标值,然后位移曲线围绕目标值上下波动。同时,由图示位移曲线可以看出,波峰距离目标值的平均偏差为0.9 μm,波谷距离目标值的平均偏差为0.8 μm,即平均波高为1.7 μm。

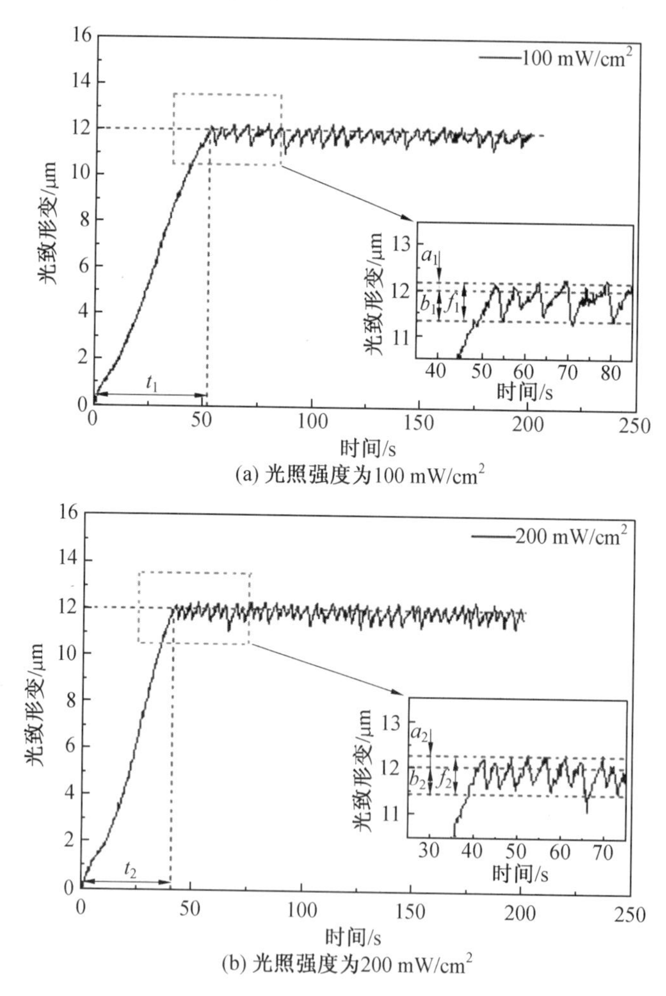

(a) 光照强度为100 mW/cm^2

(b) 光照强度为200 mW/cm^2

图 6.15　PLZT 陶瓷光致微位移闭环控制实验曲线

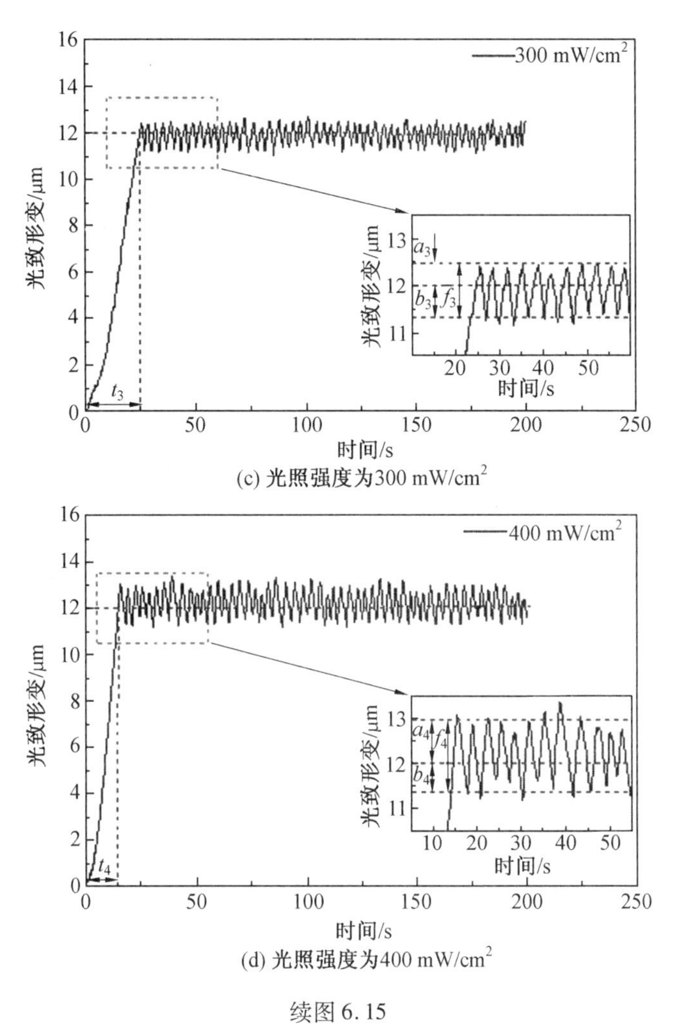

(c) 光照强度为300 mW/cm²

(d) 光照强度为400 mW/cm²

续图 6.15

通过对上述实验结果分析可知如下两点。

(1) 通过对紫外光源施加简单 ON－OFF 控制策略,能够实现 PLZT 陶瓷输出位移的闭环伺服控制,并且紫外光的强度越强,PLZT 陶瓷驱动器自由端的位移响应速度越快,即到达目标位移所用时间越少。

(2) PLZT 陶瓷驱动器自由端输出位移曲线的平均波动高度随着光照强度的增强而增大。另外,通过对比发现,波高的增大主要是因为波峰与目标位移之间的上偏差随着光照强度的增大而有所增加,而波谷与目标位移的距离几乎没有发生变化。即光照强度越强,在相同的时间间隔内,位移值上升得越多;然而,在停止光照期间,位移的下降值却没有随着光照强度的变化而改变。

6.3.4 改进型 ON – OFF 控制策略

为进一步提高控制精度,可以采用改进控制策略或提高采样频率等方法。图6.16所示为PLZT陶瓷光致微位移的改进型ON – OFF控制策略。首先输入目标位移X_t,由位移传感器测得的PLZT陶瓷驱动器自由端位移数据X被实时传送给计算机。在计算机中,基于LabVIEW编写的上位机软件,通过队列将位移数据从数据采集线程传递到光快门控制线程。在光快门控制线程中,将实时位移数据X与目标位移X_t进行比较。如果X大于X_t,则由比较结果产生一个“OFF”命令,并寄存在变量Z_c中,将Z_c保存的命令与当前系统中保存的光快门状态变量Z_n进行比较,如果二者不一致,则将Z_c的值赋给Z_n,并将Z_n发送给光快门控制器,即关闭光快门;相反,如果X小于X_t,则由比较结果产生一个“ON”命令,并寄存在变量Z_c中,将Z_c保存的命令与当前系统中保存的光快门状态变量Z_n进行比较,如果两者不一致,则将Z_c的值赋给Z_n,并将Z_n发送给光快门控制器,即打开光快门。为确保系统保存的光快门状态变量与光快门当前状态一致,光快门控制器每隔0.5 s向计算机发送一次当前光快门状态Z_0。如果光快门状态变量Z_n与Z_0不一致,则Z_0将此刻的光快门状态赋值给Z_n。通过这种“开环控制,闭环监测”的方式,在确保系统不会出错的前提下,能够有效地提高光快门的响应速度。

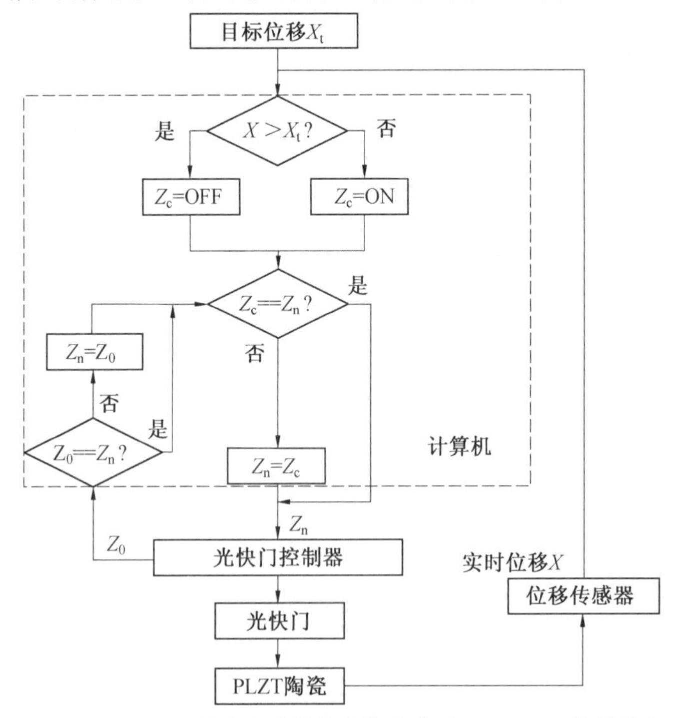

图6.16 PLZT陶瓷光致微位移的改进型ON – OFF控制策略

6.3.5　改进型ON－OFF策略的PLZT陶瓷光致微位移闭环控制实验结果

400 mW/cm² 光照强度,采样周期设置为200 ms条件下,基于改进型ON－OFF控制策略的PLZT陶瓷自由端位移伺服控制曲线如图6.17所示,其波高较未改进的ON－OFF控制策略有了明显的减小。

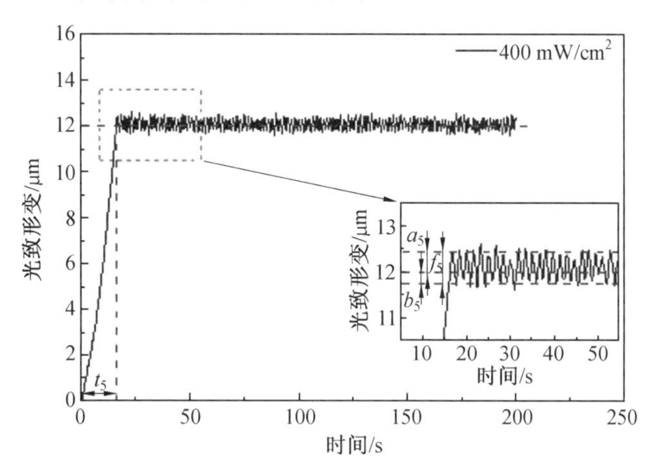

图6.17　基于改进型ON－OFF控制策略的PLZT陶瓷自由端位移伺服控制曲线

此外,采样周期对于光驱动伺服控制系统的精度有很大的影响。如果将采样周期由200 ms调整为100 ms,控制策略和光照强度保持不变,则得到的PLZT陶瓷驱动器自由端位移输出曲线如图6.18所示。将图6.18与图6.17进行对比可以明显看出,缩短采样周期可进一步提高光驱动伺服控制系统的精度。

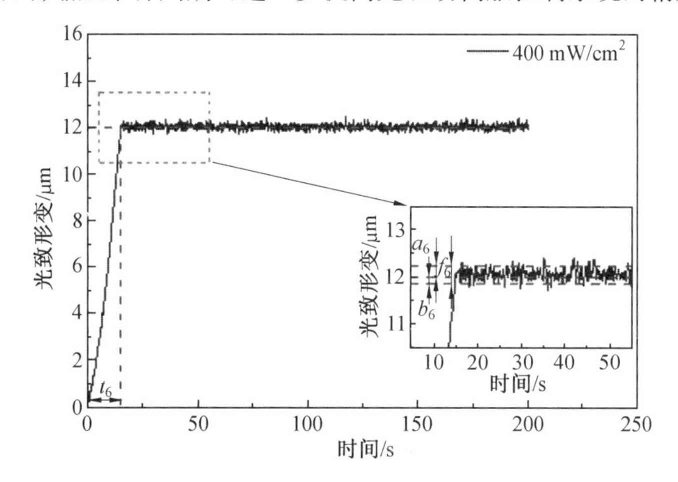

图6.18　PLZT陶瓷驱动器自由端位移输出曲线

6.3.6 PLZT陶瓷光致微位移多目标闭环控制实验

实际工程应用中，PLZT陶瓷的光致形变位移需要动态调整，因此本部分将进行PLZT陶瓷多目标的位移闭环控制实验，验证对单片式PLZT陶瓷光致形变位移进行动态调整的可行性以及ON－OFF控制策略在多目标位移控制的有效性。将目标位移分别设置为12 μm和18 μm，采样周期设置为100 ms，在400 mW/cm^{2}光照强度下进行改进型ON－OFF控制策略实验，得到PLZT陶瓷多目标位移的动态控制曲线，如图6.19所示。

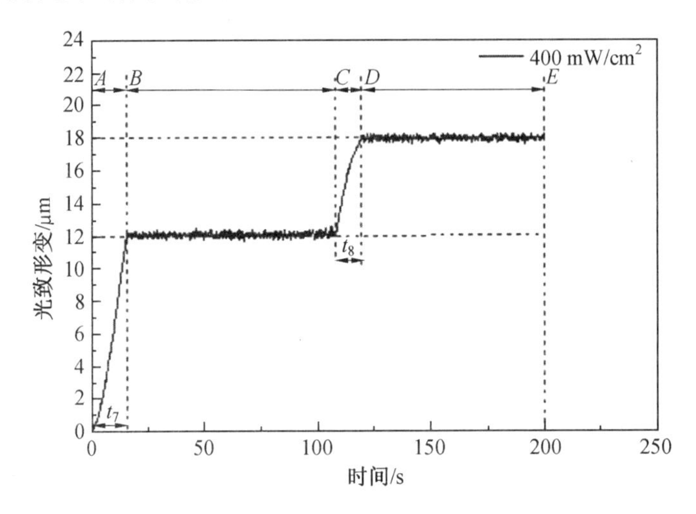

图6.19　PLZT陶瓷多目标位移的动态控制曲线

从图6.19中可以观察到，在A点处开启光源，高能紫外光开始对单片式PLZT陶瓷上表面进行照射；PLZT陶瓷的光致形变位移曲线在B点处达到目标位移值12 μm，然后光致形变位移在光驱动伺服控制系统作用下围绕目标位移值上下波动，保持在12 μm左右；在C点处，将目标位移值改为18 μm，在高能紫外光源的持续照射下，PLZT陶瓷继续伸长；在D点处，光致形变位移达到新的目标位移值18 μm，此后光致形变位移再次围绕此18 μm目标值上下波动。

从该实验结果中可知，利用PLZT陶瓷进行直接驱动的光驱动伺服系统可以满足不同光致形变位移的输出要求，并且具有较高的动态控制精度，但是由于单片式PLZT陶瓷光致形变响应速度以及最大输出位移的限制，因此在不同光致形变目标值之间切换时响应速度较慢，调节时间较长，单片式PLZT陶瓷的光致形变只适用于低频的微驱动。

6.4　本章小结

本章首先介绍了光控微镜平移和旋转驱动机构；然后基于 PLZT 陶瓷在光照阶段的多物理场耦合模型以及光停阶段电压与形变的特性，推导出了 PLZT 陶瓷光致微位移闭环控制理论模型，并利用 ON - OFF 控制策略，在 Matlab 软件中基于上述理论模型对所提出的新型驱动机构进行了闭环控制仿真分析；最后利用 LabVIEW 软件编写数据采集、处理和控制软件，结合色散共焦位移传感器和高阻抗静电电压测试仪，构建了信号采集、处理及控制系统，开展了 PLZT 陶瓷的光致微位移闭环伺服控制实验研究。仿真与实验结果显示，PLZT 陶瓷驱动器能够实现对微镜装置的闭环伺服控制，为 PLZT 陶瓷在微驱动领域的工程应用提供了理论依据。

本章参考文献

[1] ZHU Y, LIU W, JIA K, et al. A piezoelectric unimorph actuator-based tip-tilt-piston micromirror with high fill factor and small tilt and lateral shift[J]. Sensors and Actuators A: Physical, 2011, 167(2): 495-501.

[2] KOH K H, KOBAYASHI T, LEE C. Investigation of piezoelectric driven MEMS mirrors based on single and double S-shaped PZT actuator for 2-D scanning applications[J]. Sensors and Actuators A: Physical, 2012, 184: 149-159.

[3] CHO I J, YOON E. A low-voltage three-axis electromagnetically actuated micromirror for fine alignment among optical devices[J]. Journal of Micromechanics and Microengineering, 2009, 19(8): 085007.

[4] BERNSTEIN J J, TAYLOR W P, BRAZZLE J D, et al. Electromagnetically actuated mirror arrays for use in 3-D optical switching applications[J]. Journal of Microelectromechanical Systems, 2004, 13(3): 526-535.

[5] IZHAR U, IZHAR A B, TSTIC-LUCIC S. A multi-axis electrothermal micromirror for a miniaturized OCT system[J]. Sensors and Actuators A: Physical, 2011, 167(2): 152-161.

[6] PAL S, XIE H. A curved multimorph based electrothermal micromirror with large scan range and low drive voltage[J]. Sensors and Actuators A:

Physical,2011,170(1):156-163.

[7] PIYAWATTANAMETHA W,PATTERSON P R,HAH D,et al. Surface-and bulk-micromachined two-dimensional scanner driven by angular vertical comb actuators[J]. Journal of Microelectromechanical Systems,2005, 14(6): 1329- 1338.

[8] BAI Y,YEOW J T W,CONSTANTINOU P,et al. A 2-D micromachined SOI MEMS mirror with sidewall electrodes for biomedical imaging[J]. IEEE/ASME Transactions on Mechatronics,2010,15(4):501-510.

[9] HUANG J H,WANG X J,CHENG W X,et al. Experimental investigation on the hysteresis phenomenon and the photostrictive effect of PLZT with coupled multi-physics fields[J]. Smart Materials and Structures,2015, 24(4): 045002.

[10] HUANG J H,WANG X J,WANG J. A mathematical model for predicting photo-induced voltage and photostriction of PLZT with coupled multi-physics fields and its application[J]. Smart Materials and Structures,2016, 25(2): 025002.

[11] ZHANG X M,CHAU F S,QUAN C,et al. A study of the static characteristics of a torsional micromirror[J]. Sensors and Actuators A:Physical,2001, 90(1): 73-81.

[12] 刘鸿文. 材料力学[M].5 版. 北京:高等教育出版社,2010.

[13] 黄家瀚. 0 - 1 极化 PLZT 陶瓷光致特性及光控微镜驱动基础研究[D]. 南京:南京理工大学,2016.

第7章

轴向预压缩压电双晶片大位移变形作动器

主动变形机翼能够适应不同飞行任务的要求，获得最佳的气动性能，然而传统的变形机翼需要大量的机械部件，由此增加的质量、复杂度和维护成本几乎抵消了变形带来的好处[1]。近年来发展的智能材料变形结构为解决以上问题提供一种途径，基于压电材料、形状记忆合金、磁致伸缩材料、电致活性聚合物等智能材料的结构能够在外部电磁能的激励下直接产生变形，减小飞行器变体结构的舱内占用空间以及零部件数量，并提高能量转化效率及气动效率。

在众多智能材料结构中，压电双晶片具有工作频带宽、定位精度高的特点，适用于微小型飞行器的飞行控制，但较小的输出位移限制了其在大幅变形翼中的应用。为此，近年来发展了一些增大压电双晶片位移的技术，其中轴向预压缩法能够减小压电双晶片横向弯曲刚度[2]，使其在输入电压不变的情况下大幅提高输出位移，保持输出力或力矩，从而提高机电能量转化效率，并具有较宽的工作频带，而且输出位移是连续可控的，该方法在微小型飞行器领域具有广阔的应用前景。

7.1 轴向预压缩压电双晶片力学模型及验证

轴向预压缩压电双晶片(Axially Pre-compressed Bimorph,APB)是一种能够增大输出转角数倍，并保持输出力矩和较大工作带宽的微小型压电作动器，具有较高的机电转化效率，十分适合机载能源紧张且对控制带宽要求较高的微小型飞行器的舵面控制[3]。APB 作为本章的研究对象,需要对其基本力学特性进行研究。本节通过对 APB 静/动力学解析公式推导、有限元仿真及实验验证三种手段,对其基本力学特性进行全面深入的研究和讨论。

7.1.1 APB 力学解析模型

1. 静力学解析模型

图 7.1 所示为压电双晶片结构,压电双晶片由两层压电材料层通过黏合剂(通常为环氧树脂胶)与中间基层贴合。通过对上、下压电材料层施加反向电压,从而在上、下压电材料层中产生反向应变,使其发生弯曲。中间基层可以是钢、铝等金属材料,也可以是碳纤维复合材料、高分子等其他材料。图中的 x、y、z 方向分别表示压电双晶片的长度、厚度和宽度方向。考虑到胶层很薄,所以忽略胶层在压电层与中间基层之间的变形传递损失,即认为压电材料层和中间基层理想黏结。

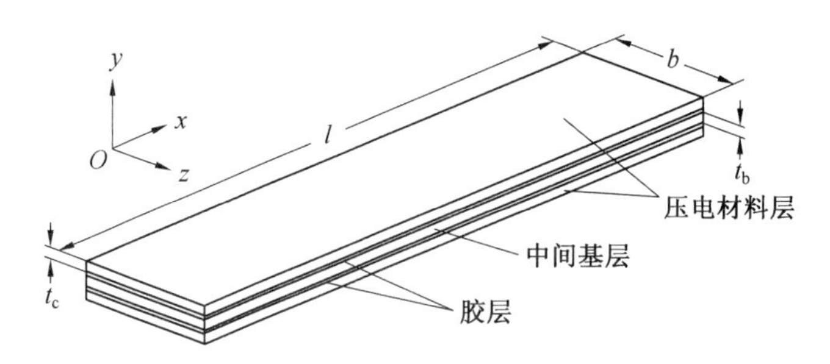

图 7.1　压电双晶片结构

APB 变形分析如图 7.2 所示,图中 $y(x)$ 为仅对上、下压电材料层分别施加反向电场 $\pm\varphi$ 产生的初始弯曲变形,输出端部有一扭簧,设输出力矩为 M_{ex},输出转角为 θ,两端 $\pm M_{ex}/L$ 为由 M_{ex} 引起的支反力,$M_{ex}=\theta\times K_t$,K_t 为扭转刚度,$\psi=\tilde{y}-y$ 是受轴向力和端部力矩后的位置 $\tilde{y}$ 和仅受压电力矩形状位置 y 之差。因此,可得

$$M(x)=-F_a(\psi+y)+M_{ex}\left(\frac{x}{L}-\frac{1}{2}\right) \tag{7.1}$$

根据 $M=EI\dfrac{d^2\psi}{dx^2}$ 可得

$$\frac{d^2\psi}{dx^2}=-\frac{F_a}{EI}(\psi+y)+\frac{M_{ex}}{EI}\left(\frac{x}{L}-\frac{1}{2}\right) \tag{7.2}$$

视压电双晶片为复合梁,并假设压电双晶片长、宽比较大,则压电双晶片复合梁的弯曲刚度为

$$EI = E_c t_c b\left(\frac{2}{3}t_c^2 + t_b t_c + \frac{1}{2}t_b^2\right) + \frac{1}{12}E_b t_b^3 b$$

式中　E_c—— 压电材料弹性模量；

E_b—— 基层弹性模量。

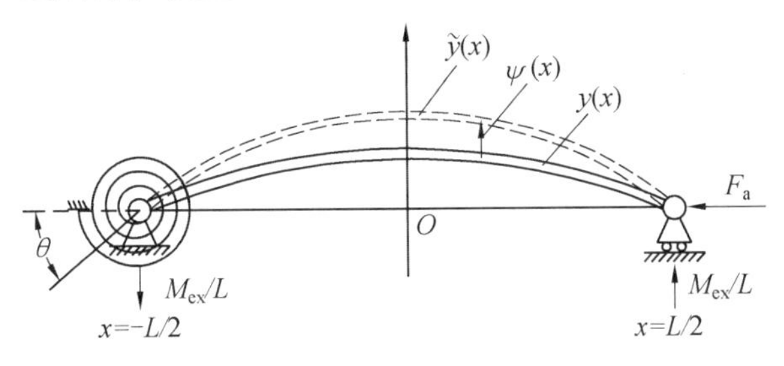

图7.2　APB变形分析

压电效应产生的弯矩为

$$M_z = E_c b\Lambda\int_{\frac{t_b}{2}}^{\frac{t_b}{2}+t_c} z\mathrm{d}z - E_c b\Lambda\int_{-\left(\frac{t_b}{2}+t_c\right)}^{-\frac{t_b}{2}} z\mathrm{d}z = E_c b\Lambda\left[\left(\frac{t_b}{2} + t_c\right)^2 - \frac{t_b^2}{4}\right] \tag{7.3}$$

式中　Λ—— 由 y 方向的电场强度 φ 在 x 方向上产生的应变，$\Lambda = d_{31} \times \varphi$；

d_{31}—— 压电应变常数。

于是，可得到仅由压电效应产生的曲率 $\kappa = M_z/EI$，根据初始曲率 κ，设初始形状位置 y 为

$$y = -\frac{1}{2}\kappa x^2 + \frac{1}{8}\kappa L^2 \tag{7.4}$$

将式(7.4)代入式(7.2)中，可得到 ψ 的通解为

$$\psi = A\cos\left(\sqrt{\frac{F_a}{EI}}x\right) + B\sin\left(\sqrt{\frac{F_a}{EI}}x\right) + \frac{1}{2}\kappa x^2 + \frac{M_{ex}}{F_a L}x - \frac{EI}{F_a}\kappa - \frac{1}{8}\kappa L^2 - \frac{M_{ex}}{2F_a} \tag{7.5}$$

式中　A、B—— 待定系数。

根据边界条件 $\tilde{y}'|_{x=0} = 0, \tilde{y}|_{x=-\frac{L}{2}} = 0$ 可得

$$A = \frac{2\kappa EI - M_{ex}}{2F_a\cos\left(\sqrt{\frac{F_a}{EI}}\frac{L}{2}\right)},\quad B = \frac{-M_{ex}}{2F_a\sin\left(\sqrt{\frac{F_a}{EI}}\frac{L}{2}\right)} \tag{7.6}$$

最终得到

$$\tilde{y} = \kappa\frac{EI}{F_a}\left[\frac{\cos\left(\sqrt{\frac{F_a}{EI}}x\right)}{\cos\left(\sqrt{\frac{F_a}{EI}}\frac{L}{2}\right)} - 1\right] + \frac{M_{ex}}{2F_a}\left[\frac{\cos\left(\sqrt{\frac{F_a}{EI}}x\right)}{\cos\left(\sqrt{\frac{F_a}{EI}}\frac{L}{2}\right)} - \frac{\sin\left(\sqrt{\frac{F_a}{EI}}x\right)}{\sin\left(\sqrt{\frac{F_a}{EI}}\frac{L}{2}\right)}\right] +$$

$$\frac{M_{\mathrm{ex}}}{F_{\mathrm{a}}}\left(\frac{x}{L}-\frac{1}{2}\right) \tag{7.7}$$

对上式在 $x=-\frac{L}{2}$ 处微分，并代入扭簧力矩 $M_{\mathrm{ex}}=\theta\times K_{\mathrm{t}}$，可得到端部转角为

$$\theta=\frac{\kappa\sqrt{\frac{EI}{F_{\mathrm{a}}}}\tan\left(\sqrt{\frac{F_{\mathrm{a}}}{EI}}\frac{L}{2}\right)}{1+\left(\frac{K_{\mathrm{t}}}{F_{\mathrm{a}}}\right)\left\{\frac{1}{2}\sqrt{\frac{F_{\mathrm{a}}}{EI}}\left[\tan\left(\sqrt{\frac{F_{\mathrm{a}}}{EI}}\frac{L}{2}\right)^{-1}-\tan\left(\sqrt{\frac{F_{\mathrm{a}}}{EI}}\frac{L}{2}\right)\right]-\frac{1}{L}\right\}} \tag{7.8}$$

于是便可以得到 APB 输出端部转角和输出力矩的关系，亦即设计空间。本章中设计空间是指作动器在准静态条件下能够达到的，由自由输出位移或转角和阻塞输出力或力矩组成的近似三角形的面积，这是作动能力的一种评价标准。

2. 动力学解析模型

由于 APB 的 1 阶频率决定了其控制带宽、响应速度等重要动态特性，因此建立了以下端部带有端部惯性负载的 1 阶频率动力学模型，端部负载模拟飞控舵面，APB 的动力学分析模型如图 7.3 所示。

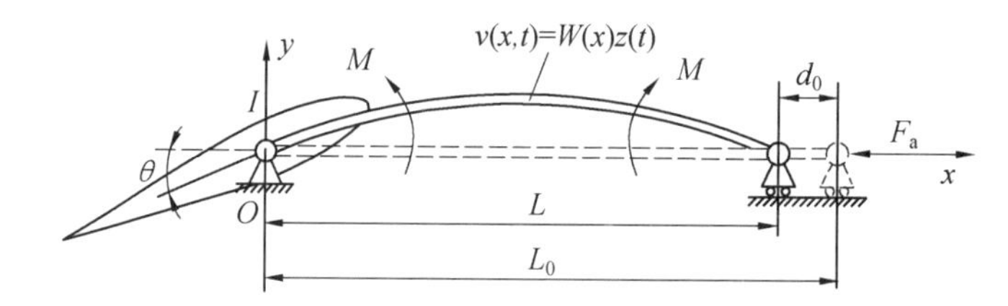

图 7.3　APB 的动力学分析模型

在以上模型中，APB 中的任意一个质点的运动都可以写成 $v(x,t)=W(x)z(t)$，其中假设简支梁横向振动的形状函数为 $W(x)=\sin(\pi x/L)$，$z(t)$ 为 1 阶模态系数。压电双晶片的平均密度为 $\rho=(2\rho_{\mathrm{c}}t_{\mathrm{c}}+\rho_{\mathrm{b}}t_{\mathrm{b}})/(2t_{\mathrm{c}}+t_{\mathrm{b}})$，其中 ρ_{c} 为压电材料密度，ρ_{b} 为中间基层材料密度。

根据虚功原理可以得到压电双晶片以及驱动惯性质量 I 的动能 T 为

$$T=\frac{1}{2}\int_{0}^{L}\rho bt\,(\dot{v})^{2}\mathrm{d}x+\frac{1}{2}I\left(\frac{\dot{z}(t)\,\partial W}{\partial x}\bigg|_{x=0}\right)^{2} \tag{7.9}$$

压电双晶片变形能 U 为

$$U=\frac{1}{2}\int_{0}^{L}EI\,(W'')^{2}\mathrm{d}x \tag{7.10}$$

V 为外力做功，其中第一部分为角频率 ω 的电压驱动的压电力矩做功，第二部分为轴向压力做功。因此，有

$$V=\int_{0}^{L}M(\omega)v''\mathrm{d}x+\frac{1}{2}F_{\mathrm{a}}\int_{0}^{L}(v')^{2}\mathrm{d}x \tag{7.11}$$

式(7.11)中的简支梁的轴向压缩量基于下面的近似几何关系,即

$$L_0 = L + d_0 = \int_0^L \sqrt{1 + (W'(x))^2}\,\mathrm{d}x \approx \int_0^L \left[1 + \frac{1}{2}(W'(x))^2\right]\mathrm{d}x \tag{7.12}$$

最终利用拉格朗日方程得到 APB 的 1 阶模态方程 $m\ddot{z} + kz = f_e(\omega)$,$m$、$k$、$f_e$ 为系统的等效 1 阶模态刚度、质量和激振力,其表达式为

$$m = \rho bt\int_0^L W(x)^2\mathrm{d}x + I(\partial W/\partial x|_{x=0})^2 \tag{7.13}$$

$$k = \int_0^L [EI(W''(x))^2 - F_a(W'(x))^2]\mathrm{d}x \tag{7.14}$$

$$f_e(\omega) = M(\omega)\int_0^L W''(x)\mathrm{d}x \tag{7.15}$$

于是,可得到带有端部转动惯量的压电双晶片在轴向压力下的 1 阶固有频率为

$$f = \frac{1}{2\pi}\sqrt{\frac{\int_0^L [EI(W''(x))^2 - F_a(W'(x))^2]\mathrm{d}x}{\rho bt\int_0^L W(x)^2\mathrm{d}x + I\left(\left.\frac{\partial W}{\partial x}\right|_{x=0}\right)^2}} \tag{7.16}$$

由式(7.16)可知轴向力的施加会减小等效系统刚度,从而减小 1 阶频率,施加端部转动惯量将增大等效系统质量从而减小 1 阶频率。

7.1.2 APB 有限元模型

1.静力学有限元模型

为验证 APB 静力学解析模型,利用商用有限元软件 ANSYS 对其进行有限元建模[4]。其中,上、下压电材料层选用 Solid226 耦合场单元,中间基层选用 Solid186 结构单元,压电材料层和中间基层理想贴合,对其进行机电耦合场几何大变形有限元分析,压电双晶片有限元模型如图 7.4 所示。有限元模型长度为

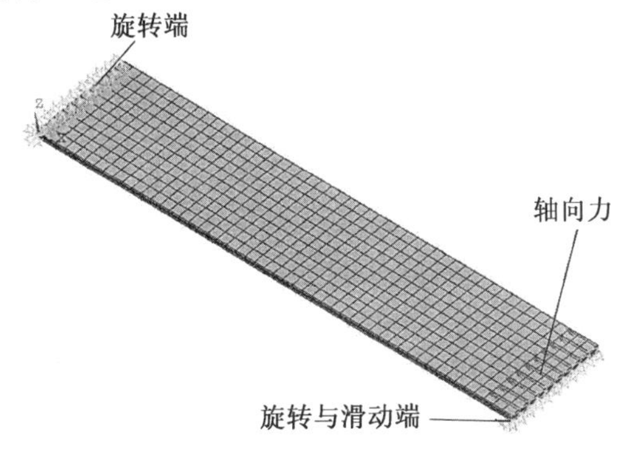

图 7.4　压电双晶片有限元模型

50 mm，宽度为 10 mm，总厚度为 0.6 mm，每层厚度均为 0.2 mm，在长度和宽度方向上单元尺寸为 1 mm，在厚度方向上将压电材料层分为一层，中间基层分为两层，模型中含有 Solid226 单元 1 000 个，Solid186 单元 1 000 个。压电双晶片材料参数见表 7.1。

表 7.1　压电双晶片材料参数

参数	驱动层	中间层
介电常数 $\varepsilon_{33}^{T}/\varepsilon_0$	4 400	
电荷常数 $d_{31}/(\mathrm{pC\cdot N^{-1}})$	-500	
弹性模量 E/GPa	40	10
密度 $\rho/(\mathrm{kg\cdot m^{-3}})$	7 600	1 300

由于 ANSYS 无法直接测得转角和扭矩，因此采用了在 APB 输出端截面的上下顶点分别连接线性弹簧单元的方法来模拟扭簧（图 7.5），当端部输出转角时，一个弹簧拉伸，另一弹簧压缩，再根据弹簧刚度系数和弹簧到转动轴之间的距离便可以得到输出转矩，通过设置不同的弹簧刚度，便可以得到不同的输出转角和输出力矩，从而得到 APB 的设计空间。

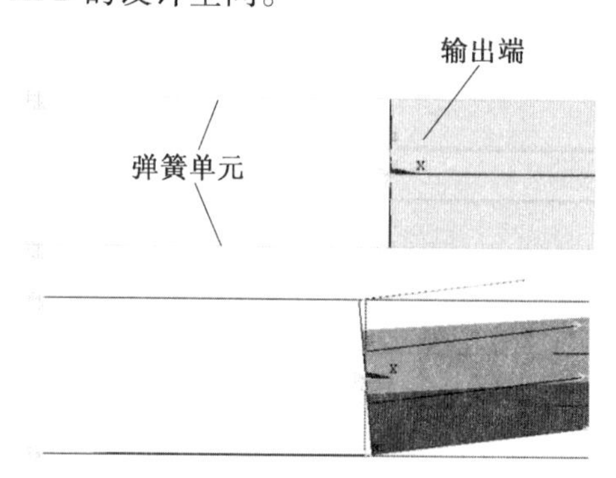

图 7.5　ANSYS 中输出转角和力矩的测量方法（彩图见附录）

2. 动力学有限元模型

APB 动力学有限元模型和静力学有限元模型的尺寸、单元、材料属性、边界条件都一样，在此不再赘述，差别在于在动力学分析过程中首先需要对有限元模型进行一次轴向压缩力作用下的静力学分析，并存储下计算结果作为模态分析的预应力条件，然后再进行模态分析或频响分析。另外，动力学模型还删除了静力学分析中用于测量输出力矩的弹簧单元。

7.1.3　APB 实验设计

1.静力学实验设计

为模拟简支边界条件 APB 受到的轴向压力作用，设计并制作了如图 7.6 所示的 APB 实验平台[5]。

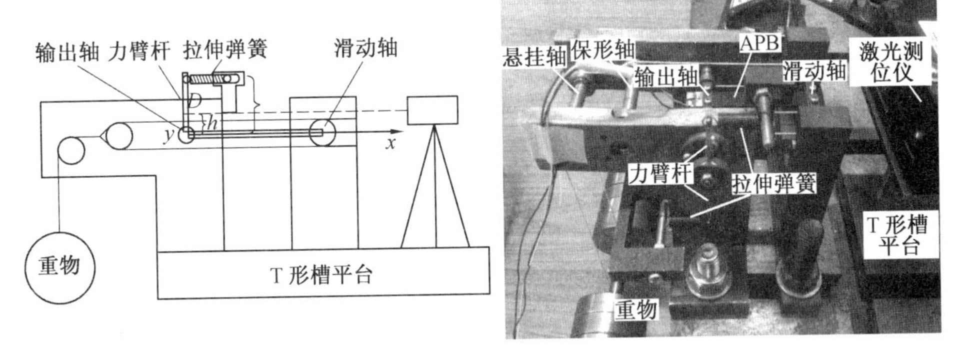

图 7.6　APB 实验平台

图 7.6 中，压电双晶片左侧为固定转动端即输出轴，右侧为滑动转动端即滑动轴，滑动轴可在前底座的滑槽中滑动。为施加轴向压力，将一根绳子套过滑动轴再绕过保形轴汇成一股悬挂于悬挂轴上，通过重物质量的增减来调整轴向压力的大小，保形轴的作用是使得绳套能够水平且平行地给滑动端施加轴向力。为测量 APB 的输出轴转角，在输出轴上固连一金属片作为反射面，利用激光测位仪测量反射面上距离输出轴中心一定高度 h 处的 x 方向位移 Δd。由于转角幅值在 5° 以内，因此可用近似几何关系得到输出轴转角，即

$$\theta = \arctan \frac{\Delta d}{h} \tag{7.17}$$

为测量力矩，将力臂杆的一端和输出轴固定，另一端连接一拉伸弹簧来模拟扭簧。弹簧线性范围的刚度系数 $K = 0.167\ \text{N/mm}$，拉伸弹簧中轴与输出端中轴之间的力臂长 $D = 30\ \text{mm}$，则 APB 输出力矩表示为

$$T = D^2 \times K \times \frac{\Delta d}{h} \tag{7.18}$$

实验利用了 Quarc/Simulink 实时仿真系统以及 QPID 板卡进行数据采集，所用电源为 XE501 - A600. A1 型压电专用功率放大电源，标称电压输出为 - 100 ~ + 600 V，功率带宽大于 1 kHz，位移传感器为基恩士 LK - G80 型激光测位仪。实验所用的压电双晶片试件为江苏联能电子技术有限公司的 QDA60 - 10 - 0.6 型压电双晶片，总长为 60 mm，致动长度为 50 mm，宽度为 10 mm，厚度为 0.6 mm。对压电双晶片施加反向高电压会使得压电陶瓷体被击穿失效，因此对此试件的最大施加电压为 ±90 V。此外，根据简支梁 1 阶屈曲力 $F_{cr} = EI(\pi/L)^2$，得到压电

双晶片的1阶屈曲力为27.6 N。理论上施加的最大压缩轴向力不能超过该值，而实际上可施加的最大压缩轴向力为该值的70%左右，因此对此试件施加的最大轴向力为20.3 N。

2. 动力学实验设计

在静力学位移测量中的反射片的一端固连于输出轴，另一端自由，故可将其视为悬臂梁，由于其固有频率较低，因此为不使反射片的固有频率影响APB的频响结果，在扫频实验中取消了以金属反射片来测量位移的方式，利用激光测位仪直接测量APB中点挠度，再利用假设形状函数，即端部输出角和中点挠度的关系 $\theta = C\pi/L$，得到输出转角动态响应。此外，还通过在输出轴上固连不同惯量的负载来研究负载惯量对动力学特性的影响。

7.1.4 APB力学性能分析

1. 静力学结果及分析

在幅值为30 V、60 V、90 V，频率为0.05 Hz的准静态正弦电压和0 N、8 N、12 N、16 N、20.3 N的轴向力作用下，对压电双晶片进行了静力学实验，得到了输出转角峰峰值，不同电压作用下输出转角随轴向力变化的数值结果和实验结果如图7.7所示。

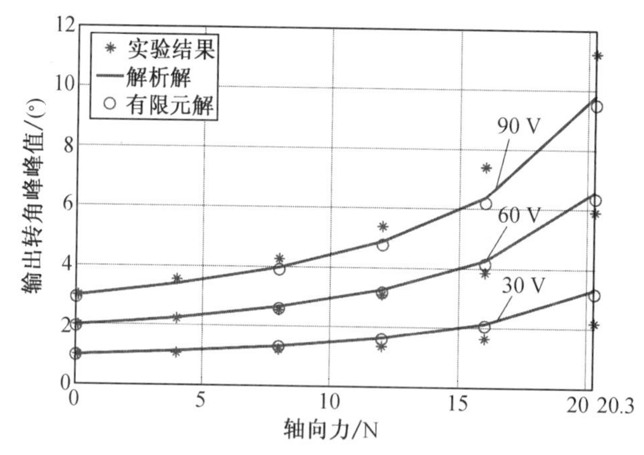

图7.7　不同电压作用下输出转角随轴向力变化的数值结果和实验结果

图7.7中，三种电压情况下的曲线都表明，对压电双晶片施加20.3 N的轴向力，可产生的输出转角较无轴向力时增大三倍以上，当电压为90 V时，输出转角峰峰值达到11.2°。解析模型结果和有限元结果吻合较好，最大误差为1%；实验结果与数值结果趋势符合，但数值有一定差别，最大相对误差为14%，主要是压电双晶片在不同轴向载荷作用下材料的非线性特性造成的，如压电陶瓷材料的刚度非线性及压电常数非线性等。

利用解析模型和有限元模型分别计算在 30 V、60 V、90 V 电压作用下，不同扭转刚度情况下的输出转角和力矩，得到了 APB 的设计空间，并在90 V 电压作用下测量了输出力矩以及转角。三种不同电压作用下 APB 的设计空间如图 7.8 所示。

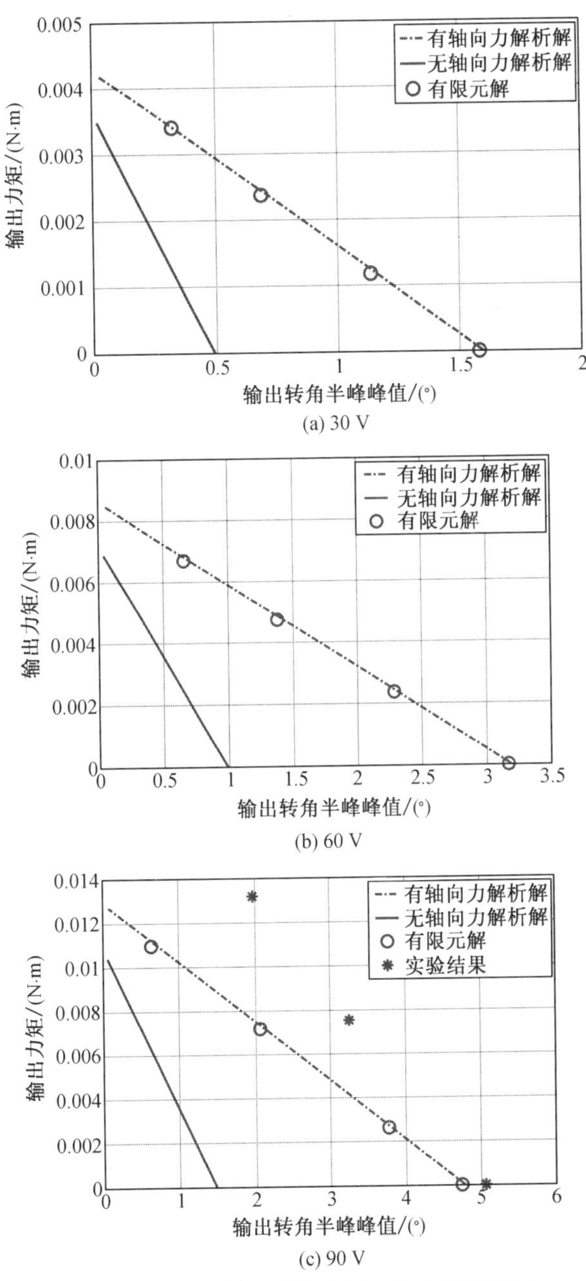

图 7.8　三种不同电压作用下 APB 的设计空间

可以看到,在 30 V、60 V、90 V 三种电压作用下有限元结果和解析结果符合较好,最大误差为 2%。设计空间随着电压增大而成比例增大。在 90 V、20.3 N 轴向压力作用下,APB 阻塞力矩为 0.013 N·m,较原压电双晶片的 0.01 N·m 增大了 30%,最大输出转角半峰峰值达到 5°,较原来增大了 3 倍以上,因此设计空间较原压电双晶片增大了近 4 倍,60 V、30 V 情况类似。此外,由图 7.8(c)可知,在 90 V 电压作用下由拉伸弹簧测量得到的 APB 输出力矩与数值模型结果误差较大,主要是当所测量力矩较小时弹簧拉伸刚度处于非线性段,再加上弹簧本身及实验夹具带来的加工误差,导致输出力矩的测量误差较大,因此需要更精密的测量设备才能得到较准确的测量结果。

2. 动力学结果及分析

(1) 轴向力的影响。

在 0 N、8 N、16 N、20.3 N 的轴向压力作用下,对 APB 进行幅值为 30 V 的正弦线性扫频(选此幅值是为使压电双晶片在共振频率处不发生过大的振动从而折断),频率上限为 500 Hz,采样频率为 2 500 Hz,得到不同轴向力作用下的幅相频响如图 7.9 和图 7.10 所示。

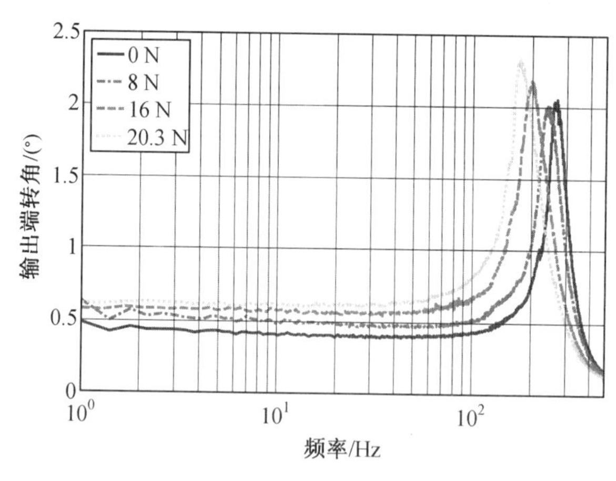

图 7.9　不同轴向力作用下的幅相频响(彩图见附录)

由图 7.9 的幅相频响曲线可知,随着轴向力增大,APB 共振频率下降,共振峰变高。从图 7.10 中的正则幅相频响曲线可见,随着轴向压力的增大,共振峰放大倍数有所减小,说明随着轴向压力的增大,APB 的阻尼增大。此外,从幅相频响曲线可以看到初始低频段就有 10° ~ 20° 的相位滞后,轴向力越大,相位滞后也越大,说明随轴向力的增大,APB 的迟滞效应更加明显。在共振峰后,相位滞后达到 −220°,这主要是由回路中各环节的反应时间延迟引起的。

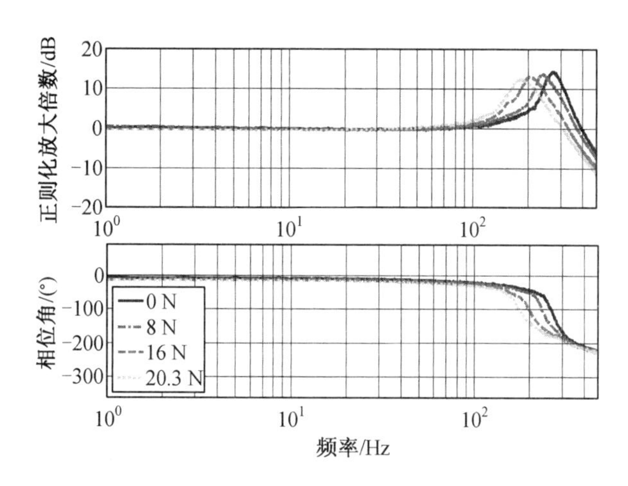

图7.10　不同轴向力作用下的正则幅相频响(彩图见附录)

此外,还可以在正则幅相频响曲线上利用半功率点法得到压电双晶片在四种不同轴向压力作用下的相对阻尼比ζ,半功率点法求不同轴向力下阻尼比如图7.11所示,可知随着轴向力的增大,阻尼比ζ增加。

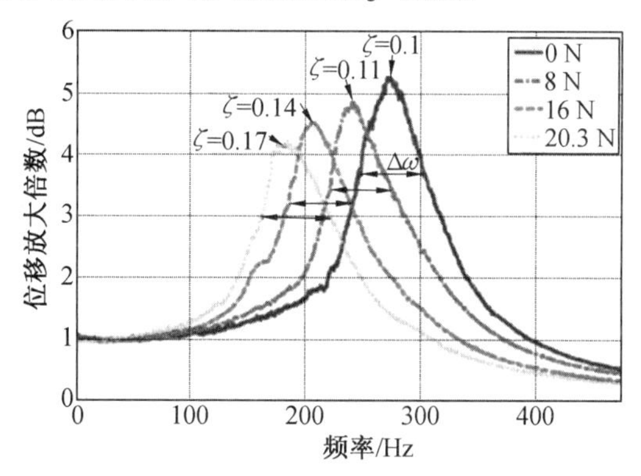

图7.11　半功率点法求不同轴向力下阻尼比(彩图见附录)

(2)端部转动惯量的影响。

针对两个不同转动惯量的钢质圆盘,圆盘1的直径为15 mm,厚度为5 mm;圆盘2的直径为20 mm,厚度为5 mm。根据圆柱体关于中轴的转动惯量公式$I = 0.5\times mr^2$,则可以得到圆盘1的转动惯量$I_1 = 0.195\ \mathrm{kg\cdot mm^2}$,圆盘2的转动惯量$I_2 = 0.615\ \mathrm{kg\cdot mm^2}$。分别将两种惯性质量的圆盘固定于APB输出轴作为负载,进行动力学扫频实验,得到在不同负载情况下APB的1阶固有频率随轴向力变化的对比曲线,如图7.12所示。可知,1阶固有频率随着负载惯量的增大而下降,频率减小的速度是逐渐减缓的。可以看到,当负载惯量为0.615 kg·mm^2、轴向力为20.3 N时,1阶固有频率达到80 Hz,这一结果远大于现有的微小伺服舵机。

图7.12中的实验结果与数值结果的误差主要还是由压电双晶片在不同轴向压力载荷下材料参数的非线性特性导致的。

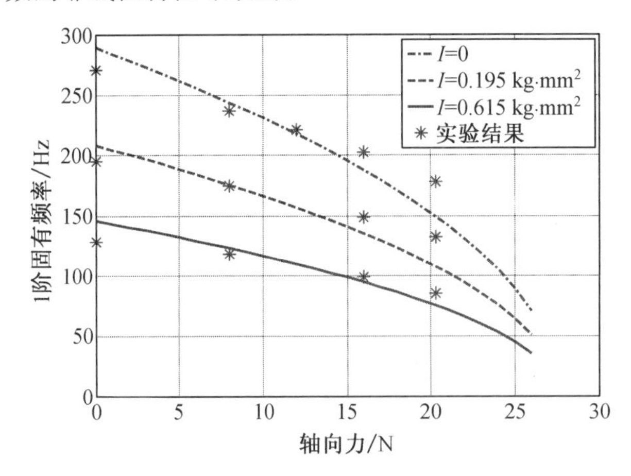

图7.12　不同负载情况下APB的1阶固有频率随轴向力变化的对比曲线

(3)功率响应分析。

为研究APB的功率响应,将压电材料层视为电容设计以下电流测量回路,APB功率测量回路如图7.13所示。将1个100 Ω的电阻与压电材料串联,对回路施加幅值为30 V,频率上限为500 Hz的正弦扫频电压,测量电阻上的电压U_o,可得到通过电阻的电流。

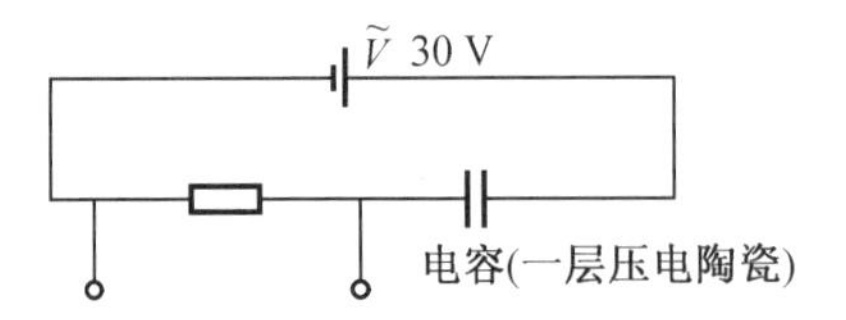

图7.13　APB功率测量回路

由于施加在100 Ω电阻上的电压值相对于施加在压电材料的激励电压很小($\ll 1\%$),因此可以认为激励电压全部加在压电材料上。于是,根据电学功率计算公式$P = U \times I$,便可以利用电流的大小来表征压电材料的能量消耗。通过实验得到不同轴向力作用下表征输入功率的电流频率响应曲线,如图7.14所示。可知,在低频段,不同轴向力作用下的电流响应大小相当,表明输入功率大致相等。而由图7.9可知,在低频段,轴向力越大,则幅值越大,这表明输出功率随轴向力的增加而增大。在图7.14中观察共振峰值处可以发现,随着轴向力的增大,电流响应反而减小,表明输入功率随轴向力增大而减小;还可知随着轴向力的增大,位移共振峰值有所增大,因此输出功率也有所增大。结合低频段和共振峰处的结果可以得到以下结论:增大轴向压缩力可以提高压电双晶片作动器的机电转化效率。

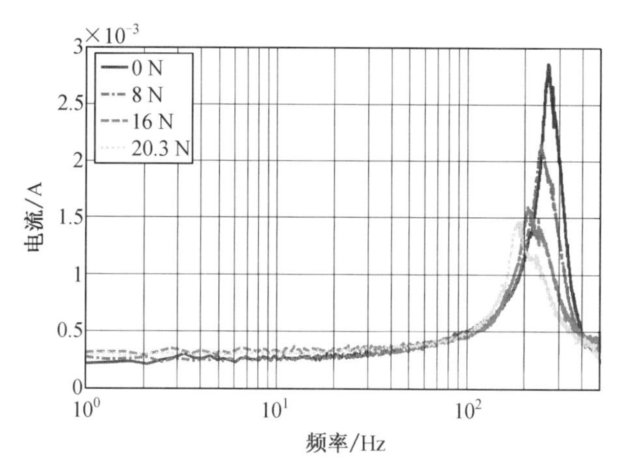

图 7.14　不同轴向力作用下表征输入功率的电流频率响应(彩图见附录)

7.2　轴向预压缩压电双晶片迟滞建模及控制

压电作动器的作动能力和控制精度是决定作动器性能的两个重要方面,即便作动能力能够达到要求,而控制精度不能满足要求,则仍无法作为可靠的飞控作动器[6]。对压电双晶片施加不同轴向力和不同频率电压的可知,随着轴向压力的增大,APB 的迟滞加重;随着施加电压频率增大,滞回环幅值有所减小,这是一种典型的率相关迟滞系统。为掌握 APB 的率相关迟滞规律,并在此基础上进行线性化控制,首先需要建立准确的模型。由于 Bouc - Wen 模型具有参数少、逆模型易求、分离式率相关迟滞模型较容易建立等特点[7,8],本节将通过参数识别建立 APB 基于 Bouc - Wen 模型的 Hammerstein 率相关迟滞非线性模型[9],并通过实验验证该模型的有效性,再基于迟滞模型建立 APB 的线性化控制回路并进行实验验证。

7.2.1　APB 迟滞率相关模型和参数识别

1. Bouc - Wen 模型

Bouc - Wen 模型中将迟滞曲线看成线性分量和迟滞分量的叠加,压电双晶片的模型为

$$\begin{cases} x(t) = X(t) - h(t) = dV(t) + x_0 - h(t) \\ \dot{h}(t) = \alpha\dot{V}(t) - \beta|\dot{V}(t)||h(t)|^{n-1}h(t) - \gamma\dot{V}(t)|h(t)|^{n} \end{cases} \tag{7.19}$$

式中　$x(t)$——APB 中点输出位移;

$X(t)$—— 线性位移分量；

$h(t)$—— 迟滞位移分量；

$V(t)$—— 激励电压；

d—— 输出位移与激励电压的比例系数；

x_0—— 初始位移；

α、β、γ—— 滞回环形状控制参数；

n—— 屈服的尖锐程度参数。

由式(7.19)可知，只要确定了 d、x_0、α、β、γ 和 n，则可以利用 Bouc - Wen 模型来预测任何电压幅值下的压电作动器输出位移 - 激励电压的迟滞曲线。

2. Bouc - Wen 模型的参数识别

首先分别对 APB 输入两个低频周期为 T 的电压信号 $V(t)$ 和 $U(t)$（其中 $U(t) = V(t) + q$，q 为常数，在此 q 取 1 V），得到对应的输出位移分别为 $x(t)$ 和 $y(t)$。由式(7.19)中的第一式可得

$$\begin{cases} x(t) = dV(t) + x_0 - h(t) \\ y(t) = dU(t) + x_0 - h(t) \end{cases} \tag{7.20}$$

整个采样过程取 m 个时刻，再将以上两式在相应时刻处相减，便可得到比例系数 d 为

$$d = \frac{1}{mq}\sum_{i=1}^{m}(y_i - x_i) \tag{7.21}$$

其次，由于假设迟滞位移分量 $h(t)$ 在整个周期 T 上奇对称，因此有

$$\int_t^{t+T} h(t)\,\mathrm{d}t = 0 \tag{7.22}$$

则由式(7.20)中的第一式和式(7.22)可得

$$x_0 = \frac{1}{T}\int_t^{t+T}[x(\tau) - dV(\tau)]\mathrm{d}\tau \tag{7.23}$$

再根据式(7.19)，可得

$$\begin{cases} h(t) = -x(t) + dV(t) + x_0 \\ \dfrac{\mathrm{d}h(t)}{\mathrm{d}V(t)} = \alpha - \{\gamma + \beta\mathrm{sgn}[\dot{V}(t)h(t)]\}\,|h(t)|^n \end{cases} \tag{7.24}$$

式中　sgn—— 符号函数。

取 $h(t)$ 单调增段中的 V_0 使得 $h(t) = h_0 = 0$，则由式(7.24)可得

$$\alpha = \mathrm{d}h/\mathrm{d}V|_{V=V_0} \tag{7.25}$$

再在 $h(t)$ 的上升段中取 N 个点(V_1,h_1)，(V_2,h_2)，…，(V_N,h_N)，要求所取点的 $\dot{V}(t)$、$h(t)$ 同号。由于 $\dot{V}(t) > 0$，因此要求 $h_{1,\cdots,N} > h_0 = 0$。由于信号一般都具有噪声，因此为使结果可靠，N 需要取一定的数量，但不宜过大，N 过大会导致

不满足上升段的要求。

由于六个参数中上述三个 d、x_0、α 的识别受 $\mathrm{d}h/\mathrm{d}V$ 影响较小，因此可利用式(7.21)、式(7.23) 和式(7.25) 进行识别，得到识别结果 $d = 0.0146\ \mathrm{mm/V}$，$x_0 = 0.0056\ \mathrm{mm}$，$\alpha = 0.0106\ \mathrm{mm/V}$。另外三个参数 β、γ 和 n 的识别结果受 $\mathrm{d}h/\mathrm{d}V$ 影响较大，因此采用遗传算法对此三个参数识别。下面基于已识别的 d、x_0、α，利用 Matlab 遗传算法工具箱对参数 β、γ 和 n 进行识别。将剩下三个参数的范围分别取 $\beta = 0 \sim 1.5$、$\gamma = 0 \sim 1$、$n = 2 \sim 10$。定义性能目标函数为

$$\mathrm{RE} = \sum_{i=t}^{t+T} (X_{\mathrm{exp}}^{i} - X_{\mathrm{BW}}^{i})^4 \tag{7.26}$$

式中　X_{exp}^{i}——第 i 个采样时刻的实验数据；

X_{BW}^{i}——第 i 个采样时刻 Bouc - Wen 模型的近似输出。

将 Bouc - Wen 模型的参数识别问题转化为使得性能指标函数最小化的寻优问题。β、γ、n 三个参数识别遗传算法控制参数见表 7.2。其中，代沟意为按适应度值的高低选择优良个体产生新的种群规模与原种群规模之比，此处 0.9 的代沟即是将产生的 18 个子代个体代替最不适应的 18 个父代个体，而父代总共是 20 个；然后将该种群按 0.7 的概率进行单点交叉重组，单点交叉是指在个体编码串中随机设置一个交叉点，在该点相互交换两个配对个体的部分染色体，这一步主要是为产生新的个体；再将该种群所有个体的染色体中的每一位按 0.5 的概率进行变异，即在二进制编码中“0”“1” 切换，这一步也是为产生新的个体。交叉算子和变异算子共同完成对搜索空间的全局搜索和局部搜索。二进制位数取 10 位，相当于将三个参数分别均分为 1 024 等分，总共有 2^{30} 个可行解有可能被选择到。性能指标函数式(7.26) 最小化问题最终经过 50 代进化基本收敛，三个参数识别结果为 $\beta = 1.0518$、$\gamma = 0.05278$、$n = 9.1348$。

表 7.2　β、γ、n 三个参数识别遗传算法控制参数

参数名称	代沟	交叉概率	变异概率	种群数目	最大代数	变量数	二进制位数
数值	0.9	0.7	0.5	20	50	3	10

将识别得到的参数 $d = 0.0146\ \mathrm{mm/V}$、$x_0 = 0.0056\ \mathrm{mm}$、$\alpha = 0.0106$、$\beta = 1.0518$、$\gamma = 0.05278$、$n = 9.1348$ 代入式(7.19) 中，并将幅值为 75 V、频率为 1 Hz 的正弦电压施加于受轴向力为 18 N 的 APB，得到预测值和实验值的驱动电压 - 输出位移迟滞曲线，Bouc - Wen 迟滞模型预测值与实验值比较如图 7.15 所示。可知，在滞环稳定后，Bouc - Wen 模型与实验结果的最大绝对误差为 0.052 mm，最大相对误差为 10.4%。因此，可认为该 Bouc - Wen 迟滞模型能够较好地预测 APB 在准静态条件下的迟滞特性。

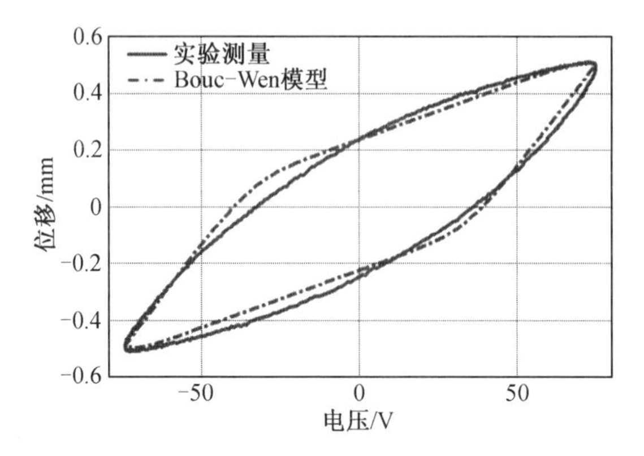

图 7.15　Bouc - Wen 迟滞模型预测值与实验值比较

3. 率相关模型

上一节得到的 Bouc - Wen 迟滞模型是一种率无关迟滞系统，即系统的输出信号值只与当前输入信号及其历史状态有关，而与输入信号的变化率无关，率相关迟滞意味着系统的输出信号和输入信号的变化率也有关。在幅值为 75 V，频率分别为 0.1 Hz、1 Hz、10 Hz、25 Hz、50 Hz 正弦电压以及 18 N 轴向压缩力作用下的 APB 中点输出位移和电压滞回环曲线如图 7.16 所示。

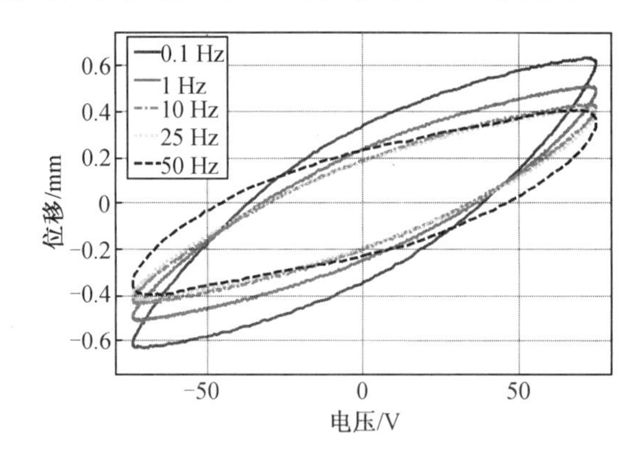

图 7.16　APB 中点输出位移和电压滞回环曲线（彩图见附录）

由图 7.16 可知，APB 输出位移具有明显的率相关迟滞特性，随着频率的提高，滞回环幅值减小，形状从橄榄状趋于椭圆状，因此仅用率无关的 Bouc - Wen 模型描述 APB 迟滞非线性显然是不够精确的。本节采用基于 Bouc - Wen 模型的 Hammerstein 率相关迟滞模型来描述 APB 的率相关迟滞非线性。

Hammerstein 模型是一种块连接的非线性模型，它由一个静态非线函数性模块和一个动态线性模块串联而成。在此将 Bouc - Wen 模型作为静态非线性模

块，再构建一离散传递函数 $G(z)$ 作为动态线性模块。基于 Bouc - Wen 模型的 Hammerstein 率相关迟滞模型如图 7.17 所示。

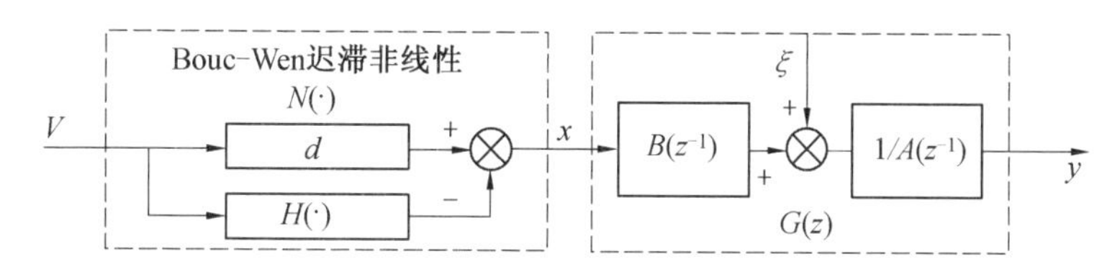

图 7.17　基于 Bouc - Wen 模型的 Hammerstein 率相关迟滞模型

可将图 7.17 写为

$$\begin{cases} x(t) = X(t) - h(t) = dV(t) + x_0 - h(t) \\ y(t) = G(t)x(t) \end{cases} \tag{7.27}$$

式中　x——既是静态非线性环节的输出，又是动态线性模块的输入；

ξ——噪声；

$G(z)$——离散系统传递函数，$G(z) = B(z^{-1})/A(z^{-1})$。

$A(z^{-1})$ 和 $B(z^{-1})$ 的关系可描述为

$$A(z^{-1})y_k = B(z^{-1})x_k + \xi_k \tag{7.28}$$

式中　z^{-1}——离散时间序列上一时刻的滞后算子。

$A(z^{-1})$ 和 $B(z^{-1})$ 的形式为

$$\begin{cases} A(z^{-1}) = 1 + a_1 z^{-1} + a_2 z^{-2} + \cdots + a_n z^{-n} \\ B(z^{-1}) = b_0 z^{-1} + b_1 z^{-2} + \cdots + b_m z^{-m} \end{cases} \tag{7.29}$$

4. 率相关模型的参数识别

本节采用频率为 1 ~ 50 Hz、幅值为 75 V 的正弦电压对 APB 进行扫频实验得到具有丰富频率信息系统输出量 y，APB 所受轴向压力为 18 N，然后对 Bouc - Wen 模型在 Matlab/Simulink 环境下进行与实验条件相同扫频仿真得到中间变量 x，再利用扫频系统输出量 y 和中间变量 x 通过最小二乘识别法得到动态线性环节的参数，为此需要引入离散系统传递函数的参数向量 $\boldsymbol{\theta} = (a_1, a_2, \cdots a_n, b_0, b_1, \cdots, b_m)^{\mathrm{T}}, m \leqslant n - 1$，由此建立测量矩阵 $\boldsymbol{\Phi}$，即

$$\boldsymbol{\Phi} = \begin{bmatrix} -y(n) & -y(n-1) & \cdots & -y(1) & x(m+1) & x(m) & \cdots & x(1) \\ -y(n+1) & -y(n) & \cdots & -y(2) & x(m+2) & x(m+1) & \cdots & x(2) \\ \vdots & \vdots & & \vdots & \vdots & \vdots & & \vdots \\ -y(n+N-1) & -y(n+N-2) & \cdots & -y(N) & x(m+N) & x(m+N-1) & \cdots & x(N) \end{bmatrix} \tag{7.30}$$

式中　$\boldsymbol{\Phi}$——$N \times (n+m+1)$ 维矩阵；

$\boldsymbol{\theta}$——$n+m+1$ 维列向量。

将 N 取得远大于 $(n+m+1)$，即方程数目远大于未知数个数，即可进行最小二乘法参数识别，定义指标函数为

$$J_{\theta} = \boldsymbol{e}^{\mathrm{T}}\boldsymbol{e} = (\boldsymbol{y} - \hat{\boldsymbol{y}})^{\mathrm{T}}(\boldsymbol{y} - \hat{\boldsymbol{y}}) \tag{7.31}$$

式中　$\hat{\boldsymbol{y}} = \boldsymbol{\Phi}\hat{\boldsymbol{\theta}}$—— 输出位移估计值。

再对 J_{θ} 取极小值，可得

$$\frac{\partial \boldsymbol{J}_{\theta}}{\partial \hat{\boldsymbol{\theta}}} = -2\boldsymbol{\Phi}^{\mathrm{T}}(\boldsymbol{y} - \boldsymbol{\Phi}\hat{\boldsymbol{\theta}}) = 0 \tag{7.32}$$

最终可得参数的估计值为

$$\hat{\boldsymbol{\theta}} = (\boldsymbol{\Phi}^{\mathrm{T}}\boldsymbol{\Phi})^{-1}\boldsymbol{\Phi}^{\mathrm{T}}\boldsymbol{y} \tag{7.33}$$

其中

$$\boldsymbol{y} = (y(n+1) \quad y(n+2) \quad \cdots \quad y(n+N))^{\mathrm{T}}$$

取 $n=5, m=4, N=249\ 996$，经识别得到下面基于离散传递函数的动态线性模块 $G(z)$，即

$$G(z) = \frac{3.990\ 0z^5 - 8.802\ 9z^4 + 3.313\ 1z^3 + 4.160\ 8z - 2.657\ 2}{z^6 - 0.745\ 2z^5 - 0.525\ 5z^4 - 0.070\ 5z^3 + 0.156\ 9z + 0.189\ 1} \tag{7.34}$$

将 $G(z)$ 代入基于 Bouc - Wen 模型的 Hammerstein 率相关迟滞模型对定频 10 Hz、25 Hz、50 Hz，幅值为 75 V 正弦信号的作用下 APB 的迟滞预测性能进行验证实验，同幅值不同频率正弦电压作用下的实验 - 仿真结果对比如图 7.18 所示。

由图 7.18 可知，基于 Bouc - Wen 模型的 Hammerstein 率相关迟滞模型在 10 Hz 定频激励情况下，与实验结果之间的最大绝对误差为 0.075 mm，最大相对误差为 17.86%；在 25 Hz 定频激励情况下，与实验结果之间的最大绝对误差为 0.056 mm，最大相对误差为 14%；在 50 Hz 定频激励情况下，与实验结果之间的最大绝对误差为 0.026 mm，最大相对误差为 6.3%。由以上结果分析可知，随着频率的增高，误差越来越小。经过以上实验测试可知，基于 Bouc - Wen 模型的 Hammerstein 率相关迟滞模型可以较好地模拟 APB 的率相关迟滞特性。

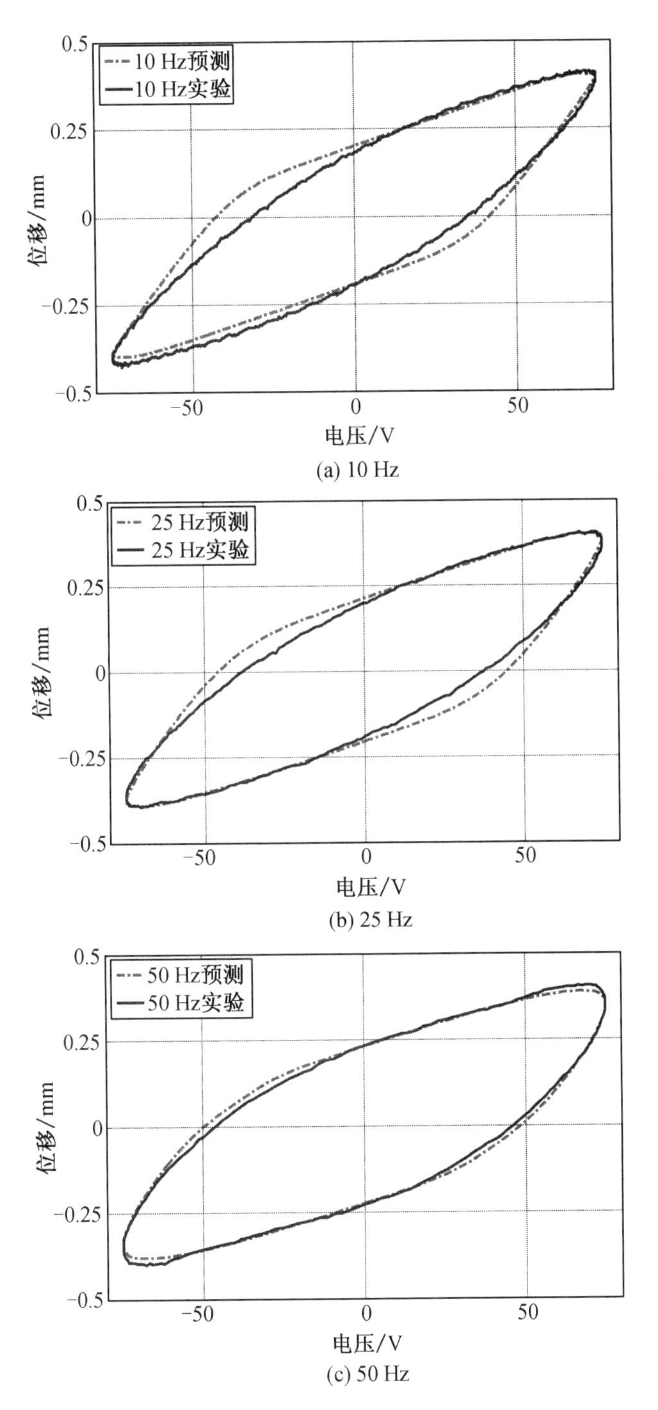

(a) 10 Hz

(b) 25 Hz

(c) 50 Hz

图 7.18　同幅值不同频率正弦电压作用下的实验 - 仿真结果对比

7.2.2 基于迟滞模型的 APB 线性化控制

1. 前馈开环控制

APB 前馈控制器设计的基本思路是，在率相关迟滞特性影响到输出结果之前，通过率相关迟滞逆模型来估计期望输出量需要对控制对象输入的补偿量，从而使得控制对象按期望输出量输出。前馈逆补偿属于开环控制，对系统的稳定性没有影响[10]。

根据 APB 率相关迟滞模型式(7.27)，可以得到位移输出量的表达式为

$$y(t)=G(z)(dV(t)+x_0-h(t)) \tag{7.35}$$

将上式的 $y(t)$ 用参考输出位移 y_r 代替，经过变换可以得到前馈控制电压 $V_{forward}$ 的表达式为

$$V_{forward}(t)=(y_rG^{-1}(z)-x_0+h(t))/d \tag{7.36}$$

率相关迟滞前馈控制原理框图如图 7.19 所示。

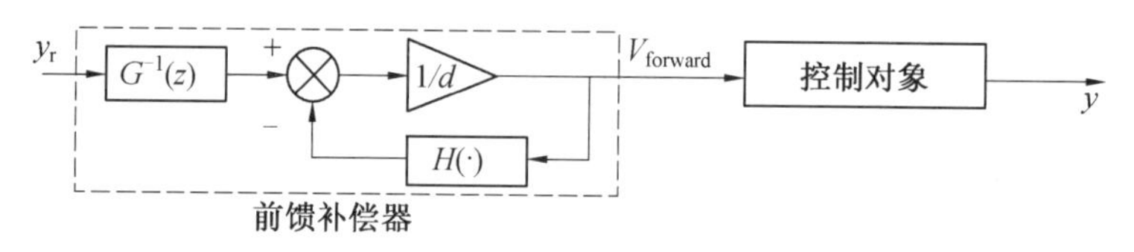

图 7.19 率相关迟滞前馈控制原理框图

图7.19 中，y_r 为参考位移，y 为实际输出位移，$V_{forward}$ 为控制电压，由于动态线性环节 $G(z)$ 是严格真的，无法直接求解 $G^{-1}(z)$，因此利用 $G^{-1}(z)\approx 1/(z\cdot G(z))$ 来近似，其表达式为

$$G^{-1}(z)=\frac{z^6-0.745\,2z^5-0.525\,5z^4-0.070\,5z^3+0.156\,9z+0.189\,1}{3.990\,0z^6-8.802\,9z^5+3.313\,1z^4+4.160\,8z^2-2.657\,2z} \tag{7.37}$$

接着将基于 Bouc－Wen 模型的 Harmmerstein 率相关迟滞模型参数识别的信息代入图 7.19 中便可得到前馈补偿控制器，从而进行 APB 半实物仿真前馈控制。实验利用 Quarc/Simulink 实时仿真系统以及 QPID 板卡进行数据交换，所搭建的 Quarc/Simulink 半实物仿真前馈控制系统如图 7.20 所示。

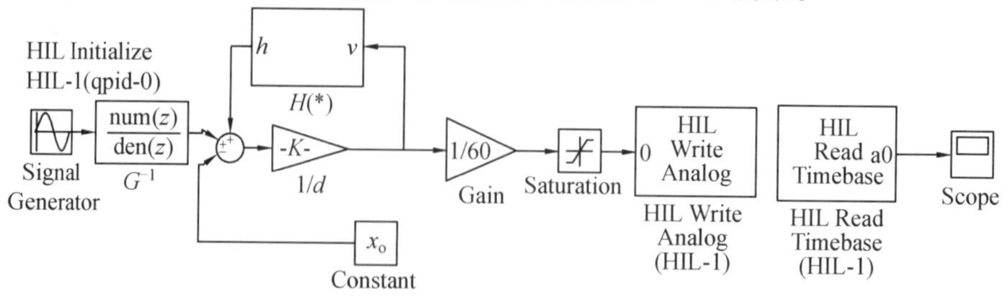

图 7.20 Quarc/Simulink 半实物仿真前馈控制系统

图7.20中的G^{-1}、x_0、$1/d$、$H(^*)$模块构成了前馈补偿控制器；左上角的HIL Initialize为Quarc/QPID的初始化模块，定义输入输出通道、输入输出电压范围等信息；HIL Write Analog是模拟信号输出模块；HIL Read Timebase是模拟信号输入模块。因为由前馈回路计算得到的输出电压是直接施加于作动器的，属于高电压，而QPID板卡输出最大电压是 ±10 V，所以需要先缩小为原来的$\frac{1}{60}$再经过外部的功放电源扩大60倍。另外，如果输出电压过大，则会超过压电双晶片最大去极化电压，因此加入一限幅器，设限幅值为 ±90 V。

对所设计的前馈控制系统进行半实物仿真，参考位移y_r分别是以幅值为0.6 mm、频率为5～50 Hz内的三种单频信号和三种复频信号，采样频率为10 kHz，前馈控制下对多种单频和复频信号的APB中点位移跟踪如图7.21所示。

为对位移跟踪结果精度进行量化分析，定义误差均方根和相对误差公式为

$$\mathrm{RMSE}=\sqrt{\frac{1}{N}\sum_{i=1}^{N}(\hat{y}(i)-y(i))^2} \tag{7.38}$$

$$\mathrm{RE}=\sqrt{\sum_{i=1}^{N}(\hat{y}(i)-y(i))^2/\sum_{i=1}^{N}(y(i))^2} \tag{7.39}$$

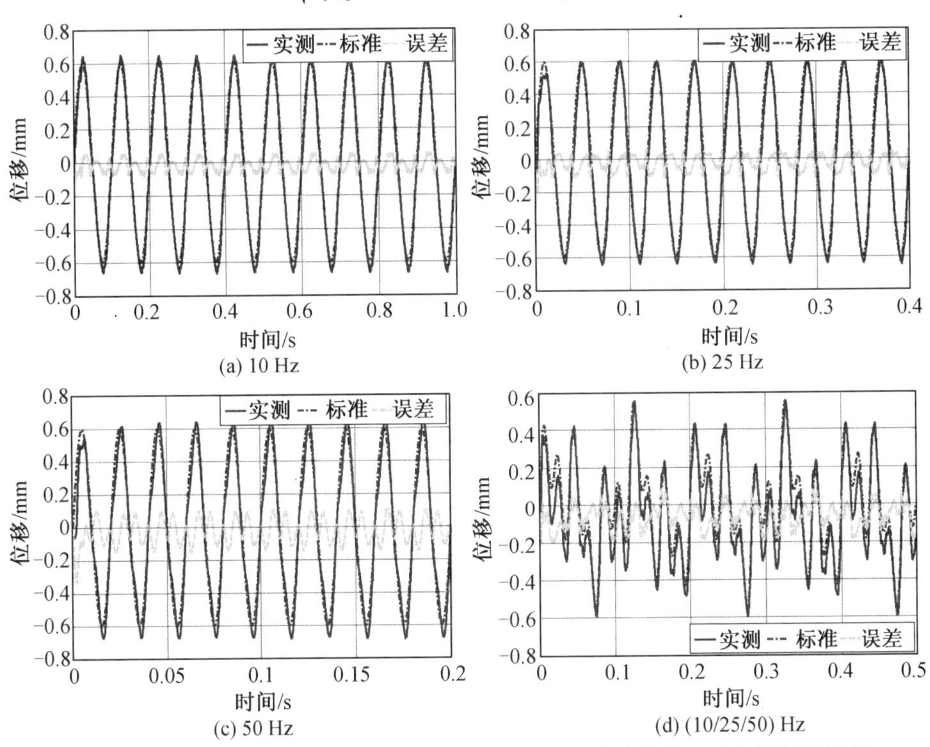

图7.21　前馈控制下对多种单频和复频信号的APB中点位移跟踪（彩图见附录）

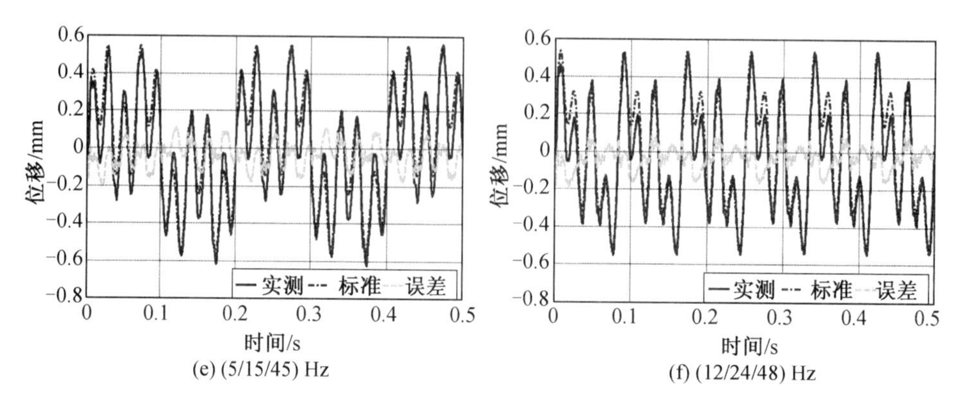

(e) (5/15/45) Hz

(f) (12/24/48) Hz

续图 7.21

由此得到前馈控制器对多种单一、复合频率信号跟踪误差,具体见表 7.3。

表 7.3　前馈控制器对多种单一、复合频率信号跟踪误差

频率/Hz	10	25	50	(10/25/50)	(5/15/45)	(12/24/48)
RMSE/mm	0.042 2	0.052 2	0.076 3	0.086 3	0.073 5	0.061 6
RE/%	9.59	12.41	17.57	32.50	29.45	24.85

由以上结果可知,前馈控制器起到了一定补偿 APB 位移迟滞的作用。但由于预测得到的率相关迟滞模型本身就存在参数误差,再加上实验中的外部扰动,因此仅凭前馈补偿来控制输出位移是不够精确的,需要结合其他反馈控制器形成闭合回路来提高位移跟踪控制精度。

2. 基于前馈控制的单神经元 PID 复合控制

前馈补偿控制器鲁棒性较差,为使控制器具有在线自适应能力,在前馈控制的基础上加入改进的单神经元自适应 PID 反馈控制器,前馈 + 单神经元 PID 反馈复合控制框图如图 7.22 所示。

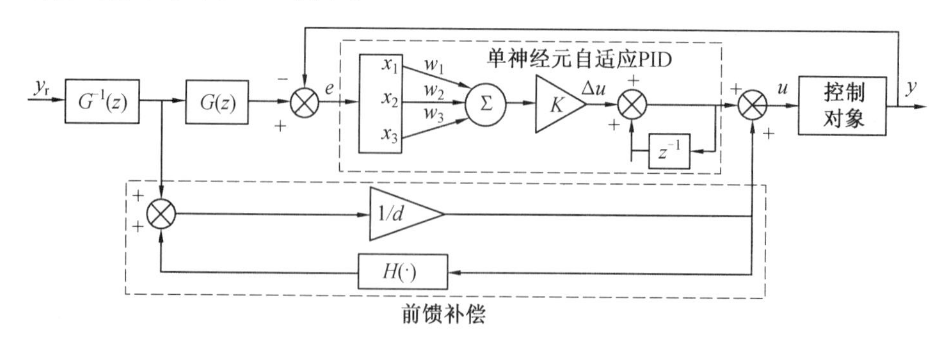

图 7.22　前馈 + 单神经元 PID 反馈复合控制框图

改进的单神经元自适应 PID 控制器的算法为

$$\begin{cases} u(k)=u(k-1)+K\sum_{i=1}^{3}w_i'(k)x_i(k) \\ w_i'(k)=\dfrac{w_i(k)}{\sum_{i=1}^{3}|w_i(k)|}, \quad i=1,2,3 \\ w_1(k)=w_1(k-1)+\eta_P e(k)u(k)[e(k)+\Delta e(k)] \\ w_2(k)=w_2(k-1)+\eta_I e(k)u(k)[e(k)+\Delta e(k)] \\ w_3(k)=w_3(k-1)+\eta_D e(k)u(k)[e(k)+\Delta e(k)] \\ x_1(k)=e(k) \\ x_2(k)=\Delta e(k)=e(k)-e(k-1) \\ x_3(k)=e(k)-2e(k-1)+e(k-2) \end{cases} \tag{7.40}$$

式中　u—— 控制电压；

e—— 误差；

w_i—— 加权函数；

η_P、η_I、η_D—— 比例、微分、积分参数的学习速率；

K—— 神经元的比例系数。

根据此控制算法，建立前馈 + 单神经元 PID 反馈复合控制半实物仿真回路，如图 7.23 所示。

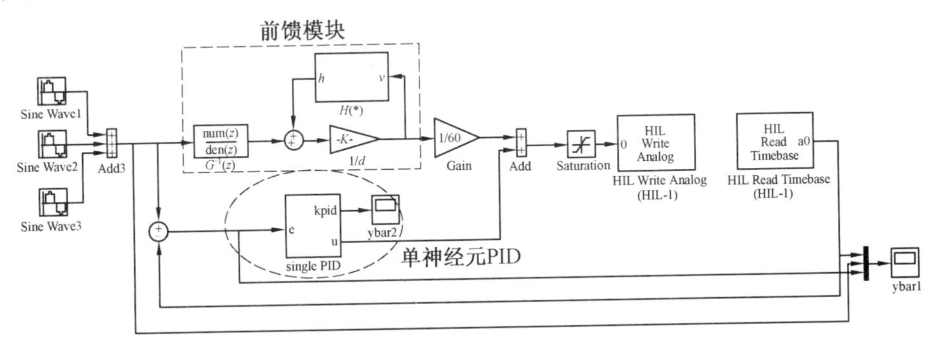

图 7.23　前馈 + 单神经元 PID 反馈复合控制半实物仿真回路

其中，取 $K=0.1$，$\eta_P=0.5$，$\eta_I=0.4$，$\eta_D=0.25$，对下面几种单频和复频信号进行跟踪实验，前馈 + 单神经元 PID 反馈复合控制对多种信号的 APB 中点位移跟踪如图 7.24 所示。

由以上实验结果可知,正弦信号 APB 控制回路的跟踪误差随 PID 三参数的趋于稳定而趋于稳定,因此取每一仿真的最后两个周期来计算其误差,基于前馈控制的单神经元 PID 复合控制器对多种单一、复合频率信号跟踪误差见表 7.4。

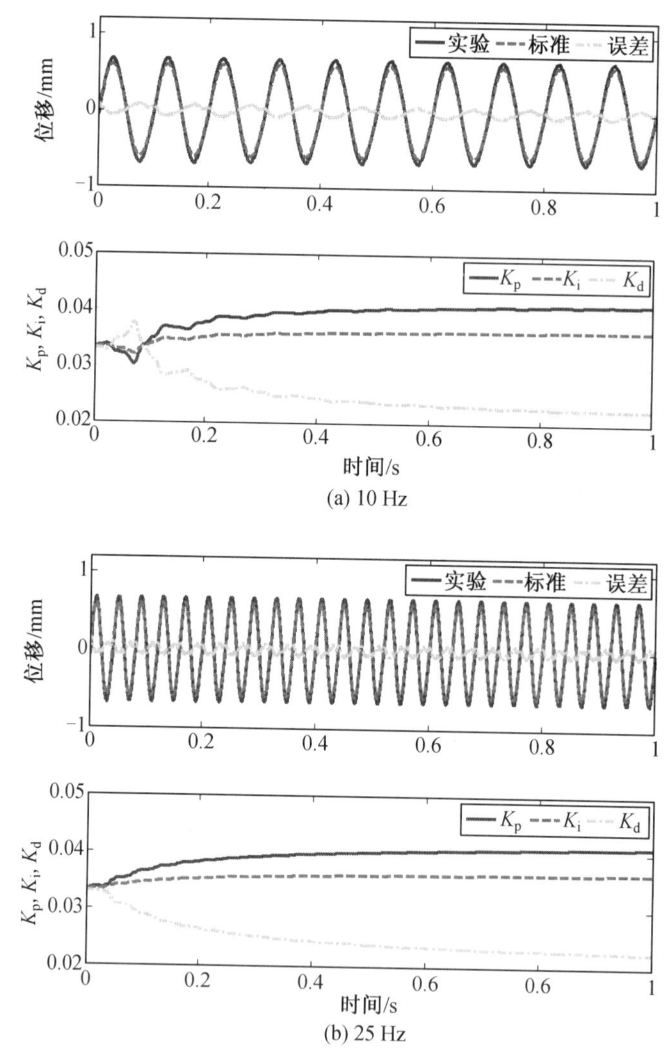

图 7.24　前馈 + 单神经元 PID 反馈复合控制对多种信号的 APB 中点位移跟踪(彩图见附录)

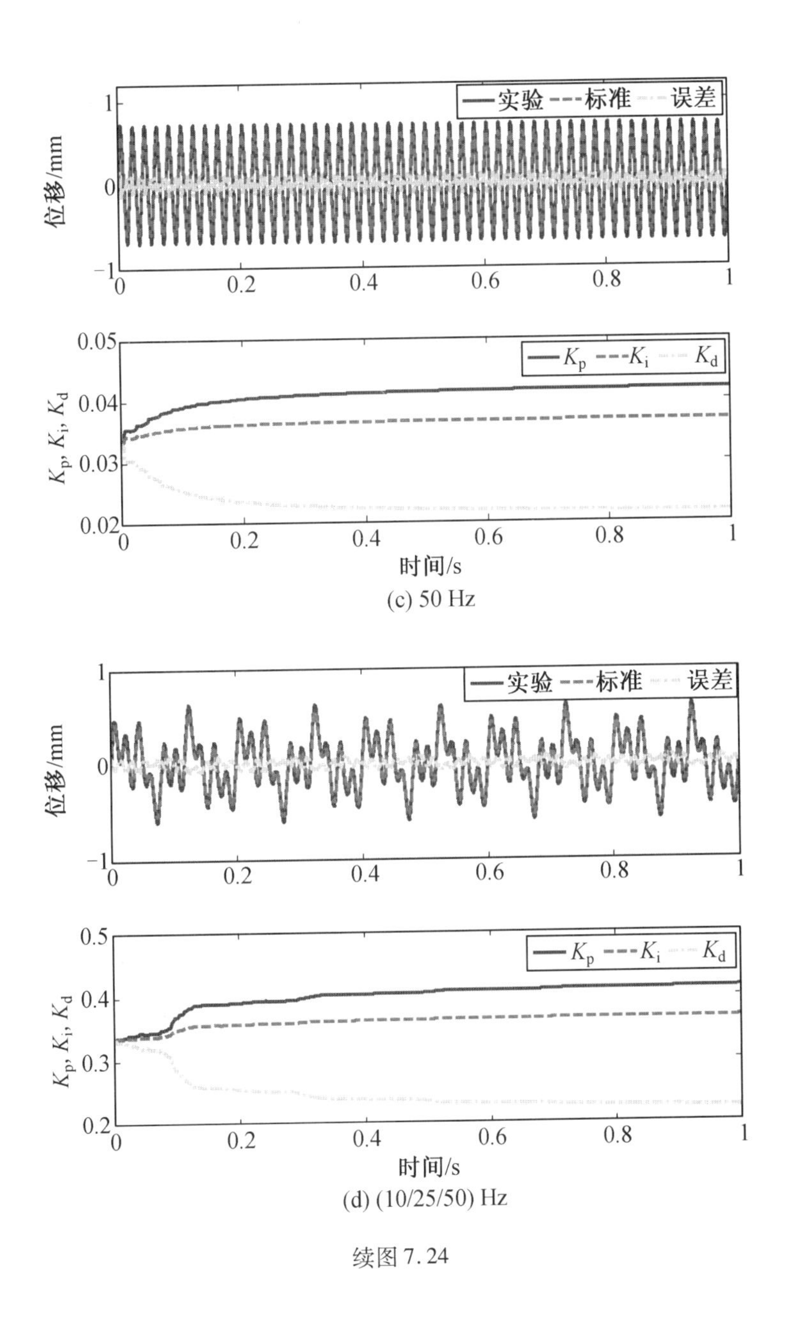

(c) 50 Hz

(d) (10/25/50) Hz

续图 7.24

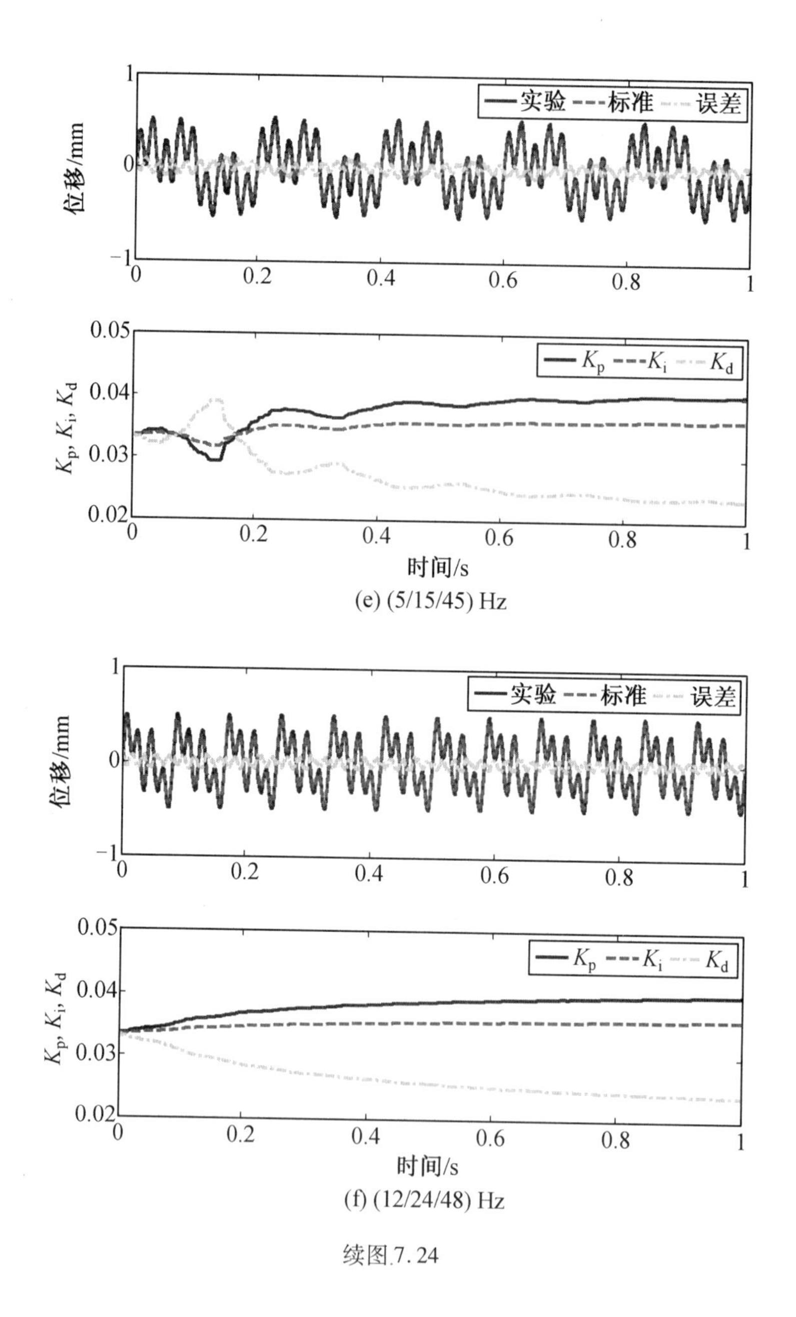
实验
标准
误差
位移/mm
1
0
−1
0
0.2
0.4
0.6
0.8
1
K_p
K_i
K_d
K_p, K_i, K_d
0.05
0.04
0.03
0.02
时间/s
(e) (5/15/45) Hz
(f) (12/24/48) Hz

续图7.24

表7.4　基于前馈控制的单神经元PID复合控制器对多种单一、复合频率信号跟踪误差

频率/Hz	10	25	50	(10/25/50)	(12/24/48)	(12/24/48)
RMSE/mm	0.040 9	0.046 0	0.054 5	0.033 0	0.039 7	0.034 7
RE/%	9.64	10.85	12.84	13.45	16.22	13.53

由以上误差结果可知，单神经元PID反馈控制器的加入可以使得系统对各种单一、复合信号的跟踪误差在较短时间内收敛到16%以内。特别是对于复合频率信号的跟踪控制，前馈/反馈复合控制策略相较于仅有前馈控制的情况其控制精度有较大提高。

7.3　轴向预压缩压电双晶片的改进方案

由前面APB作动能力测试可知，其作动能力相较于实际飞行器需求仍有较大差距。为此，本节提出了角位移增大连杆APB和多层并联压电纤维复合材料预压缩双晶片(Macro - Fibers Composite APB,MFC - APB)来增大输出力矩的两种方案[3,11]，对角位移增大连杆APB方案进行了静力学建模和分析，对多层并联MFC - APB开展了作动能力实验测试。

7.3.1　角位移增大连杆预压缩压电双晶片方案

1.方案设计

基于角位移增大连杆的APB是利用三角几何关系放大偏转角度，通过在原APB旁边增加一组连杆来实现角位移放大(图7.25(a))[11,12]。APB一端与滑动轴固连，另一端与转动轴1固连，将四条拉紧皮带环套于滑动轴和转动轴之间，对压电双晶片施加轴向压力，滑动轴只能沿轴向滑动；输出角位移放大连杆由一根短杆和一根长杆组成，长杆的一端固连滑动轴，另一端通过一对销子和短杆的一对滑槽相连，二者之间可以相对转动及滑动，短杆另一端固连转动轴2；转动轴2和转动轴1分别由两对轴承支撑，相互独立，转动轴2为输出轴。角位移增大连杆APB方案及其运动形式如图7.25(b)所示。

图7.25(b)中，L_o为压电双晶片弯曲前长度，d_o为弯曲引起的轴向缩短量，L为压电双晶片弯曲后两端的长度，$L_o = d_o + L$，L_{cg}、L_{dg}为长杆和短杆的长度，ϕ为输出端转角，θ为压电双晶片端部转角，于是可以得到各量之间的关系为

$$\begin{cases} L_{cg}\sin\theta = L_{dg}\sin\phi \\ L_{cg}\cos\theta + L_{dg}\cos\phi = L \end{cases} \tag{7.41}$$

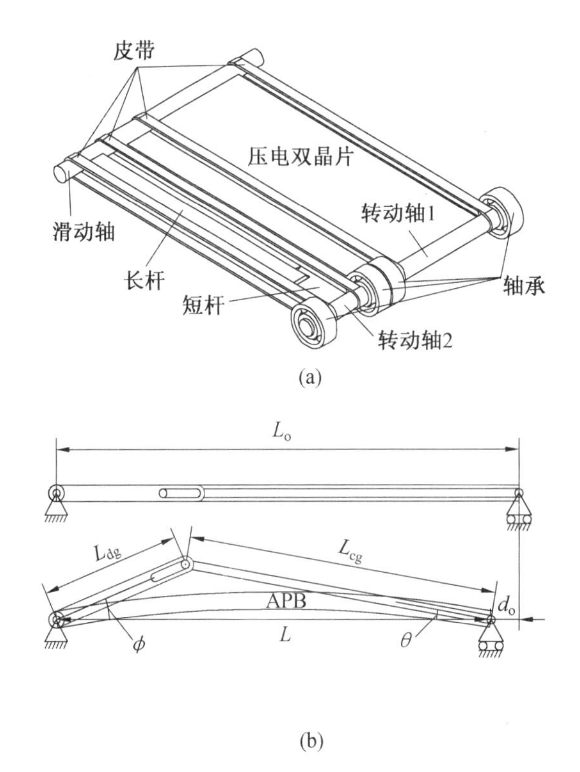

图 7.25　角位移增大连杆的 APB 方案及其运动形式

为将输出端转角 ϕ 放大，需要合理地设计两连杆的长度 L_{dg} 和 L_{cg}，角位移增大连杆 APB 静力学模型如图 7.26 所示，可以看到为满足 L_o、d_o、L_{cg}、L_{dg} 的长度要求，假设长杆的长度 L_{cg} 一定，则短杆参加运动部分的长度 L_{dg} 应该是可变的，于是式(7.41)中便有 ϕ、L、L_{dg} 三个未知数，从而无法得到确定解。下面建立 θ 和 L 的关系，在此首先假设压电梁变形的形状函数为

$$W(x) = C\sin\left(\frac{\pi}{L}\cdot x\right) \tag{7.42}$$

再假设压电双晶片弯曲后弧长和原长保持一致，由于转角较小，因此可得到总长度恒定式为

$$L_o = L + d_0 = \int_0^L \sqrt{1 + (W'(x))^2}\,dx \approx \int_0^L \left[1 + \frac{1}{2}(W'(x))^2\right] dx \tag{7.43}$$

式中　C—— 形状函数的幅值。

根据式(7.41)和式(7.43)并结合 $\theta = C\pi/L$，可得到以下各变量和端部转角 θ 的几何关系为

$$d_o = \frac{L_o\theta^2}{4+\theta^2},\quad L = \frac{4L_o}{4+\theta^2},\quad C = \frac{4L_o\theta}{(4+\theta^2)\pi},\quad \phi = \arctan\frac{L_{cg}\sin\theta}{L - L_{cg}\cos\theta} \tag{7.44}$$

2. 静力学模型及分析

(1) 最小势能原理模型。

角位移增大连杆的 APB 静力学模型如图 7.26 所示。

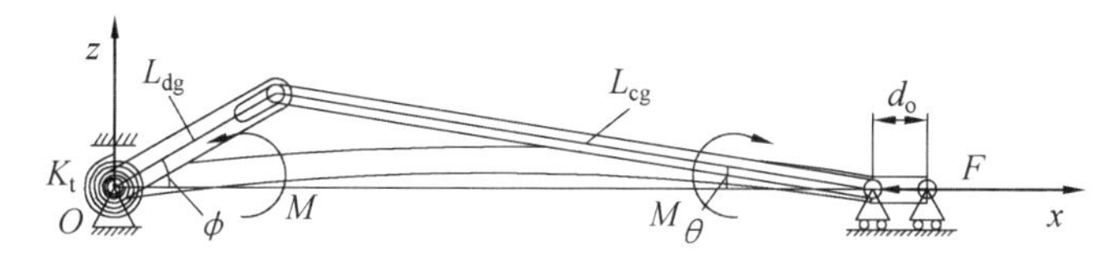

图 7.26　角位移增大连杆 APB 静力学模型

图中,F 为轴向力,$F = F_{cr} \times 0.8 = EI\pi^2/L^2 \times 0.8 = 50$ N,F_{cr} 为压电双晶片的临界屈曲力;K_t 为扭簧刚度;压电效应在垂直于 $x - z$ 平面的方向上所产生的弯矩为

$$M = E_c b\Lambda\int_{\frac{t_b}{2}}^{\frac{t_b}{2}+t_c} z\mathrm{d}z - E_c b\Lambda\int_{-\left(\frac{t_b}{2}+t_c\right)}^{-\frac{t_b}{2}} z\mathrm{d}z = E_c b\Lambda(t_b + t_c)t_c \tag{7.45}$$

式中,压电双晶片宽度 $b = 20$ mm;压电层厚度 $t_c = 0.2$ mm;基层厚度 $t_b = 0.2$ mm;总厚度为 0.6 mm;E_c 是压电层的轴向弹性系数;$\Lambda = d_{31} \times E_3$ 是由 z 方向的电压 $E_3 = 120$ V 在 x 方向上产生的应变。由于压电双晶片的作动力矩为常值分布力矩,因此可以用一对方向相反大小相等的力矩 M 来近似模拟。根据上述分析,可得到角位移增大连杆 APB 的最小势能原理表达式为

$$\begin{cases} J(\theta) = 2M\theta + Fd_o - 0.5\left[\int_0^L EI\,(\partial^2 W/\partial x^2)^2\mathrm{d}x + K_t\varphi^2\right] \\ \delta J(\theta)/\delta\theta\mid_{\theta *} = 0 \end{cases} \tag{7.46}$$

(2) 静力学有限元模型。

为验证以上解析模型的正确性,开展有限元仿真。除增加了对长杆销子在短杆滑槽内滑动接触的定义外,其余结构单元均与前面一样。在压电双晶片的滑动端施加50 N轴向压力,对上、下压电材料层施加120 V电压,将压电双晶片和长杆在滑动端处自由度耦合,滑动端只能延纵向滑动,转动端铰支。对此模型进行静态大变形分析,有限元模型如图 7.27(a) 所示,0.633 s、0.863 s、1.0 s 时刻的变形结果如图 7.27(b) 所示。

(3) 静力学结果及分析。

原 APB 与角位移增大连杆 APB 设计空间对比如图7.28 所示,可知最小势能原理计算结果和有限元计算结果符合较好,基于角位移增大连杆 APB 的自由输出转角 ϕ_{free} 较原 APB 的 θ_{free} 增大到4 倍以上,而阻塞力矩 T_{block} 随之减小到$\frac{1}{4}$。也就是说,该方案并不增大设计空间的面积,但可以起到调整输出位移和输出力的

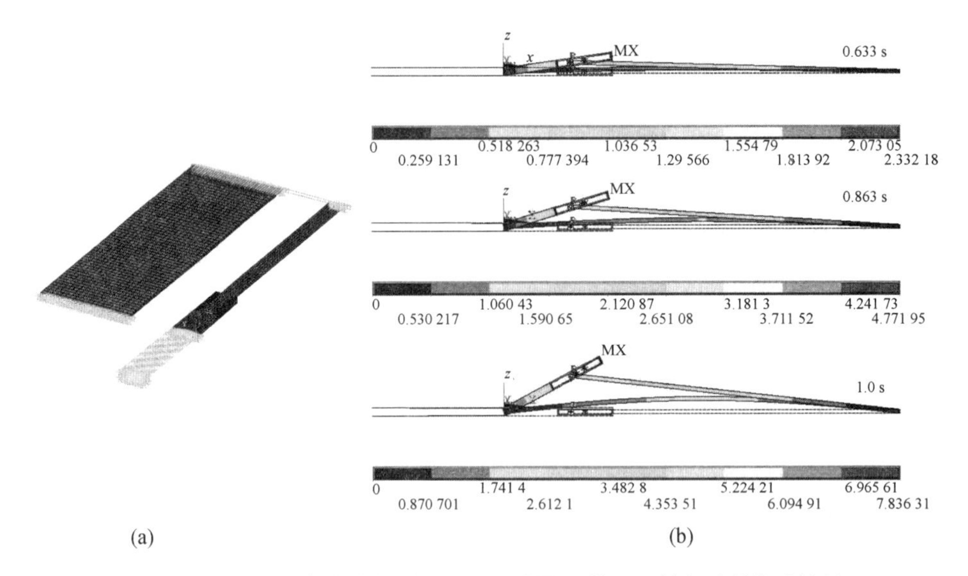

图 7.27　基于角位移增大连杆的 APB 有限元模型及其各时刻位移结果

作用,这在某些对于输出力矩要求不高但要大输出转角的情况(如低速微型无人机)下是较为有效的一种增大输出转角的方法。但是通常情况下,还是要求作动器既有大输出位移,又有大输出力矩,因此需要进一步研究增大输出力矩的方法。

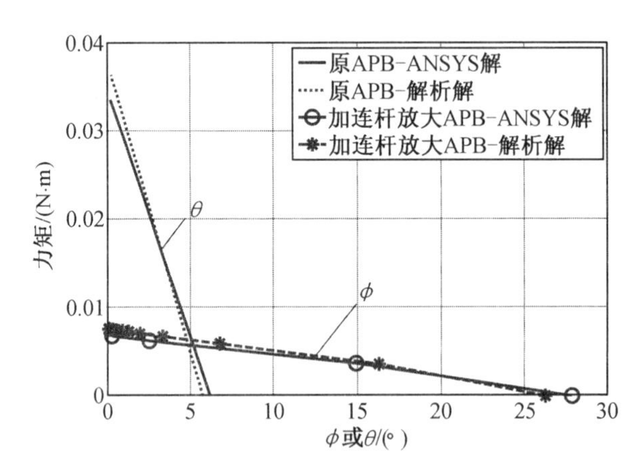

图 7.28　原 APB 与角位移增大连杆 APB 设计空间对比

7.3.2　两层并联 MFC - APB 作动器实验研究

MFC 相对于 PZT 的优势在于具有较大柔性,能够在大曲率条件下工作不发生断裂。将 MFC 材料作为压电双晶片的上下作动层,并在简支条件下对其端部施加轴向预压力,则 MFC - APB 固定端自由输出转角值有望较 PZT - APB 再提

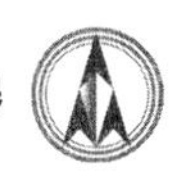

高60%,MFC - APB位移增大原理如图7.29所示。

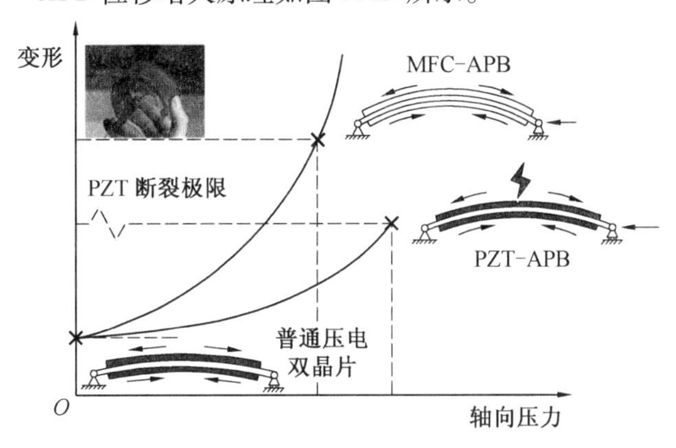

图7.29　MFC - APB位移增大原理[3]

1. MFC - APB及其层叠方案

MFC双晶片是在一块中间层材料上下表面都贴上MFC材料的作动器。MFC能够在 - 500 ~ 1 500 V范围内工作。对上下MFC材料输入反相高电压便能使上下MFC分别产生伸长和收缩变形。为增大输出位移,对简支梁MFC双晶片的滑动端施加轴向压缩力,从而实现其大幅值横向弯曲来驱动舵面偏转,MFC - APB作动器如图7.30所示。

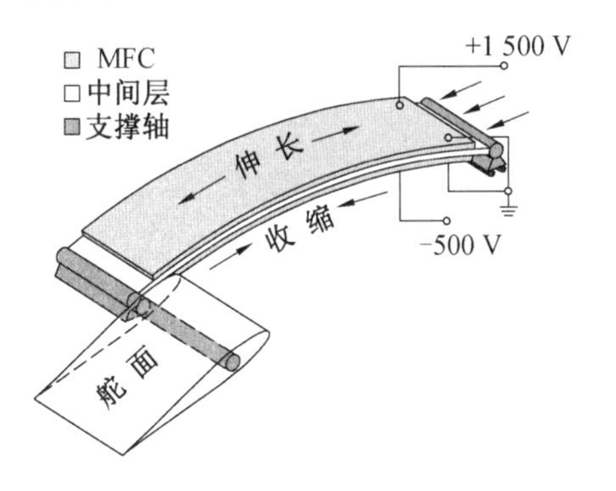

图7.30　MFC - APB作动器

并联式作动器则是在靠近输出轴端的位置通过一对或多对连杆将各层MFC -APB的横向运动关联起来从而提高输出力矩。本节以两层MFC双晶片为例,如图7.31(a)所示,需要注意的是上下层MFC伸出耳片的平动自由度相关,转动自由度解耦。这种方式适用于圆柱形外壳的微小型飞行器舵机布置,如图7.31(b)所示,该方法可提高飞行器内部空间的利用率,从而提高舵机的输出力矩。

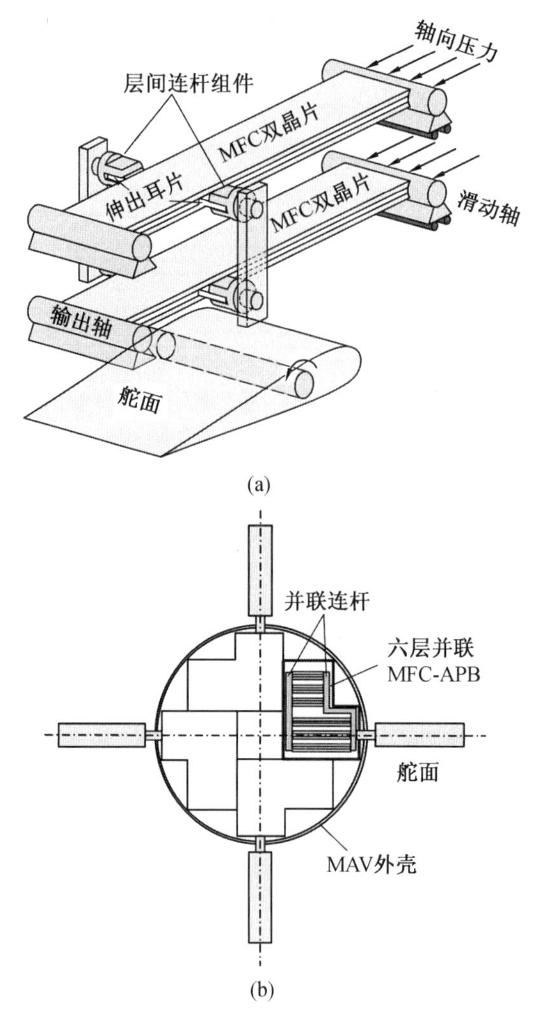

图 7.31　并联式 MFC 双晶片方案及应用

2. 实验平台搭建

为测试 MFC - APB 及其并联方案的作动能力,搭建了实验平台,如图 7.32 所示。

本节设计的 MFC 双晶片是在一块带耳片的厚 0.3 mm、长 60 mm 的铝板上下两边都贴上 MFC 材料,耳片的作用是实现上下层 MFC 双晶片作动器的关联,胶水采用乐泰E - 120HP 环氧树脂胶。M - 4010 - P1 型 MFC 双晶片及其组成部分如图 7.33 所示。M - 4010 - P1 型 MFC 材料特性参数见表 7.5。

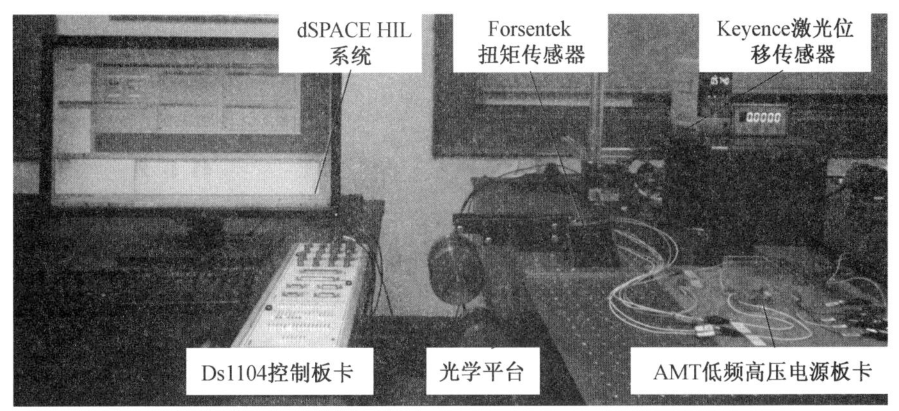

图7.32　实验平台

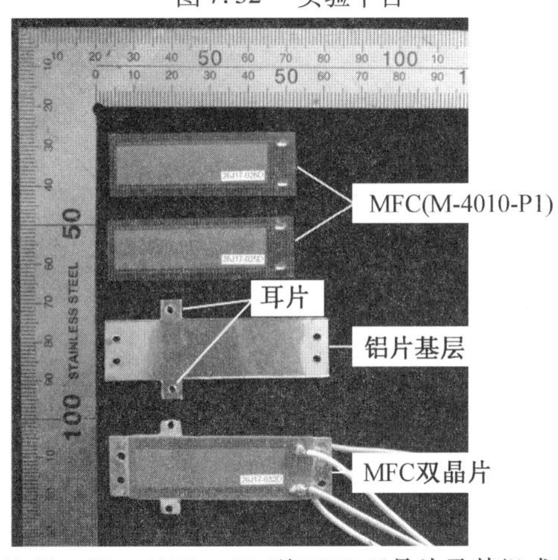

图7.33　M－4010－P1型MFC双晶片及其组成部分

表7.5　M－4010－P1型MFC材料特性参数

项目名称	参数型号 M－4010－P1
致动部分长度 l_a/mm	40
致动部分宽度 w_a/mm	10
致动部分厚度 t_a/mm	0.3
聚亚酰胺薄膜长度 l_m/mm	50
聚亚酰胺薄膜宽度 w_m/mm	16
聚亚酰胺薄膜厚度 t_m/mm	0.15
致动部分离电极端边界的距离/mm	8
致动部分离非电极端边界的距离/mm	2
自由位移(－500～1 500 V)/μm	56
阻塞力/N	126

为模拟简支边界条件下双层并联 MFC - APB 受到端部轴向预压力作用,设计并制作了如图 7.34 所示的双层 MFC - APB 并联作动器夹具。

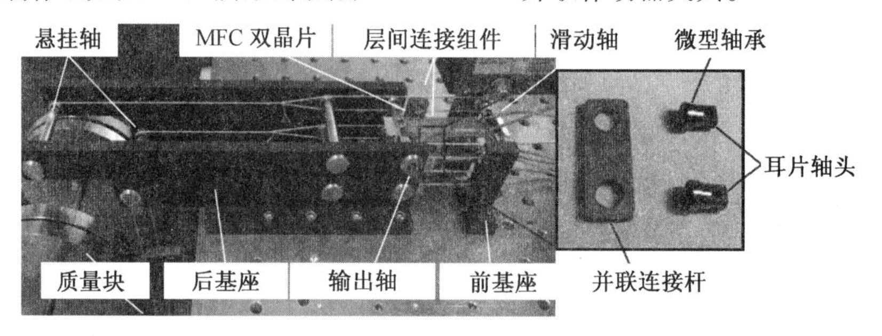

图 7.34　双层 MFC - APB 并联作动器夹具

双层 MFC - APB 并联夹具的基本工作原理与 PZT - APB 实验夹具相同,差别在于为使两层 MFC 双晶片并联,利用了一对并联连杆组件将上下两层 MFC 双晶片的平动关联起来,层间连杆组件包括了层间连杆和耳片轴头,如图 7.34 右侧所示。并联连杆组件仅关联伸出耳片的平动,通过耳片轴头上的微型轴承来保证上下层并联耳片之间的相对转动自由度独立。

由于 MFC 双晶片有上下两片 MFC,因此为实现全电压驱动,采用 Smart Material®公司生产的 AMT 三通道输出高压控制器。这种三通道高压控制器可将两路0 ~ 5 V 的控制电压信号放大为两路0 ~ 2 000 V 的输出电压,另外一通道为固定 500 V 电压输出,因此 AMT 高压控制器可同时为两片 MFC 双晶片提供相位差为 π rad 的 - 500 ~ 1 500 V 驱动电压,从而实现 MFC - APB 的全电压驱动。

本实验没有直接测量 MFC 双晶片端部输出转角,而是根据简支梁的 1 阶弯曲变形假设,端部输出转角和梁中点横向位移幅值 η 的关系来近似导出输出转角 θ,即

$$y = \eta\sin\left(\pi\frac{x}{L}\right),\quad \theta = \left.\frac{\partial y}{\partial x}\right|_{x=0} = \frac{\pi\eta}{L} \tag{7.47}$$

式中,η 为 MFC 双晶片中点的横向变形幅值;L 为简支 MFC 双晶片梁的长度,即中间层铝板长度,在实验中为了能与两端轴固连,中间层铝板要略长于 50 mm 的 MFC 材料,经测量两端轴间距离为 L = 52 mm。端部输出力矩则采用 FTE - 0.2 N · m 微力矩传感器测量(测量自由输出位移时,不需要力矩传感器)。简支 MFC 双晶片中点位移的测量如图 7.35(a) 所示。由于力矩传感器具有较大的扭转刚度,因此在测量力矩时 MFC - APB 双晶片的变形不再满足 1 阶半正弦函数。为准确测出输出转角,将一长铝片贴附在输出轴,通过测量铝片端部的位移量来估计输出转角,如图 7.35(b) 所示。

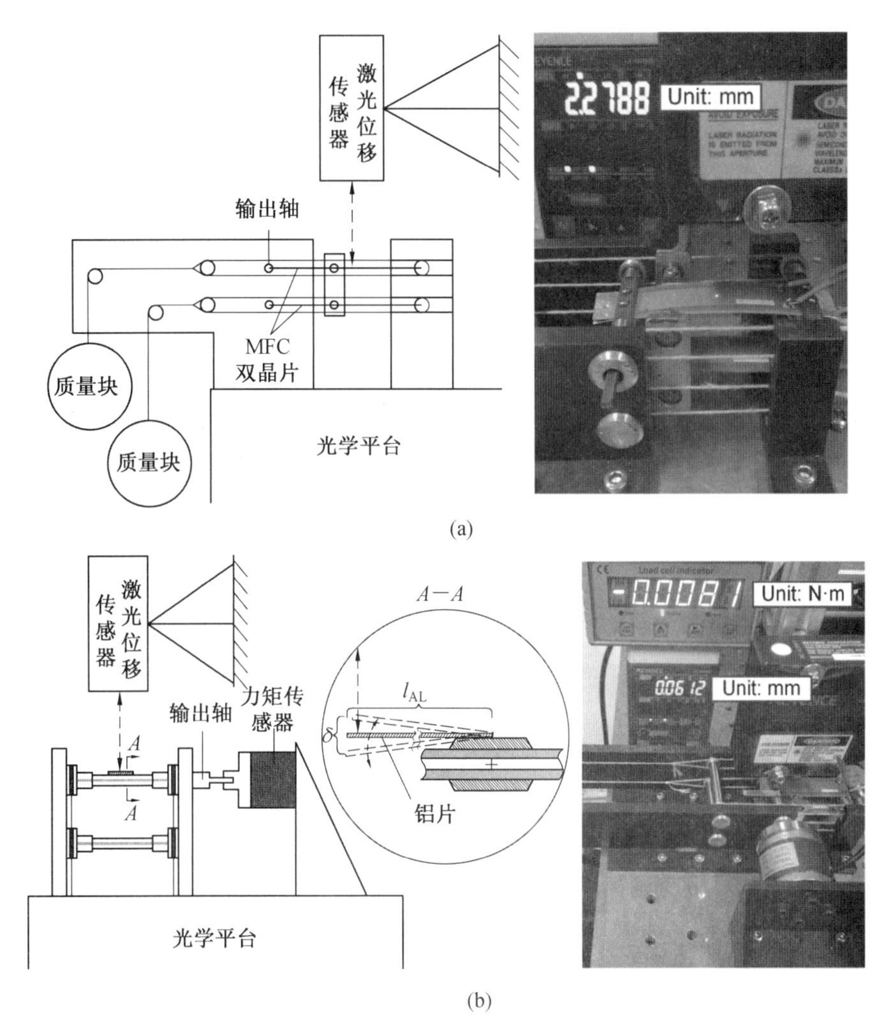

图7.35　位移和力矩的测量原理图

3. 测试结果

本节给出在不同的轴向力以及驱动电压条件下，单片 MFC - APB 和双层并联作动器的作动能力的测试结果。由于在绝对静态电压条件下 MFC 双晶片变形量会发生缓慢蠕变，因此以下作动器静力学性能测试都是在周期为 20 s 准静态谐波条件下进行的。驱动电压分别为 1 080/ - 360 V、1 440/ - 480 V；轴向压力分别为0 N、14.8 N、18.7 N、22.7 N 和25.7 N。在无输出力矩的情况下，测量输出位移及相应的端部转角，在不同电压和轴向压力下的 M - 4010 - P1 型 MFC - APB 中点位移如图 7.36 所示，自由端转角随轴向压力和电压的变化如图 7.37 所示。

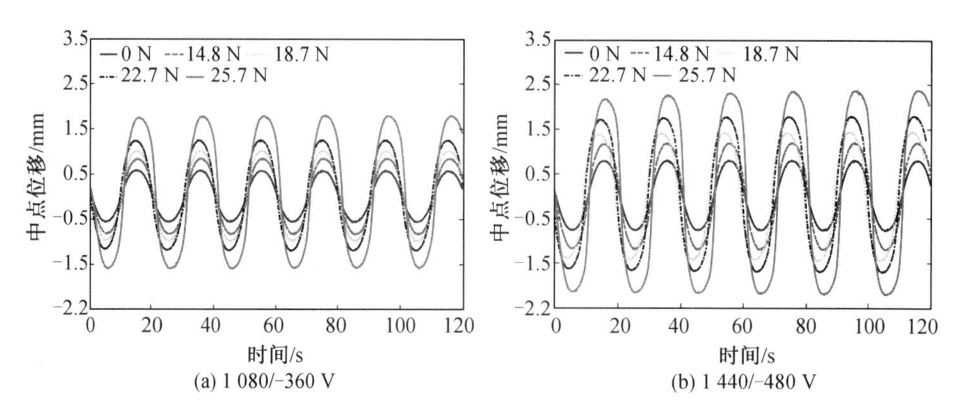

图 7.36　在不同电压和轴向压力下的 M－4010－P1 型 MFC－APB 中点位移(彩图见附录)

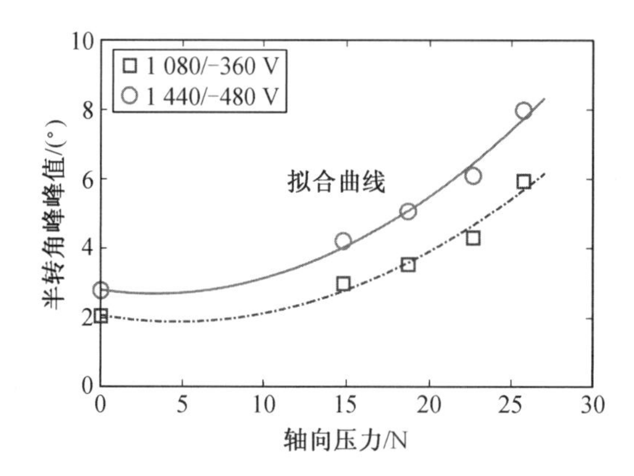

图 7.37　自由端转角随轴向压力和电压的变化

可见,MFC－APB 输出位移随着轴向压力和电压的增大显著增大,当驱动电压为 1 440/－480 V 且轴向压力 25.7 N 时,端部转角可达 8.1°,相较于同样长度的 PZT－APB 的 5° 增大了 62%。在不同轴向压力和电压条件下测量了输出力矩及其相应转角,见表 7.6。

表 7.6　输出力矩及其相应转角　　N·mm,(°)

轴向压力 /N	测试情况			
	单片 MFC－APB		两片 MFC－APB 并联	
	1 080/－360 V	1 440/－480 V	1 080/－360 V	1 440/－480 V
0	(14.92,0.080)	(19.04,0.103)	(18.16,0.106)	(24.39,0.139)
14.8	(16.51,0.095)	(22.62,0.131)	(22.10,0.126)	(29.44,0.171)
18.7	(18.06,0.104)	(24.97,0.137)	(22.51,0.133)	(31.92,0.182)
22.7	(18.45,0.106)	(25.69,0.151)	(23.67,0.140)	(32.23,0.186)
25.7	(20.06,0.114)	(27.38,0.160)	(26.79,0.160)	(38.70,0.221)

由表7.6可知,输出转角都小于0.25°,因此输出力矩可以近似作为阻塞力矩,由此便可基于自由输出转角和阻塞力矩得到作动器近似设计空间,MFC－APB设计空间如图7.38所示。

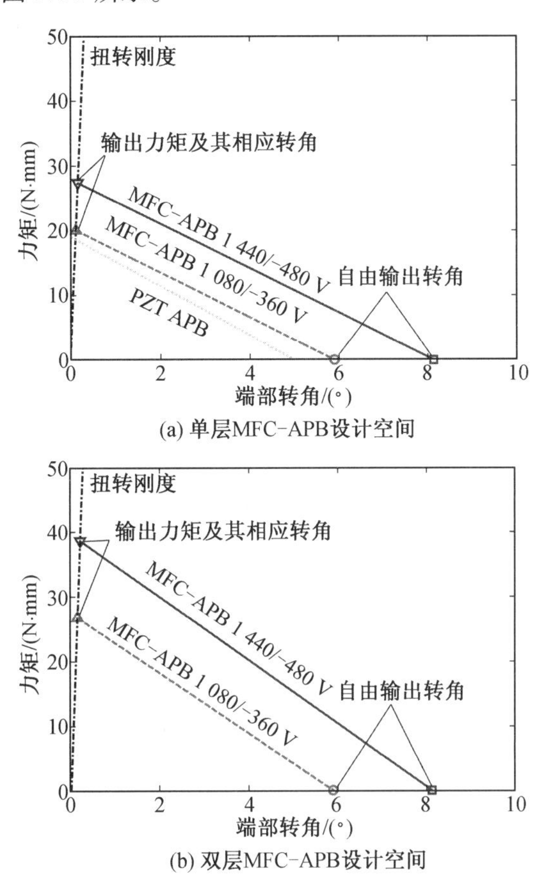

(a) 单层MFC-APB设计空间

(b) 双层MFC-APB设计空间

图7.38　MFC－APB设计空间

图7.38(a)中比较了单片MFC－APB和与其长度、宽度相同,而厚度为其2/3的PZT－APB的设计空间,可见MFC－APB自由输出转角较PZT－APB增大62%,阻塞力矩增大44%,因此整个设计空间面积增大了133%,这主要是因为MFC的d_{33}工作模式能够较PZT的d_{31}工作模式承受更大的驱动电压。还可以看到输出力矩及其相应转角构成线性关系,该斜率即为力矩传感器的扭转刚度。此外,对比单层和双层结果发现,双层的阻塞力矩较单层增大了41.3%,可见多层并联的确能增大输出力矩,但也应注意到阻塞力矩有超过50%的损失,这主要是因为伸出耳片的弯曲柔性,在未来可通过增大伸出耳片的弯曲刚度来提高输出力矩的传递效率。

7.4 本章小结

本章首先对APB作动器的静、动力学特性进行了理论分析、有限元分析和实验验证，验证了APB增大输出位移并保持输出力，进而增大机电转化效率的优点；然后对APB的迟滞率相关特性建立了基于Bouc－Wen模型的Hammerstein迟滞率相关模型，并与一单神经元PID控制器构成了前馈/反馈控制，用过半实物仿真实验验证了该控制策略的位移跟踪效果；最后提出了两种APB作动器的改进方法，其一是角位移增大连杆APB作动器，通过理论推导和有限元计算验证了其增大输出位移的能力，但该方法也会同比例减小输出力矩，其二是基于MFC材料的并联式APB作动器，通过实验验证了其较PZT－APB具有更强的作动能力，同时验证了多层并联方法能够增大作动器输出力矩的设想。

本章参考文献

[1] SUN J,GUAN Q,LIU Y,et al. Morphing aircraft based on smart materials and structures:a state-of-the-art review[J]. Journal of Intelligent Material Systems and Structures,2016,27(17):2289-2312.

[2] VOS R,BARRETT R. Post-buckled precompressed techniques in adaptive aerostructures:an overview[J]. Journal of Mechanical Design,2010,132(3):031004.

[3] HU K M,LI H,WEN L H. Experimental study of axial-compressed Macro-Fiber composite bimorph with multi-layer parallel actuators for large deformation actuation[J]. Journal of Intelligent Material Systems and Structures,2020,31(8):1101-1110.

[4] 胡凯明. 基于后屈曲预压缩压电双晶片的微小型舵机驱动器研究[D]. 西安:西北工业大学,2015.

[5] 胡凯明,文立华,李双. PBP压电双晶片驱动器力学特性研究[J]. 压电与声光,2015,37(3):393-397.

[6] BILGEN O,BUTT L M,DAY S R,et al. A novel unmanned aircraft with solid-state control surfaces:analysis and flight demonstration[C]. The 52th Structures,Structural Dynamics,and Materials Conference. Denver,CO:AIAA,2011:2071.

[7] 王贞艳,张臻,周克敏,等. 压电作动器的动态迟滞建模与 H_∞ 鲁棒控制[J]. 控制理论与应用,2014,31(1):35-41.

[8] ZHU W,RUI X T. Hysteresis modeling and displacement control of piezoelectric actuators with the frequency-dependent behavior using a generalized Bouc-Wen model[J]. Precision Engineering,2016,43:299-307.

[9] 胡凯明,文立华. PBP驱动器率相关迟滞特性研究及其线性化控制[J]. 机械工程学报,2016,52(12):205-212.

[10] 朱炜. 基于Bouc-Wen模型的压电陶瓷执行器的迟滞特性模拟与控制技术的研究[D]. 重庆:重庆大学,2009.

[11] 胡凯明,文立华,燕照琦. 角位移增大连杆轴向预压缩驱动器静动态特性仿真分析[J]. 兵工学报,2014,35(8):1258-1266.

[12] 胡凯明,文立华. 新型弹载压电舵机驱动器方案设计及力学分析[J]. 机械工程学报,2015,51(21):104-112.

第8章

压电流体俘能器

压电材料可实现电能与机械能的相互转换。根据正压电效应,机械能可由压电材料转换成电信号,由此可制作压电传感器。基于同样的原理,设计合适的电路,将上述电信号转换成电能,可用于低功耗设备或者向电池充电。采用压电材料设计的将机械能转换成电能的结构,通称为压电俘能器。压电俘能器的基础结构以梁、板、壳为主,能量来源有振动、风能、水流等。流体能量是易于得到的自然能源,本章介绍基于压电材料的流体俘能器,包括建模分析方法、优化设计等。除压电材料外,挠曲电材料、形状记忆合金、磁/电致伸缩材料、电活性弹性材料也被用于能量采集系统设计。

8.1　压电俘能器在阻流板尾流中的电压信号

俘能器在阻流板尾流中的示意图如图8.1所示。当流速超过临界值时,阻流体的尾流中会出现周期性脱落的大涡机构,使尾流中的弹性梁结构随流场变化发生振动,通过集成压电材料将流体能量转换成电能。本节将建立开路条件下俘能器的电压信号模型,为压电俘能器分析及优化设计提供基础。以阻流板尾流中的压电悬臂梁为研究模型,结合沉浸边界法求解纳维-斯托克斯方程得到尾流随时间的变化规律。采用物理虚拟模型(Physical Virtual Model)求解流体对悬臂梁的作用力,并根据模态叠加法求解悬臂梁在阻流板尾流中的位移响应,最后根据悬臂梁位移响应并采用压电传感理论给出开路传感电压信号。

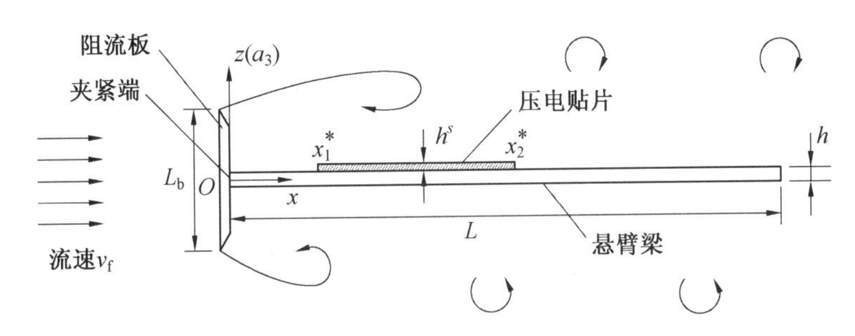

图 8.1　俘能器在阻流板尾流中的示意图

8.1.1　悬臂梁在阻流板尾流中的动力学方程

假设悬臂梁的变形较小,根据欧拉 - 伯努利梁模型,压电悬臂梁在流体中的横向振动方程可表示为[1]

$$\rho A\ddot{u}_3 + cb\dot{u}_3 + YI\frac{\partial^4 u_3}{\partial x^4} = \tilde{F}_3 \tag{8.1}$$

式中　u_3—— 悬臂梁的横向位移;

ρ—— 悬臂梁密度;

A—— 悬臂梁横截面面积,$A = bh$,b 和 h 是梁的宽度和厚度;

c—— 悬臂梁的结构阻尼系数;

Y—— 悬臂梁的弹性模量;

I—— 梁的截面惯性矩,$I = bh^3/12$;

$\tilde{F}_3$—— 悬臂梁单位长度所受到的外力,$\tilde{F}_3 = bF_3$,本节中仅考虑由流体引起的作用力,可通过简化的流体动力函数计算得到。

悬臂梁单位长度的流体力 $\tilde{F}_3$ 与流体属性及悬臂梁的振动状态有关,具体可分为两部分,即附加质量力项以及流体导致的阻尼力项[2,3],则有

$$\tilde{F}_3 = -\frac{\pi}{4}\rho_f b^2 \Gamma_r \ddot{u}_3 - \frac{\pi}{4}\rho_f b^2 \omega \Gamma_i \dot{u}_3 \tag{8.2}$$

式中　ρ_f—— 流体密度;

ω—— 梁的振动频率;

Γ_r、Γ_i—— 矩形截面梁流体动力函数 G 的实部和虚部[3]。

$$\Gamma = \Gamma_r + j\Gamma_i \tag{8.3}$$

$$\Gamma_r = c_1 + c_2\frac{h_f}{b} = c_1 + c_2\frac{1}{\sqrt{2Re}} \tag{8.4}$$

$$\Gamma_i = c_3\frac{h_f}{b} + c_4\left(\frac{h_f}{b}\right)^2 = c_3\frac{1}{\sqrt{2Re}} + c_4\frac{1}{2Re} \tag{8.5}$$

$$h_{\mathrm{f}}=\sqrt{\frac{2\mu_{\mathrm{f}}}{\rho_{\mathrm{f}}\omega}} \tag{8.6}$$

式中 c_i—— 悬臂梁简化流体动力函数的系数($i=1,2,3,4$),对于均匀矩形截面梁分别为 $c_1=1.0553$、$c_2=3.7997$、$c_3=3.8018$、$c_4=2.7364$;

h_{f}—— 悬臂梁表面的黏性边界层厚度;

Re—— 关于悬臂梁在流体中振动时的雷诺数,$Re=\rho_{\mathrm{f}}\omega b^2/(4\mu_{\mathrm{f}})$;

m_{f}—— 流体的动黏度系数;

j—— 虚数单位。

需要注意的是,当流体尾部有涡脱落时,流体动力函数需要加上修正项,本书主要考虑振动位移较小的情况,修正项可忽略不计[4,5]。

在小幅值振动条件下,式(8.1)中的响应可由模态叠加法求解,即悬臂梁的横向振动位移可表示为各阶模态函数(U_{3k})和相应模态参与因子(η_k)乘积的叠加[6],即

$$u_3(x,t)=\sum_{k=1}^{\infty}\eta_k(t)U_{3k}(x) \tag{8.7}$$

通常假设悬臂梁在流体中的模态函数与无流体时的情况相同,即[2,7]

$$U_{3k}=\cosh(\lambda_k x)-\cos(\lambda_k x)-\frac{\cosh(\lambda_k L)+\cos(\lambda_k L)}{\sinh(\lambda_k L)+\sin(\lambda_k L)}[\sinh(\lambda_k x)-\sin(\lambda_k x)] \tag{8.8}$$

将悬臂梁横向位移表达式(8.7)和式(8.8)代入悬臂梁振动方程式(8.1)中,并利用模态函数正交性可得

$$\ddot{\eta}_k+2\tilde{\zeta}_k\tilde{\omega}_k\dot{\eta}_k+\tilde{\omega}_k^2\eta_k=\hat{F}_{3k}^a \tag{8.9}$$

$$\tilde{\zeta}_k=\frac{c+\rho_{\mathrm{f}}b\omega\Gamma_{\mathrm{i}}\pi/4}{2(\rho h+\rho_{\mathrm{f}}b\Gamma_{\mathrm{r}}\pi/4)\tilde{\omega}_k} \tag{8.10}$$

式中 $\tilde{\zeta}_k$—— 悬臂梁在流体中 k 阶模态的阻尼比,包括弹性梁自身阻尼和流体引起的阻尼两方面的影响;

$\hat{F}_{3k}^a$—— 悬臂梁 k 阶模态作动力。

相应地,悬臂梁在流体中的固有频率可写成

$$\tilde{\omega}_k=\frac{(\lambda_k L)^2}{L^2}\sqrt{\frac{YI}{\rho A+\rho_{\mathrm{f}}b^2\Gamma_{\mathrm{r}}\pi/4}} \tag{8.11}$$

式中,$\lambda_k L$ 可由特征方程 $1+\cos(\lambda L)\cos(\lambda L)=0$ 求得,其具体数值解分别为 $\lambda_1 L=1.875$、$\lambda_2 L=4.649$、$\lambda_3 L=7.855$、$\lambda_4 L=10.966$,当 $k>4$ 时,$\lambda_k L=(k-0.5)\pi$。

8.1.2 悬臂梁在阻流板尾流中的动态响应

当均匀来流以一定流速 v_f 流过阻流板时,会在阻流板尾流中形成卡门涡街,使尾流中的悬臂梁受到周期性流场力的激励作用。本书仅考虑黏性不可压缩流体,则二维流场可由笛卡儿坐标系下的纳维 - 斯托克斯方程描述,即

$$\rho_f\left(\frac{\partial v_x}{\partial t}+v_x\frac{\partial v_x}{\partial x}+v_z\frac{\partial v_x}{\partial z}\right)=-\frac{\partial p}{\partial x}+\mu_f\left(\frac{\partial^2 v_x}{\partial x^2}+\frac{\partial^2 v_x}{\partial z^2}\right)+f_x \tag{8.12}$$

$$\rho_f\left(\frac{\partial v_z}{\partial t}+v_x\frac{\partial v_z}{\partial x}+v_z\frac{\partial v_z}{\partial z}\right)=-\frac{\partial p}{\partial z}+\mu_f\left(\frac{\partial^2 v_z}{\partial x^2}+\frac{\partial^2 v_z}{\partial z^2}\right)+f_z \tag{8.13}$$

$$\frac{\partial v_x}{\partial x}+\frac{\partial v_z}{\partial z}=0 \tag{8.14}$$

式中 ρ_f、μ_f—— 流体的密度和动力黏度;

v_x、v_z—— 流体在 x 和 $z(\alpha_3)$ 方向上的速度;

p—— 流体压力;

f_x、f_z—— 悬臂梁对其周围流体在 x 和 z 方向上引起的附加力。

为便于描述及推导,采用矢量形式进行表示[8],即

$$\rho_f\frac{\partial \boldsymbol{v}}{\partial t}+\rho_f(\boldsymbol{v}\cdot\nabla)\boldsymbol{v}=-\nabla p+\mu_f\nabla^2\boldsymbol{v}+\boldsymbol{f} \tag{8.15}$$

$$\nabla\cdot\boldsymbol{v}=0 \tag{8.16}$$

式中 $\boldsymbol{v}$、$\boldsymbol{f}$—— 流场速度矢量以及悬臂梁对流体产生的附加力矢量。

为描述悬臂梁对其周围流体的附加力,可采用物理虚拟模型计算流体对悬臂梁的作用力[9],即

$$\widetilde{\boldsymbol{F}}=\rho_f\frac{\partial \boldsymbol{v}}{\partial t}+\rho_f(\boldsymbol{v}\cdot\nabla)\boldsymbol{v}+\nabla p-\mu_f\nabla^2\boldsymbol{v} \tag{8.17}$$

式中 $\widetilde{\boldsymbol{F}}$—— 流体对悬臂梁的作用力矢量,$\widetilde{\boldsymbol{F}}=(\widetilde{F}_x,\widetilde{F}_3)$。

式(8.17)右边表示该作用力矢量共由四个分量构成,依次为速度力项、对流项、压差力项及黏性力项。

在计算流体对悬臂梁的作用力时,采用沉浸边界法描述悬臂梁和流体交界面,采用离散拉格朗日点进行代替。通常情况下,悬臂梁网格点和流体网格点并不重合。因此,在根据上述流体对悬臂梁的作用力计算悬臂梁对流体的作用力时,需要进行插值,沉浸边界法如图8.2所示。图中,i 和 j 分别表示流体域轴向和横向网格节点编号。计算过程中采用非交错网格对流体域进行划分,当流体网格点到相邻悬臂梁网格点的距离小于流体网格对角线长度时,对网格点进行线性插值[8],有

$$\boldsymbol{f}=\left(1-d/\sqrt{\Delta x^2+\Delta z^2}\right)\widetilde{\boldsymbol{F}} \tag{8.18}$$

式中　d——流体网格点到最近悬臂梁网格点的距离。

当得到悬臂梁对流体的作用力后，为求解纳维－斯托克斯方程，需在时间域上对耗散项（即流体黏性相关项）采用克兰克－尼科尔森格式（Crank－Nicolson Scheme）离散，其他项采用亚当斯－巴什福斯格式（Adams－Bashforth Scheme）离散。为求解 $t=(nt+1)\cdot\Delta t$ 时刻流场信息，首先采用投影法得到一个散度不为零的中间速度场 $\boldsymbol{v}^{nt+1/2}$[9]，即

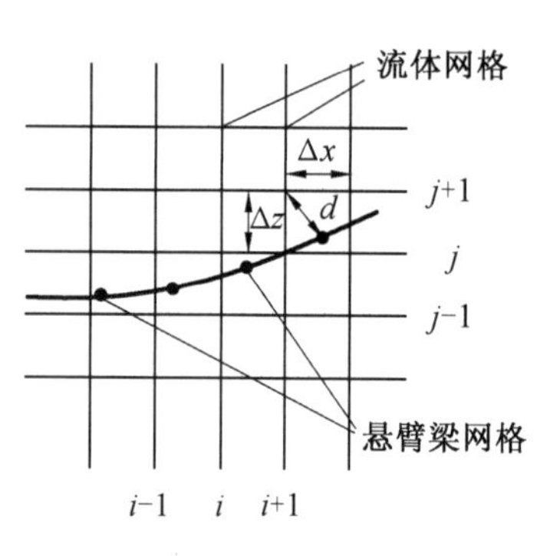

图 8.2　沉浸边界法

$$\rho_{\mathrm{f}}\frac{\boldsymbol{v}^{nt+1/2}-\boldsymbol{v}^{nt}}{\Delta t}+\rho_{\mathrm{f}}\left[\frac{3}{2}(\boldsymbol{v}^{nt}\cdot\nabla)\boldsymbol{v}^{nt}-\frac{3}{2}(\boldsymbol{v}^{nt-1}\cdot\nabla)\boldsymbol{v}^{nt-1}\right]$$
$$=\frac{\mu_{\mathrm{f}}}{2}(\nabla^2\boldsymbol{v}^{nt}+\nabla^2\boldsymbol{v}^{nt+1})+\boldsymbol{f}^{nt+1} \tag{8.19}$$

式中　$\boldsymbol{v}^{nt-1}$、$\boldsymbol{v}^{nt}$、$\boldsymbol{v}^{nt+1}$——上一时刻、当前时刻及下一时刻的流场速度矢量；

$\boldsymbol{f}^{nt+1}$——上述通过插值计算得到的附加力。

为减少边界的影响，考虑的流体区域无穷大，采用类似文献[10]计算区域的形式，计算流体域及边界条件如图 8.3 所示。

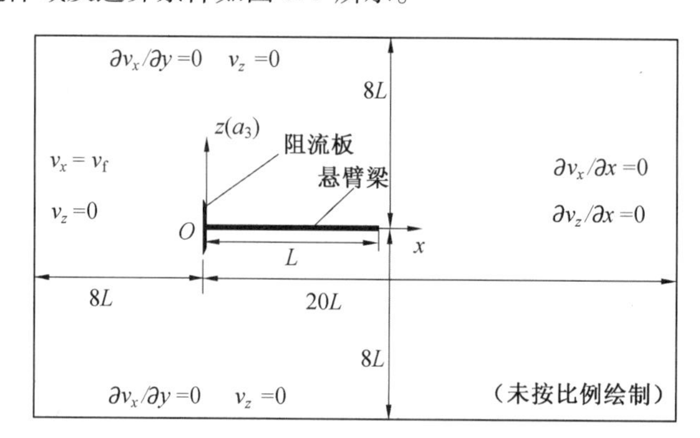

图 8.3　计算流体域及边界条件

将边界条件代入式(8.19)中得到中间速度场后，为进一步得到 t 时刻速度值，需要先求解流场压力情况，即

$$\nabla^2 p^{nt+1}=0 \tag{8.20}$$

最终 t 时刻速度值可表示为[9]

$$\boldsymbol{v}^{nt+1}=\boldsymbol{v}^{nt+1/2}-\Delta t\,\nabla p \tag{8.21}$$

当 $t=(nt+1)\cdot\Delta t$ 流场情况按照上述过程求解后，再通过物理虚拟模型计算

该时刻流场对悬臂梁的横向作用力 $\tilde{F}_3$，进而由模态叠加法求解悬臂梁的动态响应。

假设悬臂梁横向振动位移较小，悬臂梁轴向坐标可用变形前的坐标代替，并且只需考虑流体对悬臂梁的横向作用力。k 阶的模态作用力可表示为

$$\hat{F}_{3k} = \frac{1}{\rho AL}\int_0^L U_{3k}\tilde{F}_3 \mathrm{d}x \tag{8.22}$$

将式(8.22)代入模态方程式(8.9)和式(8.10)中，可解得模态参与因子的表达式为[11]

$$\eta_k(t) = \mathrm{e}^{-\zeta_k\omega_k t}\left[\eta_k(0)\cos(\omega_{\mathrm{d}}t) + (\eta_k(0)\zeta_k\omega_k + \dot{\eta}_k(0))\frac{\sin(\omega_{\mathrm{d}}t)}{\omega_{\mathrm{d}}}\right] + \frac{1}{\omega_{\mathrm{d}}}\int_0^t \hat{F}_{3k}(\tau)\mathrm{e}^{-\zeta_k\omega_k(t-\tau)}\sin(\omega_{\mathrm{d}}(t-\tau))\mathrm{d}\tau \tag{8.23}$$

$$\omega_{\mathrm{d}} = \omega_k\sqrt{1-\zeta_k^2} \tag{8.24}$$

式(8.23)等号右边第一项为初始条件对模态参与因子的影响，随时间呈指数衰减。需要注意的是，空气的密度和黏性较小，对悬臂梁固有频率及阻尼的影响忽略不计。对于零初始状态的悬臂梁，式(8.23)可简化为[11]

$$\eta_k(t) = \frac{1}{\omega_{\mathrm{d}}}\int_0^t \hat{F}_{3k}(\tau)\mathrm{e}^{-\zeta_k\omega_k(t-\tau)}\sin[\omega_{\mathrm{d}}(t-\tau)]\mathrm{d}\tau \tag{8.25}$$

在式(8.25)的数值求解过程中，t 时刻的模态参与因子可由上一时刻($t-\Delta t$)求解得到，即

$$\eta_k(t) = \eta_k(t-\Delta t) + \frac{1}{\omega_{\mathrm{d}}}\int_{t-\Delta t}^t \hat{F}_{3k}(\tau)\mathrm{e}^{-\zeta_k\omega_k(t-\tau)}\sin(\omega_{\mathrm{d}}(t-\tau))\mathrm{d}\tau \tag{8.26}$$

其中，模态作用力 $\hat{F}_{3k}$ 在($t-\Delta t$)至 t 的值通过线性插值得到。当 t 时刻的模态参与因子求得后，通过模态扩展法即可得到该时刻悬臂梁的位移响应。通常情况下，外界激励频率较低，因此采用模态扩展法计算位移时只需考虑前几阶模态的贡献，高阶模态可忽略不计。

8.1.3　压电悬臂梁传感电压信号

当悬臂梁在阻流板尾流中发生振动时，粘贴在悬臂梁上的压电片会随之发生变形并产生相应的电信号。根据正压电效应，压电方程可写成[12]

$$\{D\} = [e]\{S\} + [\varepsilon^s]\{E\} \tag{8.27}$$

式中　$\{D\}$—— 电位移向量；

$[e]$—— 压电材料压电应力系数矩阵；

$\{S\}$—— 应变向量；

$[\varepsilon^s]$—— 恒应变条件下测得的介电常数矩阵；

$\{E\}$——电场向量。

假设压电片理想粘贴到悬臂梁表面,其内部平均应变可表示为[6]

$$S_{xx}^{s} = r^{s} \frac{\partial^{2} u_{3}}{\partial x^{2}} \tag{8.28}$$

式中 r^{s}——压电片中面到悬臂梁中性层的距离。

假设压电常数坐标和悬臂梁坐标轴保持一致,压电片极化方向沿着厚度方向,电极在压电片上下表面。此时电场只沿着 z 方向(即 α_{3} 方向)分布,则式(8.27)可简化为

$$D_{3} = e_{31} S_{xx}^{s} + \varepsilon_{33} E_{3} = e_{31} r^{s} \frac{\partial^{2} u_{3}}{\partial x^{2}} + \varepsilon_{33} E_{3} \tag{8.29}$$

根据麦克斯韦方程(Maxwell's Equation),电场强度和电势关系可表示为[6]

$$\{E\} = -\nabla\phi \tag{8.30}$$

若压电片较薄且厚度均匀,可假设其内部电场为均匀分布,此时厚度方向的电势差 ϕ 可根据式(8.30)简化求得,即

$$\phi = -\int_{\alpha_3} E_{3} \mathrm{d}\alpha_{3} = -h^{s} E_{3} \tag{8.31}$$

式中 h^{s}——压电贴片厚度。

对于有效电极面积为 S^{e} 的压电片,通过对电位移表达式(8.29)在电极面积上进行积分,并将电场强度和电势差关系式(8.31)代入,即可得到表面电极总电荷量为

$$\begin{aligned} Q &= \iint_{S^e} D_{3} \mathrm{d}S^{e} = \iint_{S^e} e_{31} r^{s} \frac{\partial^{2} u_{3}}{\partial x^{2}} \mathrm{d}S^{e} - \iint_{S^e} \varepsilon_{33} \frac{\phi}{h^{s}} \mathrm{d}S^{e} \\ &= \iint_{S^e} e_{31} r^{s} \frac{\partial^{2} u_{3}}{\partial x^{2}} \mathrm{d}S^{e} - \varepsilon_{33} S^{e} \frac{\phi}{h^{s}} \end{aligned} \tag{8.32}$$

通常测量传感信号设备/仪器的输入阻抗相对于传感器的输出阻抗要大很多,此时可假设传感器处于开路状态,即压电片传感器表面的总电荷量式(8.32)等于零。令 $Q=0$,并整理式(8.32),可得到有效电极面积 S^{e} 的压电片开路电压传感信号为

$$\phi^{s} = \frac{h^{s}}{\varepsilon_{33} S^{e}} \iint_{S^e} e_{31} r^{s} \frac{\partial^{2} u_{3}}{\partial x^{2}} \mathrm{d}S^{e} \tag{8.33}$$

式中 ϕ^{s}——开路电压。

当通过沉浸边界法以及模态扩展法求得梁的位移后,代入上式可得

$$\phi^{s} = \sum_{k=1}^{\infty} \left(\frac{\eta_{k} h^{s}}{\varepsilon_{33} S^{e}} \iint_{S^e} e_{31} r^{s} \frac{\partial^{2} U_{3k}}{\partial x^{2}} \mathrm{d}S^{e} \right) \tag{8.34}$$

当压电片粘贴宽度等于梁宽,长度方向粘贴位置未知时,式(8.34)可进一步

简化为

$$\phi^s = \sum_{k=1}^{\infty}\left(\frac{\eta_k h^s}{\varepsilon_{33}(x_2^* - x_1^*)}\int_{x_1^*}^{x_2^*} e_{31} r^s \frac{\partial^2 U_{3k}}{\partial x^2}\mathrm{d}x\right) \tag{8.35}$$

将前一节采用模态扩展法得到的模态参与因子代入式(8.35)中,可由($t - \Delta t$)得到 t 时刻压电传感片的电压信号为

$$\phi^s = \sum_{k=1}^{\infty}\left\{\frac{h^s}{\varepsilon_{33}(x_2^* - x_1^*)}\int_{x_1^*}^{x_2^*} e_{31} r^s \frac{\partial^2 U_{3k}}{\partial x^2}\mathrm{d}x \times \left\{\eta_k(t-\Delta t) + \frac{1}{\omega_\mathrm{d}}\int_{t-\Delta t}^{t}\hat{F}_{3k}(\tau)\mathrm{e}^{-\zeta_k\omega_k(t-\tau)}\sin[\omega_\mathrm{d}(t-\tau)]\mathrm{d}\tau\right\}\right\} \tag{8.36}$$

8.2　压电悬臂梁俘能器能量采集分析及优化

本节主要对压电悬臂梁俘能器能量采集进行分析。基于开路条件,给出压电片随悬臂梁振动时内部产生的总能量。在假设外部负载是纯电阻的情况下,建立稳态振动情况下压电片输出电压幅值以及有效功率的解析表达。基于有限差分法计算输出电压及有效功率。根据理论分析及数值计算对压电片长度进行优化分析。最后针对压电悬臂梁在不同倾角阻流板尾流中能量采集情况及压电片优化进行具体研究和讨论。

8.2.1　压电悬臂梁俘能器能量采集分析

为分析俘能器能量采集特性,需要建立分析压电片产生的总能量。在电路开路条件下,压电片表面电极上的电荷量表达式为

$$Q = \iint_{S^e} e_{31} r^e \frac{\partial^2 u_3}{\partial x^2}\mathrm{d}S^e - \varepsilon_{33} S^e \frac{\phi}{h^e} \tag{8.37}$$

与式(8.32)不同的是,式(8.37)采用上标“e”代替“s”表示能量采集(Energy Harvesting)理论,对应的 h^e 和 r^e 分别表示能量采集器上压电片的厚度以及压电片中间层到悬臂梁中性层的距离,对于均匀厚度的悬臂梁和压电片有 $r^e = (h + h^e)/2$,此时压电片上下电极间电压为

$$\phi = \frac{h^e}{\varepsilon_{33} S^e}\iint_{S^e} e_{31} r^e \frac{\partial^2 u_3}{\partial x^2}\mathrm{d}S^e \tag{8.38}$$

由于压电片比较薄,因此内部电场强度可视为均匀分布,压电片可看成理想电容器(等效电容为 $C^e = \varepsilon_{33} S^e / h^e$),则开路条件下压电片内部总的电能 E 为

$$E = \frac{1}{2}C^e\phi^2 = \frac{1}{2}\frac{h^e}{\varepsilon_{33} S^e}\left(\iint_{S^e} e_{31} r^e \frac{\partial^2 u_3}{\partial x^2}\mathrm{d}S^e\right)^2$$

$$= \frac{1}{2}\frac{h^e}{\varepsilon_{33}S^e}\left(\sum_{k=1}^{\infty}\eta_k\iint_{S^e}e_{31}r^eU''_{3k}\mathrm{d}S^e\right)^2 \tag{8.39}$$

当外界为简谐激励时,悬臂梁的响应也会简谐变化,模态参与因子可表示为[11]

$$\eta_k = \eta_k^* \mathrm{e}^{\mathrm{j}\omega t} \tag{8.40}$$

则压电片内部储存的电能可进一步表示为

$$E = \frac{1}{2}\frac{h^e}{\varepsilon_{33}S^e}\left(\sum_{k=1}^{\infty}\eta_k^*\mathrm{e}^{\mathrm{j}\omega t}\iint_{S^e}e_{31}r^eU''_{3k}\mathrm{d}S^e\right)^2 \tag{8.41}$$

为使俘能器效率最大,其应工作在共振状态。第 k 阶共振状态下的电能 E_k 可表示为

$$\begin{aligned}E_k &= \frac{1}{2}\frac{h^e}{\varepsilon_{33}S^e}\left(\eta_k^*\mathrm{e}^{\mathrm{j}\omega t}\iint_{S^e}e_{31}r^eU''_{3k}\mathrm{d}S^e\right)^2 \\ &= \frac{1}{2}\frac{h^e}{\varepsilon_{33}S^e}\left(\eta_k^*\iint_{S^e}e_{31}r^eU''_{3k}\mathrm{d}S^e\right)^2\mathrm{e}^{2\mathrm{j}\omega t} \\ &= E_k^*\mathrm{e}^{2\mathrm{j}\omega t}\end{aligned} \tag{8.42}$$

式中 E_k^* —— 压电片内部储存电能的幅值。

以上即为开路条件下悬臂力俘能器压电片内部产生电能的计算过程。

实际情况下,俘能器需要接入外部负载,构成闭合电路回路。压电片本身阻抗使其实际输出的能量低于开路条件下压电片内部储存的能量。当接入的负载阻值较小时,开路假设变得不再适用,需要采用闭路模型,即电极两端通过导线和电子设备连接形成回路后,电极和导线中会存在电流 i,其表达式可通过对总电荷量(式(8.37))对时间的微分求得[13],即

$$i = \frac{\partial Q}{\partial t} = \frac{\partial}{\partial t}\left(\iint_{S^e}e_{31}r^s\frac{\partial^2 u_3}{\partial x^2}\mathrm{d}S^e - \varepsilon_{33}S^e\frac{\phi}{h^s}\right) \tag{8.43}$$

当外部负载为纯电阻(阻值为 R_L)时,电阻两端的电压可表示为

$$V_{R_\mathrm{L}} = iR_\mathrm{L} \tag{8.44}$$

同时,由于电阻和压电片并联的关系,压电片电极间的电压 ϕ 与电阻两端电压 V_{R_L} 相等,由此将电流公式(8.43)代入式(8.44)中并整理可得

$$\dot{V}_{R_\mathrm{L}} + V_{R_\mathrm{L}}\frac{1}{R_\mathrm{L}}\frac{1}{\dfrac{\varepsilon_{33}S^e}{h^e}} = \frac{1}{\dfrac{\varepsilon_{33}S^e}{h^e}}\iint_{S^e}e_{31}r^e\frac{\partial^2\dot{u}_3}{\partial x^2}\mathrm{d}S^e \tag{8.45}$$

式(8.45)中等号右边为开路电压 ϕ 对时间的1阶导数,即 $\dot{\phi}$。由于开路电压随时间的变化主要是由其内部应变随时间的变化引起的,因此具体可根据模态叠加法表示为各阶模态参与因子随时间的变化 $\dot{\eta}_k$ 和模态电压 ϕ_k 乘积的叠加,即

$$\dot{\phi} = \frac{1}{\varepsilon_{33}S^e/h^e}\iint_{S^e}e_{31}r^e\frac{\partial^2\dot{u}_3}{\partial x^2}\mathrm{d}S^e = \sum_{k=1}^{\infty}\left(\dot{\eta}_k\frac{1}{\varepsilon_{33}S^e/h^e}\iint_{S^e}e_{31}r^eU''_{3k}\mathrm{d}S^e\right) = \sum_{k=1}^{\infty}(\dot{\eta}_k\phi_k) \tag{8.46}$$

当压电悬臂梁俘能器处于第 k 阶共振状态时,外部负载上的输出电压 V_{R_L} 可用$(V_{R_L}^*)_k$ 代替,即

$$(V_{R_L})_k = (V_{R_L}^*)_k e^{j(\omega t-\varphi_k)} \tag{8.47}$$

式中　φ_k—— 压电片输出电压滞后于模态参与因子 h_k 的相位角。

将模态参与因子式(8.40) 和压电片输出电压表达形式即式(8.47) 代入式(8.45) 中,整理后可得压电俘能器在第 k 阶共振情况下的稳态电压幅值及相位角,即

$$(V_{R_L}^*)_k = \frac{R_L \eta_k^* \phi_k}{\sqrt{(R_L)^2 + \dfrac{(h^e)^2}{(\omega \varepsilon_{33} S^e)^2}}} \tag{8.48}$$

$$\varphi_k = \arctan\left(\frac{1}{R_L}\frac{h^e}{\omega \varepsilon_{33} S^e}\right) \tag{8.49}$$

式中　$\dfrac{h^e}{\omega \varepsilon_{33} S^e}$ —— 对应频率下压电片的容性阻抗。

此时,压电片有效输出功率可表示为

$$P_k = \frac{\left[\dfrac{(V_{R_L}^*)_k}{\sqrt{2}}\right]^2}{R_L} = \frac{1}{2}\frac{[(V_{R_L}^*)_k]^2}{R_L} \tag{8.50}$$

式(8.50) 适用于共振条件下俘能器功率计算。对于外激励不呈现周期性、外界激励导致的位移不能解析表达等情况,可通过有限差分法对式(8.45) 在时间域离散求解,即

$$\begin{aligned}
&\frac{V_{R_L}(t) - V_{R_L}(t-\Delta t)}{\Delta t} + V_{R_L}(t)\frac{1}{R_L}\frac{1}{\dfrac{\varepsilon_{33}S^e}{h^e}} \\
&= \frac{1}{\dfrac{\varepsilon_{33}S^e}{h^e}}\iint_{S^e}\frac{e_{31}r^e\left(\dfrac{\partial^2 u_3(t)}{\partial x^2} - \dfrac{\partial^2 u_3(t-\Delta t)}{\partial x^2}\right)}{\Delta t \mathrm{d}S^e}
\end{aligned} \tag{8.51}$$

式中　t、$t-\Delta t$—— 数值计算过程中当前时刻和前一时刻;

Δt—— 时间步长。

整理得到负载电阻上的电压为

$$V_{R_L}(t) = \frac{\dfrac{R_L\varepsilon_{33}S^e}{h^e}}{\dfrac{R_L\varepsilon_{33}S^e}{h^e} + \Delta t}\left[\frac{1}{\dfrac{\varepsilon_{33}S^e}{h^e}}\iint_{S^e} e_{31}r^e\left(\frac{\partial^2 u_3(t)}{\partial x^2} - \frac{\partial^2 u_3(t-\Delta t)}{\partial x^2}\right)\mathrm{d}S^e + V_{R_L}(t-\Delta t)\right] \tag{8.52}$$

当位移是由模态叠加法计算得到时,上式可进一步表示成

$$V_{R_{\mathrm{L}}}(t)=\frac{\dfrac{R_{\mathrm{L}}\varepsilon_{33}S^{e}}{h^{e}}}{\dfrac{R_{\mathrm{L}}\varepsilon_{33}S^{e}}{h^{e}}+\Delta t}\left\{\sum_{k=1}^{\infty}\left[\left(\eta_{k}(t)-\eta_{k}(t-\Delta t)\right)\phi_{k}\right]+V_{R_{\mathrm{L}}}(t-\Delta t)\right\}$$

(8.53)

初始时刻到 $t=nt\cdot\Delta t$ 时刻内压电片输出电压的均方根值(Root Mean Square)和有效输出功率可计算为

$$(V_{R_{\mathrm{L}}})_{\mathrm{rms}}=\sqrt{\frac{\int_{0}^{t}V_{R_{\mathrm{L}}}^{2}\mathrm{d}t}{t}}=\sqrt{\frac{\sum_{jt=1}^{nt}V_{R_{\mathrm{L}}}^{2}(jt\cdot\Delta t)}{nt}} \tag{8.54}$$

当计算任意 $t_0\sim t_1$ 时,只需将上面两式中 t 用 (t_1-t_0) 代替即可,有

$$P=\frac{1}{t}\int_{0}^{t}\frac{V_{R_{\mathrm{L}}}^{2}}{R_{\mathrm{L}}}\mathrm{d}t=\frac{(V_{R_{\mathrm{L}}})_{\mathrm{rms}}^{2}}{R_{\mathrm{L}}}=\frac{1}{nt}\frac{\sum_{jt=1}^{nt}V_{R_{\mathrm{L}}}^{2}(jt\cdot\Delta t)}{R_{\mathrm{L}}} \tag{8.55}$$

8.2.2 压电俘能器尺寸优化

如前所述,压电俘能器在共振时能输出更大的电能。为进一步提高能量采集效率,需要对俘能器本身进行优化设计。本节对压电片的位置及长度进行优化分析。压电片在悬臂梁上的位置用 $x_1^*\sim x_2^*(x_2^*>x_1^*)$ 表示,分析过程中采用开路条件储存电能的幅值 E_k^* 和闭路条件有效输出功率 P_k 为优化目标函数。

模态共振时梁上节线两侧应力反相,为压电片覆盖节线时的正负电荷抵消现象,可根据节线位置将梁分成若干个区域。区域边界坐标可通过令模态应变函数式(8.8)等于0求得,即

$$U_{3k}''=0\Rightarrow x=x_{\lim,i},\quad i=1,\cdots,k \tag{8.56}$$

其中,根据悬臂梁边界条件可知其自由端的应力/应变为0,相应的 $x_{\lim,k}=L$。另外,压电片的粘贴范围不会超过悬臂梁,令 $x_{\lim,0}=0$。压电片的粘贴区域相应由 $x_{\lim,i}(i=0,1,\cdots,k)$ 分割的各段进行具体优化,同时为使压电片产生及输出的电能较大,应使压电片粘贴在高应力/应变区,将相应应力/应变极值点坐标记为 $x_{ci}(i=1,\cdots,k)$。对于悬臂梁结构,固定端处位置应变最大,此时有

$$x_{c1}=0 \tag{8.57}$$

对于高阶($k\geqslant2$)模态,除固定端外,应力/应变极值点 x 坐标可由模态应变函数式(8.8)关于 x 的1阶偏导求得,即

$$\frac{\partial U''_{3k}}{\partial x} = 0 \Rightarrow x = x_{ci}, \quad i = 2, \cdots, k; \quad k \geqslant 2 \tag{8.58}$$

因此,对于第 k 阶共振情况下,第 i 个区域内关于压电片开路条件下储存的电能以及闭路条件下输出功率的优化约束条件为

$$\begin{cases} x_{\lim, i-1} \leqslant x_1^* \leqslant x_{ci} \\ x_{ci} < x_2^* \leqslant x_{\lim, i} \end{cases}, \quad i = 1, \cdots, k \tag{8.59}$$

8.2.3　算例分析

本节主要分析不同参数对压电悬臂梁俘能器在阻流板尾流中的电压输出信号的影响,包括风速大小以及阻流板倾斜角度(即与 x 轴夹角),并对前三阶共振下俘能器长度进行优化分析。计算过程中选用空气在室温(24 ℃)时的参数,密度为 1.18 kg/m^3,动力黏度为 1.85×10^{-5} Pa · s,悬臂梁采用树脂玻璃,压电片材料采用 PVDF,悬臂梁及 PVDF 尺寸和材料参数见表 8.1。

表 8.1　悬臂梁及 PVDF 尺寸及材料参数

尺寸及材料参数	悬臂梁	PVDF	单位
长度	0.15	—	m
宽度	0.04	0.04	m
厚度	0.001	5×10^{-5}	m
弹性模量	3.1	2	GPa
密度	1 190	1 800	kg/m^3
阻尼比	1	—	%
压电系数 e_{31}	—	0.04	C/m^2

1. 风速及阻流板倾角对压电俘能器能量采集的影响

本算例采用电压信号分布模型,用有限差分法计算闭路输出电压及功率,研究不同风速以及阻流板倾斜角度对风能采集的影响。此处只改变风速和阻流板倾斜角度,不改变压电片尺寸,同时假设悬臂梁一侧表面全部覆盖压电片的情况,压电片厚度为 50 μm。风速变化范围为 2 ~ 4 m/s,阻流板特征长度为 5 cm,倾斜角度分别为 90°、75°、60°。为使有效功率最大,计算输出功率时选取与压电片容性阻抗匹配的最佳负载。3 m/s 风速条件下,俘能器在 90° 阻流板尾流中接近第 1 阶共振时的电压输出如图 8.4 所示。压电悬臂梁俘能器的输出电压基本呈现正弦变化,相应的频率为 12.1 Hz,这主要是因为阻流板周期性交替脱落尾流的频率接近悬臂梁的固有频率,此时悬臂梁接近共振状态。

对于不同风速(2 ~ 4 m/s) 和不同阻流板倾角(90°、75°、60°),俘能器在阻流板尾流中的有效输出功率如图 8.5 所示。当风速在 2 ~ 4 m/s 时,对于不同倾角的阻流板,在风速接近悬臂梁共振状态时俘能器产生的能量逐渐增大。在非共振状态,风速较高时要比风速较低时的有效输出功率稍高一些,原因是风速较高时流体携带的能量更多,俘能器能俘获更多的能量。随着悬臂梁倾角变小,达到悬臂梁第 1 阶共振频率所需要的风速也相应减小。但由于风速较低时流体携带的能量也较小,因此此时有效输出功率也不高。

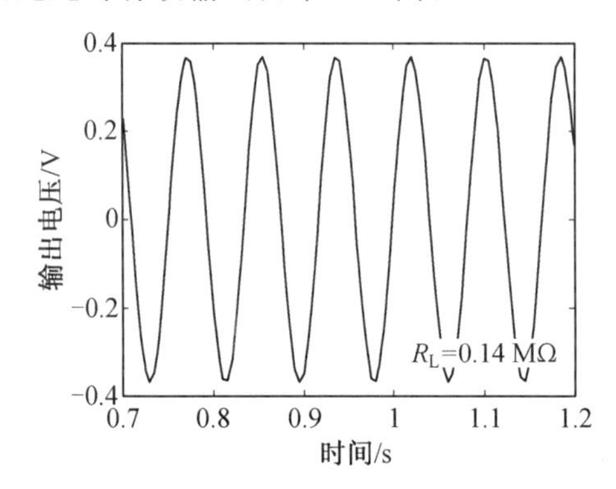

图 8.4　俘能器在 90° 阻流板尾流中接近第 1 阶共振时的电压输出

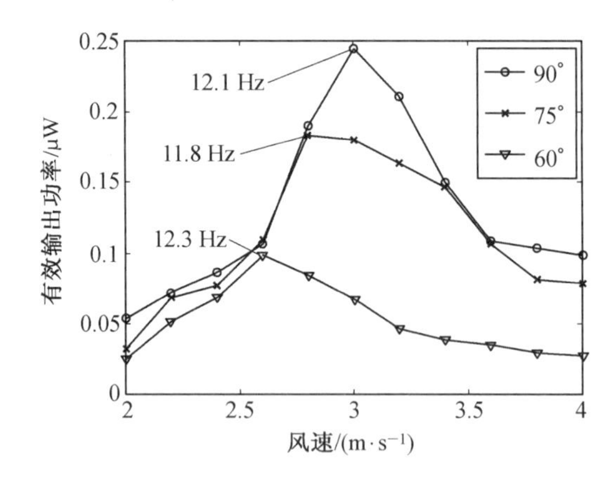

图 8.5　俘能器在阻流板尾流中的有效输出功率

2. 不同共振状态下悬臂梁俘能器压电片长度优化

本算例针对悬臂梁前三阶共振状态下,以开路条件储存电能的幅值 E_k^* 和闭路条件有效输出功率 P_k 最大为目标,对压电片长度进行优化设计。为简化分析,假设在各阶共振时悬臂梁自由端位移幅值均为 1 mm,同时假设闭路条件时外部负载电阻值等于压电片内部阻抗值。

对于第 1 阶共振情况，频率为 11.6 Hz。压电悬臂梁应力/应变函数符号沿着长度方向不发生改变，俘能器在第 1 阶共振状态下的压电片位置区间如图 8.6 所示。压电片粘贴位置范围即位置的约束条件为 $x_1^* = 0, 0 < x_2^* \leqslant L$。此时，开路条件储存电能的幅值 E_1^*、闭路条件有效输出功率 P_1、等效电容及输出电压幅值随压电片位置变化如图 8.7 所示。

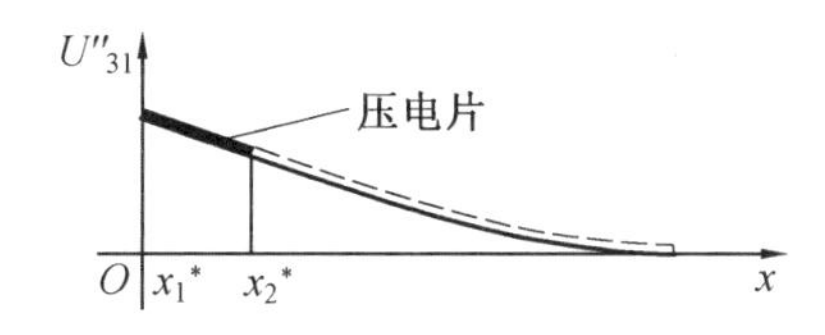

图 8.6　俘能器在第 1 阶共振状态下的压电片位置区间

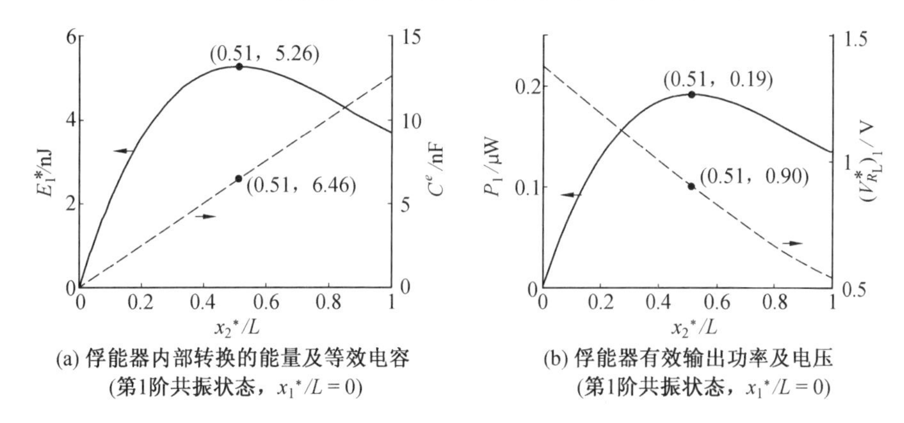

图 8.7　压电悬臂梁俘能器在第 1 阶共振状态下贴片优化分析，区间一：$x_1^* = 0, 0 < x_2^* \leqslant L$

对于第 1 阶共振状态，压电片最佳粘贴位置为 0 ~ 0.51 L，相应的压电片长度约为梁长的 51%。随着压电片长度的增加，由于电压平均效应，因此压电片的电压会降低。同时，压电片的电容会随着压电片长度的增加而增加，这一作用在压电片较短时更加明显。两种效应共同作用导致输出功率先增加后减小。在开路条件以及闭路条件下，分别采用储存电能的幅值 E_1^* 以及输出功率 P_1 作为优化目标，得到的压电片最优长度相同。其主要原因是闭路条件下采用最优负载阻值，压电片在负载上的输出电压正好为开路电压的一半，导致当电能幅值 E_1^* 及输出功率 P_1 达到最大值时，压电片位置及尺寸是相同的。

第 2 阶共振的固有频率为 72.6 Hz。在第 2 阶共振时，梁上存在模态节点，其两侧电压相反，使得压电悬臂梁应力/应变函数符号沿着长度方向会发生改变。因此，由模态节点将梁分成两个区域，俘能器在第 2 阶共振状态下的压电片位置区间如图 8.8 所示。

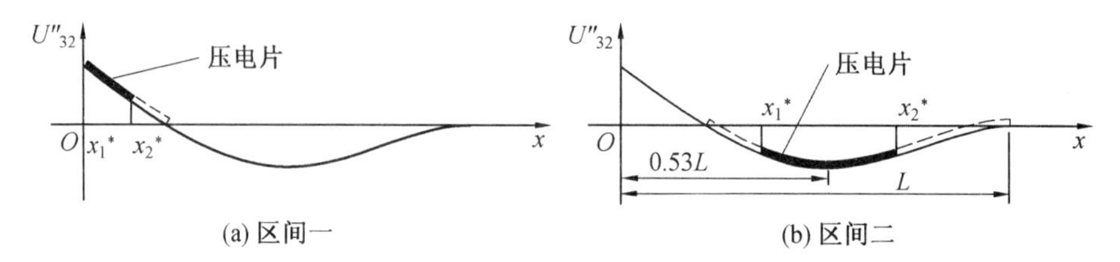

图 8.8　俘能器在第 2 阶共振状态下的压电片位置区间

第一段区域位置为 0 ~ 0.22L。此时,压电片位置约束函数为 $x_1^* = 0, 0 < x_2^* \leqslant 0.22L$,开路条件储存电能的幅值 E_2^*、闭路条件有效输出功率 P_2 如图 8.9 所示。结果表明,对于第 2 阶共振状态,在第一段分布区域内压电片最佳粘贴位置为 0 ~ 0.14L,相应的粘贴长度为梁长的 14% 左右。

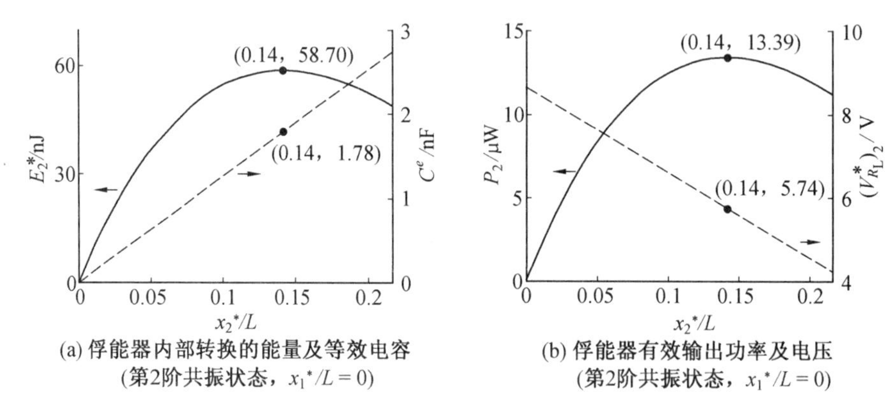

图 8.9　压电悬臂梁俘能器在第 2 阶共振状态下贴片优化,区间一:

$x_1^* = 0, 0 < x_2^* \leqslant 0.22L$

第 2 阶共振下第二段区域为 0.22L ~ L。通过模态应变函数关于 x 的 1 阶导数求得此时极值点为 0.53L。因此,压电片位置约束函数为 $0.22L \leqslant x_1^* \leqslant 0.53L, 0.53L < x_2^* \leqslant L$。相关的开路条件储存电能的幅值 E_2^*、闭路条件有效输出功率 P_2 及等效电容、输出电压幅值随压电片位置变化情况如图 8.10 所示。可见,对于第二段相同符号应力 / 应变分布区域,压电片的最佳粘贴位置为 0.29L ~0.81L,相应的粘贴长度为梁长的 52% 左右。

对于第 3 阶共振,固有频率为 203.3 Hz。两个模态节点将梁划分为三段区域,俘能器在第 3 阶共振状态下的压电片位置区间如图 8.11 所示。

通过计算第 3 阶模态应变函数零点即可得到第一段区域为 0 ~ 0.13L,此时关于压电片位置约束函数为 $x_1^* = 0, 0 < x_2^* \leqslant 0.13L$。开路条件储存电能的幅值 E_3^*、闭路条件有效输出功率 P_3 随压电片贴片位置变化情况如图 8.12 所示。压电片在第一段区域中的最佳粘贴位置为 0 ~ 0.09L,相应的粘贴长度为梁长的 9% 左右。

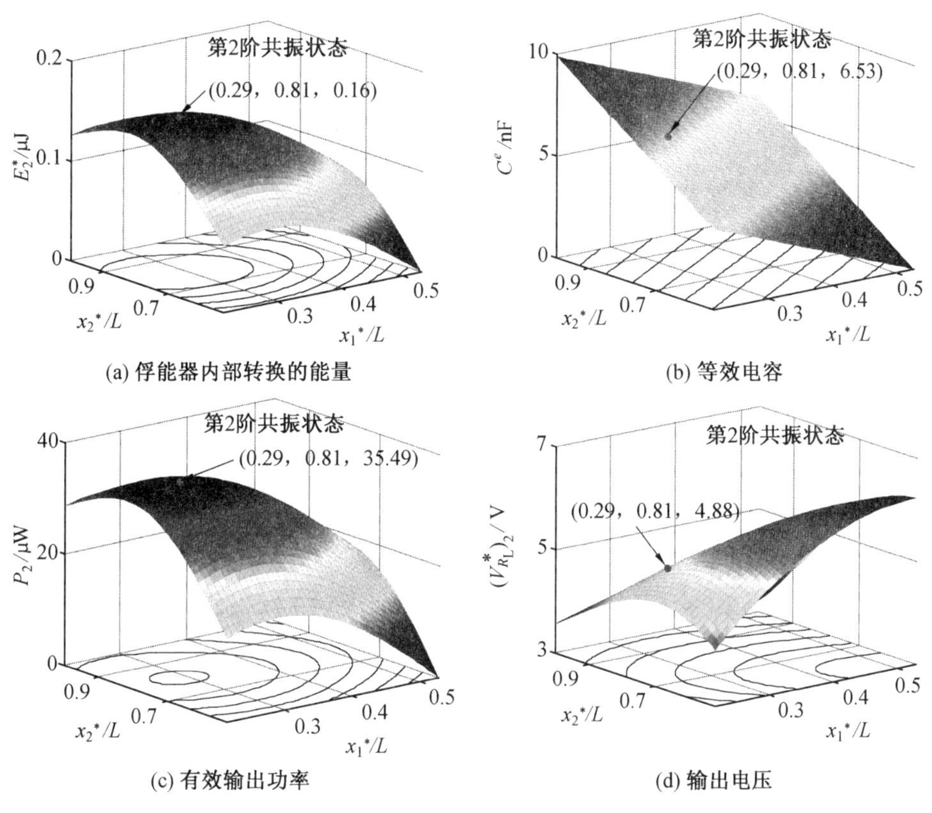

图 8.10　俘能器在第 2 阶共振状态下贴片优化，区间二：$0.22L < x_1^* \leqslant 0.53L, 0.53L < x_2^* \leqslant L$（彩图见附录）

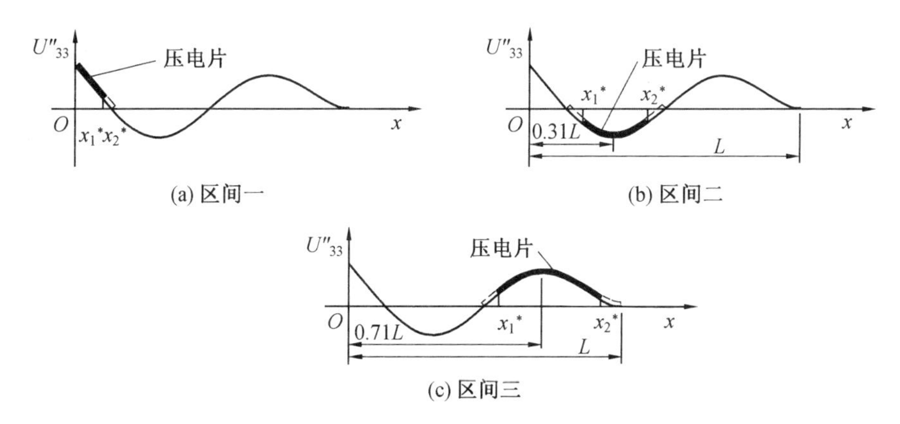

图 8.11　俘能器在第 3 阶共振状态下的压电片位置区间

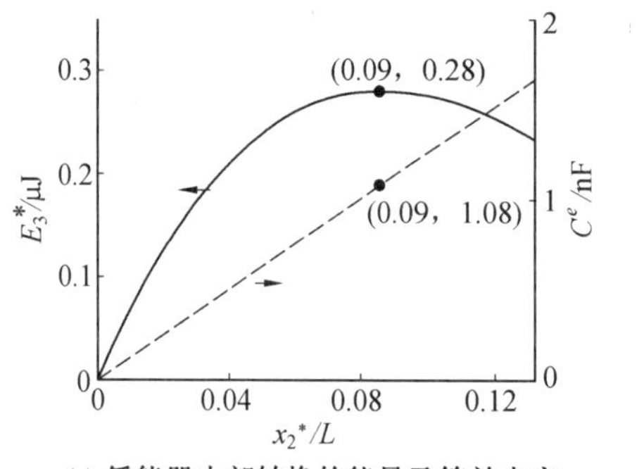

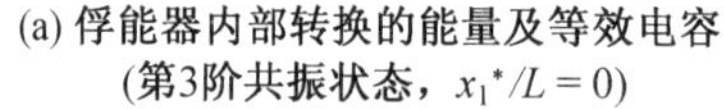

(a) 俘能器内部转换的能量及等效电容
(第3阶共振状态，$x_1^*/L=0$)

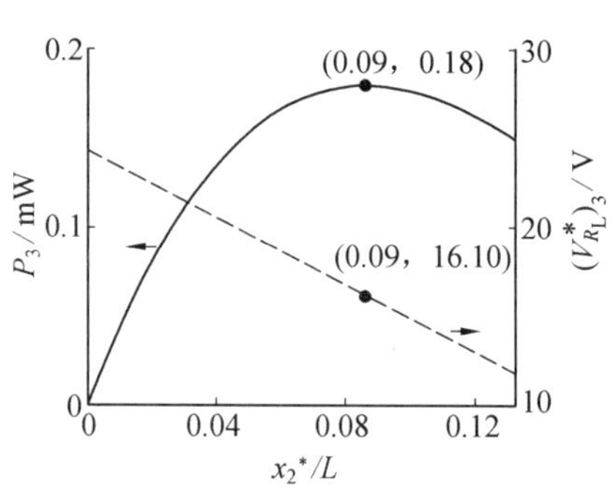

(b) 俘能器有效输出功率及电压
(第3阶共振状态，$x_1^*/L=0$)

图 8.12　俘能器在第 3 阶共振状态下贴片优化，区间一：$x_1^* = 0, 0 < x_2^* \leqslant 0.13L$

第3阶共振状态下第二段区域0.13L ~ 0.5L，极值点坐标为0.31L，因此关于压电片位置约束函数为 $0.13L < x_1^* \leqslant 0.31L, 0.31L < x_2^* \leqslant 0.5L$。开路条件下压电片储存的电能幅值 E_3^*、闭路条件有效输出功率 P_3 如图8.13所示。对于第3阶共振状态，压电片在第二段分布区域中的最优位置为0.17L ~ 0.45L，相应的压电片最优长度为梁长的28% 左右。

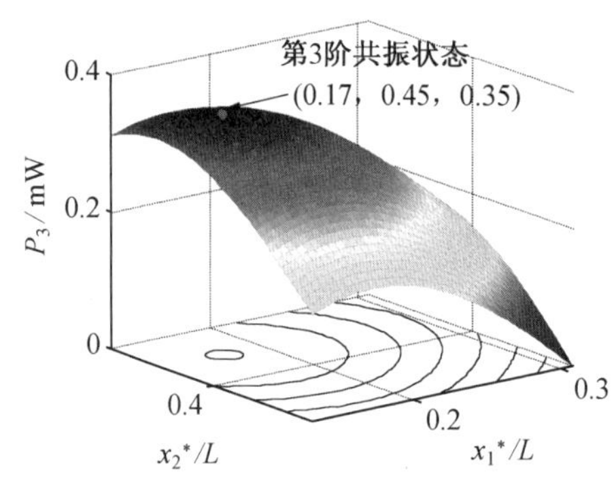

(a) 俘能器内部转换的能量及等效电容

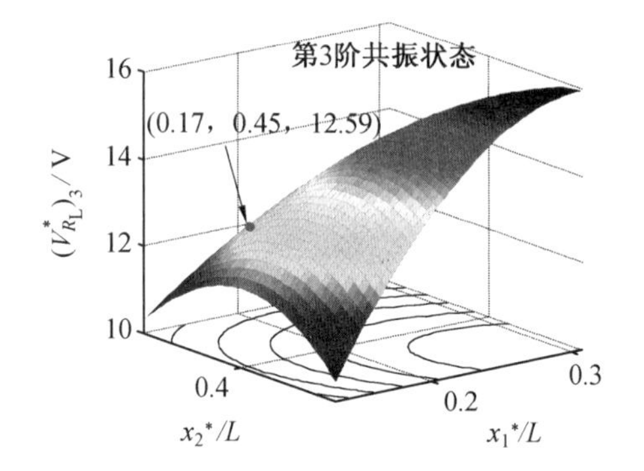

(b) 俘能器有效输出功率及电压

图 8.13　俘能器在第 3 阶共振状态下贴片优化，区间二：
$0.13L < x_1^* \leqslant 0.31L, 0.31L < x_2^* \leqslant 0.5L$（彩图见附录）

对于第3阶共振状态第三段相同符号应力/应变分布区域0.5L ~ L，极值点坐标为0.71L，因此关于压电片位置约束函数为 $0.5L < x_1^* \leqslant 0.71L, 0.71L < x_2^* \leqslant L$。根据压电片位置约束函数，通过改变压电片坐标得到开路条件压电片储存的电能幅值 E_3^*、闭路条件有效输出功率 P_3，如图8.14所示。此条件下压电最佳粘贴位置为0.55L ~ 0.88L，相应的粘贴长度为梁长的33% 左右。

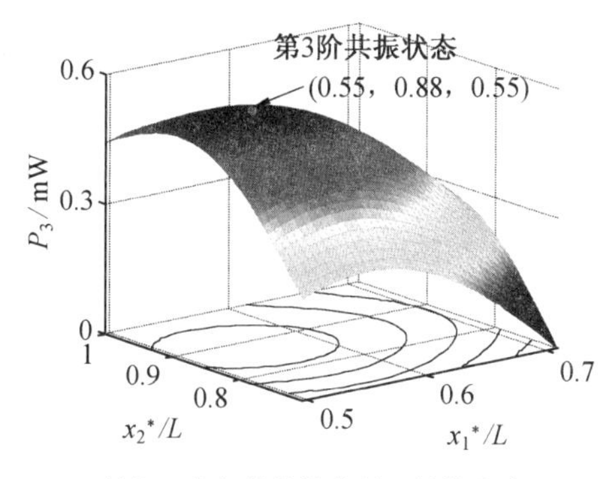

(a) 俘能器内部转换的能量及等效电容

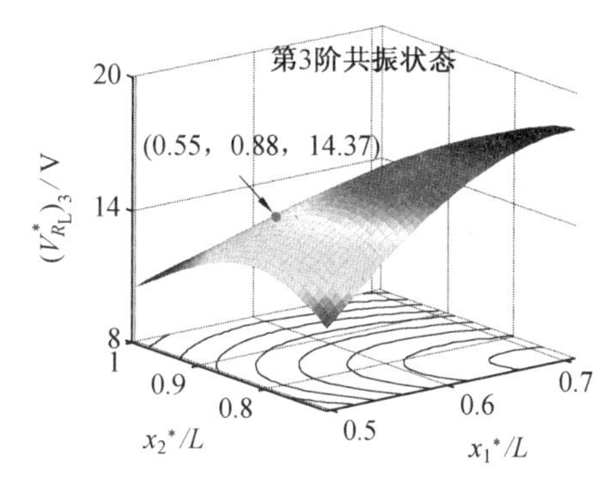

(b) 俘能器有效输出功率及电压

图 8.14　俘能器在第 3 阶共振状态下贴片优化,区间三:
$0.5L < x_1^* \leqslant 0.71L, 0.71L < x_2^* \leqslant L$(彩图见附录)

8.3　流体俘能器能量采集实验

本节主要通过风洞实验验证压电悬臂梁能量采集理论。实验首先测量了前两阶共振状态下俘能器输出的电能,并与理论计算结果相比较,从而验证能量采集理论。随后将俘能器模型放入风洞,测试不同风速条件悬臂梁在不同倾角阻流板尾流中的能量输出。

8.3.1　压电悬臂梁能量理论实验验证

实验中使用的俘能器模型与 8.2 节理论分析模型相同,弹性层为树脂材料,压电片为PVDF压电薄膜材料,其具体尺寸、材料参数见表8.1。悬臂梁上粘贴两片压电片,其中一片用于能量采集,另一片作为作动器驱动悬臂梁达到共振状态,俘能器能量采集特性实验设置及相应设备连接情况如图 8.15 所示。

通常情况下,由于压电片的电容较小,因此在低频振动条件下俘能器的输出阻抗较高。当采用输入阻抗较低的仪器设备测量俘能器的输出电压时,测得的电压不可假设为开路电压。此时,应将测量设备的输入阻抗与俘能器组成等效电路,采用闭合回路模型进行分析。

实验过程中,由函数发生器分别产生 12.17 Hz 和 76.50 Hz(俘能器前两阶固有频率) 的激励信号,经功率放大器放大到 200 倍后接入压电作动器,采用激光位移传感器测量俘能器的位移响应。为减小噪声以及工频信号(50 Hz) 的干扰,在测量开路电压时采用滤波器进行滤波。实验中分别测量了 1 MΩ、10 MΩ 两种外部负载下压电片能量输出。

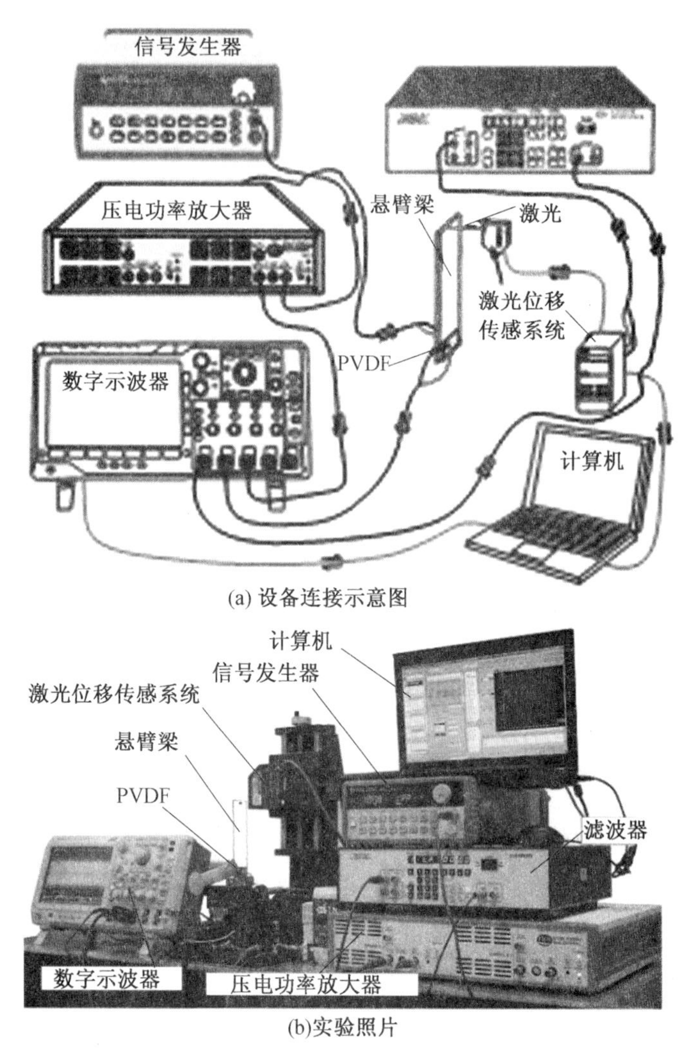

(a) 设备连接示意图

(b)实验照片

图 8.15　俘能器能量采集特性实验设置及相应设备连接情况

为提高信噪比,采用悬臂梁前两阶固有频率分别进行简谐激励。由于示波器的容性输入阻抗就很高,因此其阻性输入阻抗可忽略不计。示波器显示的电压值可看成外负载上消耗的电压。图 8.16 所示为第 1 阶共振下示波器采集到的信号。

从图 8.16 中可以发现,实验中采集到的信号受到外界噪声信号的干扰较小,基本都呈较好的周期性。通过重复记录三次上述实验结果,平均后与理论结果、有限差分结果进行比较,俘能器在前两阶共振状态下输出电压如图 8.17 所示。

结果表明,理论模型与有限差分法均能较好地预测实验结果。以实验测量电压幅值为基准,第 1 阶共振时理论结果、有限差分法结果与实验结果相对误差分别为 8.6%、8.0%;对于第 2 阶共振状态,相应的相对误差分别为 9.9%、7.5%。

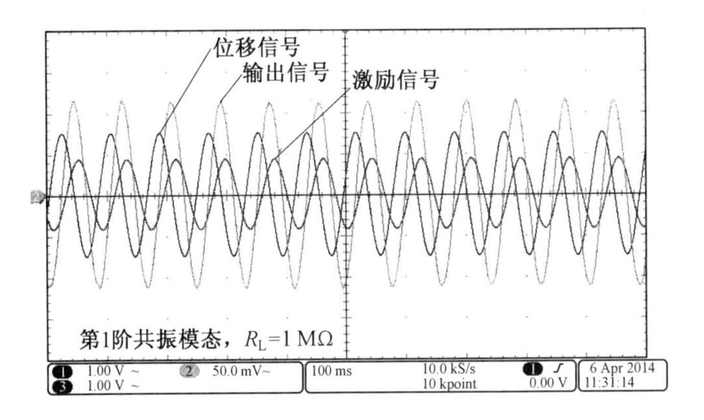

图 8.16　第 1 阶共振状态下示波器采集到的信号(彩图见附录)

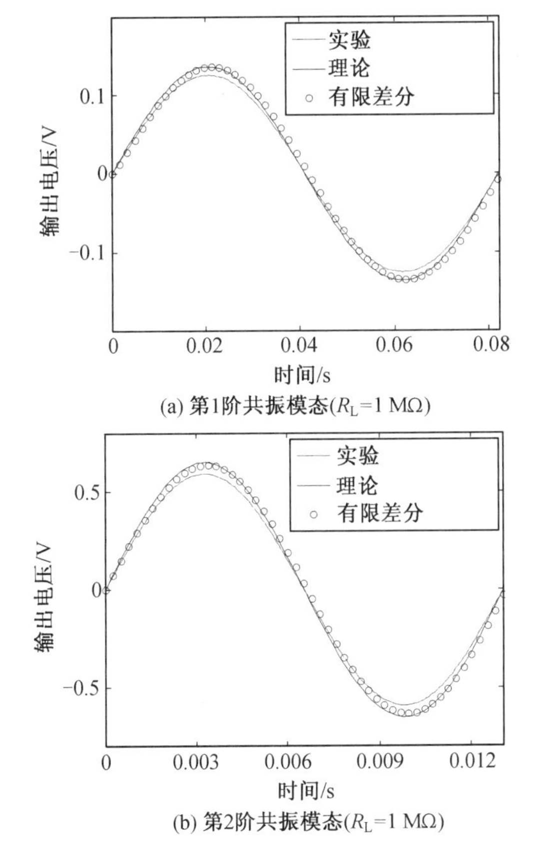

图 8.17　俘能器在前两阶共振状态下输出电压

图 8.18 所示为外部负载、振动幅值对俘能器输出电压的影响,外接负载分别为 1 MΩ 和 10 MΩ。随着俘能器振动幅值的增大,俘能器的输出电压也逐渐升

高。同时,随着负载阻值的增大,输出电压也会相应升高。对于第1阶共振,当外部负载阻值等于1 MΩ时,理论计算与实验结果相对误差为4.2% ~ 7.9%;当外部负载阻值等于10 MΩ时,理论计算与实验结果相对误差为15.7% ~ 16.6%。对于第2阶共振,当外部负载阻值等于1 MΩ时,理论计算与实验结果相对误差为9.0% ~ 12.7%;当外部负载阻值等于10 MΩ时,理论计算与实验结果相对误差为12.7% ~ 19.4%。当外部负载较小时,理论计算和实验结果吻合较好;而当外部负载较大时,理论计算和实验结果误差稍大。其原因包括高阶共振下材料和动力学模型误差更大,以及电压作用下压电-梁耦合效应。总体而言,实验结果和理论结果最大误差仍保持在20%以内,表明理论模型能较好地预测实验结果。

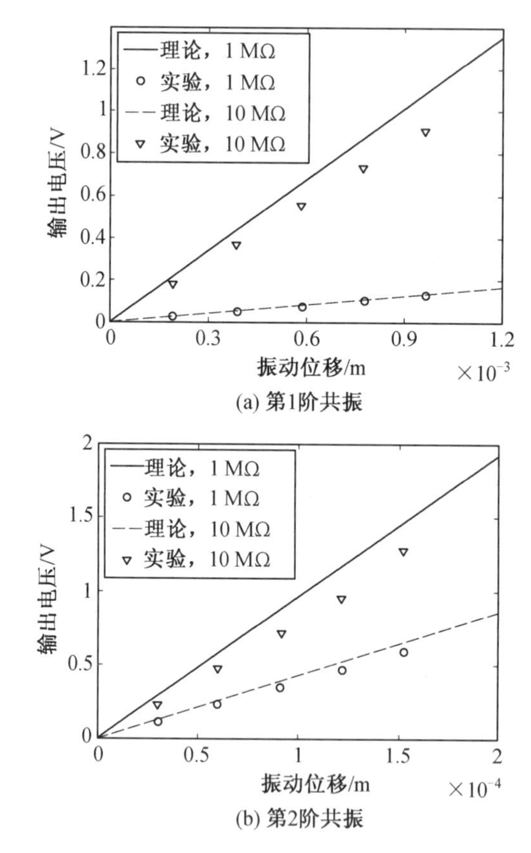

图8.18 外部负载、振动幅值对俘能器输出电压的影响

8.3.2 压电悬臂梁俘能器风能采集实验

上节验证了压电悬臂梁俘能器的理论模型,其中采用集成压电作动器激励俘能器产生共振。本节将模拟风能俘能器的真实环境,利用阻流板的尾流对悬

臂梁进行激励。将俘能器置于风洞中进行相关实验，测量不同风速条件下俘能器的电压输出，并计算相应的输出功率。

压电悬臂梁俘能器的风洞实验模型如图 8.19 所示。弹性层为树脂玻璃，尺寸为150 mm ×41 mm × 0.99 mm。固定端采用两条宽 10 mm 铝条夹持，并用螺钉进行固定。阻流体材料为铝合金，特征长度为 50 mm，并采用螺钉固定在风洞测试段上下面，压电片材料为 PVDF。实验过程中，采用 dSPACE 系统对变频器实现远程调速以改变测试段风速大小，风速采用热线风速仪进行测量。俘能器输出电压由前述示波器采集，测试探头内阻为 10 MΩ，可等效成 10 MΩ 外接负载。

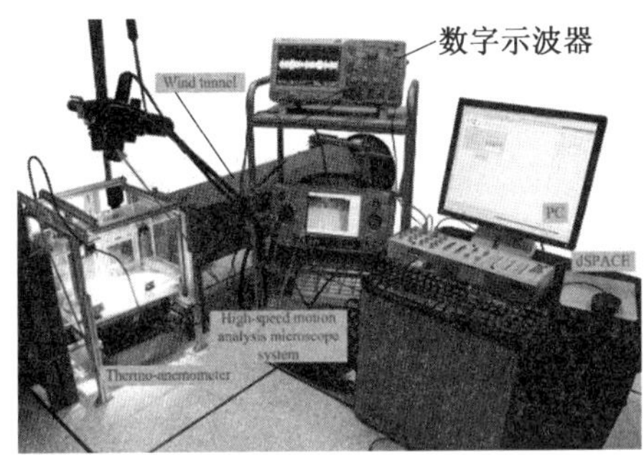

(a) 风洞实验照片　　(b) 俘能器模型

图 8.19　压电悬臂俘能器的风洞实验模型

实验过程中，控制风洞内的风速从 1.0 m/s 逐渐升至 6.0 m/s，间隔为 0.2 m/s。当风速为 2.6 m/s 时，俘能器接近共振状态，振动频率在 12.4 Hz，此时压电悬臂梁俘能器实验输出电压时域信号及功率谱密度如图 8.20 所示。

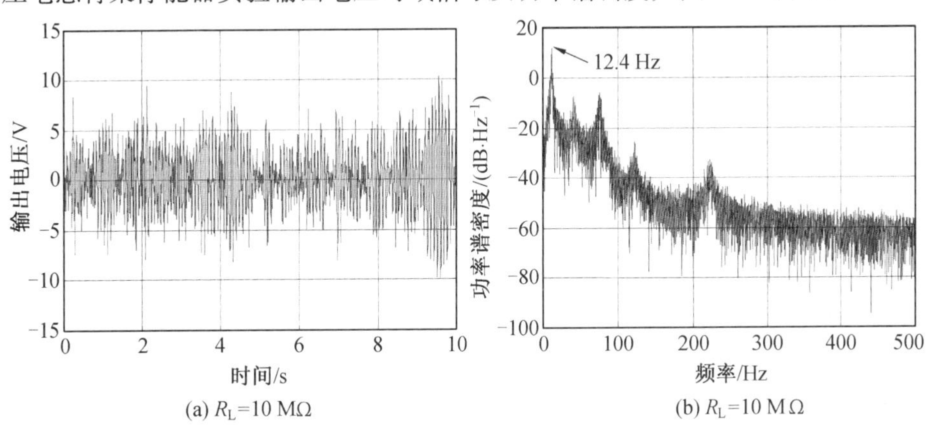

(a) R_L=10 MΩ　　(b) R_L=10 MΩ

图 8.20　压电悬臂梁俘能器实验输出电压时域信号及功率谱密度

实验中，压电输出信号虽然以第 1 阶模态振动为主，但是信号中也出现了其他频率的贡献，这可能是因为流场紊流的影响。压电悬臂梁俘能器实验输出电压及功率随不同风速及阻流板倾角的变化如图 8.21 所示。

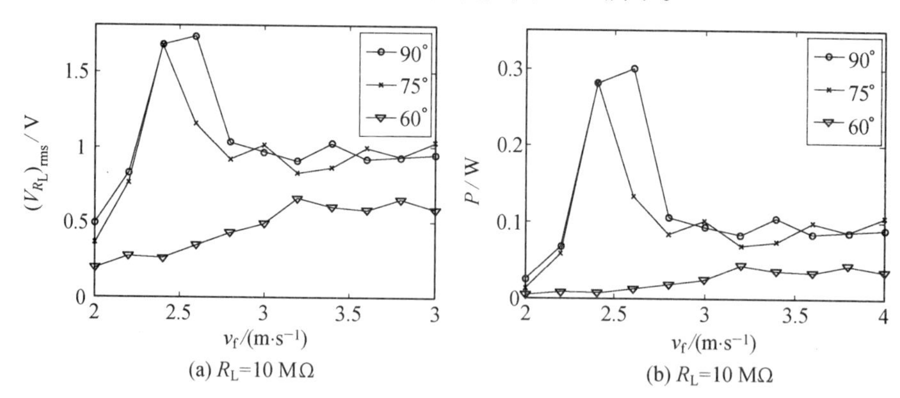

图 8.21　压电悬臂梁俘能器实验输出电压及功率随不同风速及阻流板倾角的变化

从图 8.21 中得到实验结果可以看出,随着阻流板倾斜角度的减小,悬臂梁达到共振时需要的风速也相应减小。当风速较低时,相应的风能也较小,最终导致输出的电压和功率都变小,这与数值计算得到的趋势相吻合。

8.4　本章小结

本章首先建立了流体激励下梁式压电俘能器的多物理场模型,给出了沉浸边界法求解纳维 - 斯托克斯方程的过程,分析了流固耦合作用下梁的动力学响应,分析了闭路条件下俘能器电压输出以及有效功率输出,并给出有限差分法求解相应输出电压和功率的一般过程。总结了流速、阻流板等因素对能量采集效率的影响规律,提出了俘能器优化设计方法。

本章参考文献

[1] TZOU H S,HOLLKAMP J J. Collocated independent modal control with self-sensing orthogonal piezoelectric actuators(theory and experiment)[J]. Smart Materials and Structures,1994,3(3):277-284.

[2] SADER J E. Frequency response of cantilever beams immersed in viscous fluids with applications to the atomic force microscope[J]. Journal of Applied Physics,1998,84(1):64-76.

[3] MAALI A,HURTH C,BOISGARD R,et al. Hydrodynamics of oscillating

atomic force microscopy cantilevers in viscous fluids[J]. Journal of Applied Physics,2005,97(7):074907.

[4] AURELI M,BASARAN M E,PIRFIRI M. Nonlinear finite amplitude vibrations of sharp-edged beams in viscous fluids[J]. Journal of Sound and Vibration,2012,331(7):1624-1654.

[5] AURELI M,PORFIRI M. Low frequency and large amplitude oscillations of cantilevers in viscous fluids[J]. Applied Physics Letters, 2010, 96(16): 164102.

[6] TZOU H S. Piezoelectric shells:distributed sensing and control of continua[M]. Dordrecht:Kluwer Academic,1993.

[7] SOEDEL W. Vibrations of shells and plates[M]. 3rd ed. New York:Marcel Dekker,2004.

[8] 潘定一. 基于沉浸边界法的鱼游运动水动力学机理研究[D]. 杭州:浙江大学,2011.

[9] LIMA E,SILVA A L F,SILVEIRA-NETO A,et al. Numerical simulation of two-dimensional flows over a circular cylinder using the immersed boundary method[J]. Journal of Computational Physics,2003,189(2):351-370.

[10] SHAO X,PAN D,DENG J,et al. Hydrodynamic performance of a fishlike undulating foil in the wake of a cylinder[J]. Physics of Fluids,2010, 22(11):111903.

[11] SOEDEL W. Vibrations of shells and plates[M]. 2nd ed. New York:Marcel Dekker,1993.

[12] HIGUCHI H,PARK W-C. Computations of the flow past solid and slotted two-dimensional bluff bodies with vortex tracing method[C]. 10th Aerodynamic Decelerator Conference. Florida,USA. 1989:248-257.

[13] 饶正. 智能圆柱壳传感、能量采集与振动控制研究[D]. 杭州:浙江大学,2013.

名词索引

G

H

J

K

L

M

N

O

P

Q

R

S

T

V

W

X

Y

附　录

部分彩图

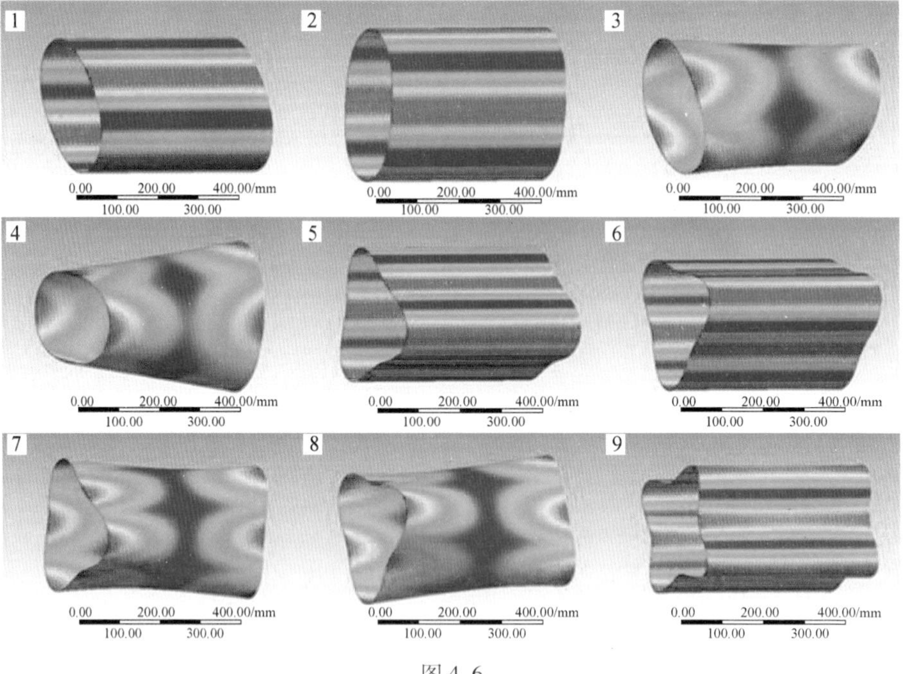
1
0.00 200.00 400.00/mm
100.00 300.00
2
0.00 200.00 400.00/mm
100.00 300.00
3
0.00 200.00 400.00/mm
100.00 300.00
4
0.00 200.00 400.00/mm
100.00 300.00
5
0.00 200.00 400.00/mm
100.00 300.00
6
0.00 200.00 400.00/mm
100.00 300.00
7
0.00 200.00 400.00/mm
100.00 300.00
8
0.00 200.00 400.00/mm
100.00 300.00
9
0.00 200.00 400.00/mm
100.00 300.00

图 4.6

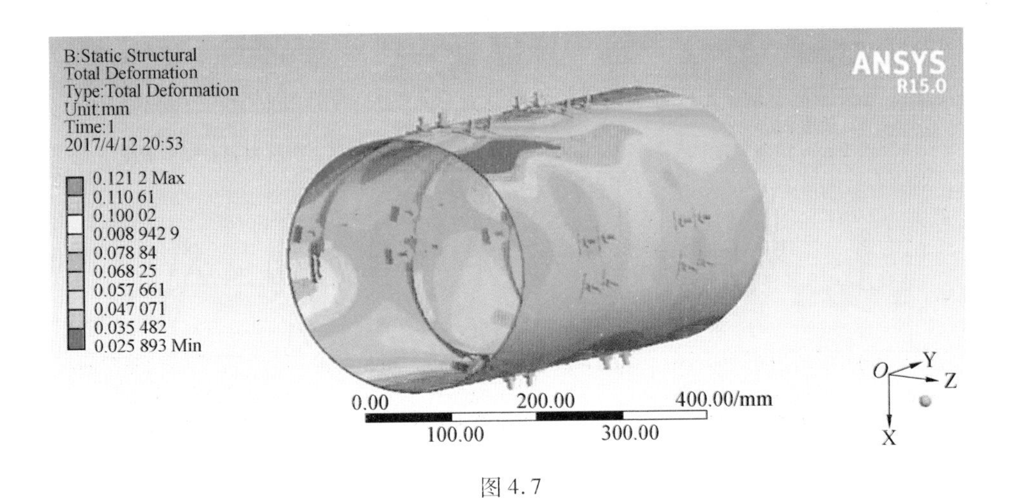
B:Static Structural
Total Deformation
Type:Total Deformation
Unit:mm
Time:1
2017/4/12 20:53
0.121 2 Max
0.110 61
0.100 02
0.008 942 9
0.078 84
0.068 25
0.057 661
0.047 071
0.035 482
0.025 893 Min
ANSYS
R15.0
0.00
200.00
400.00/mm
100.00
300.00
O
Y
Z
X

图 4.7

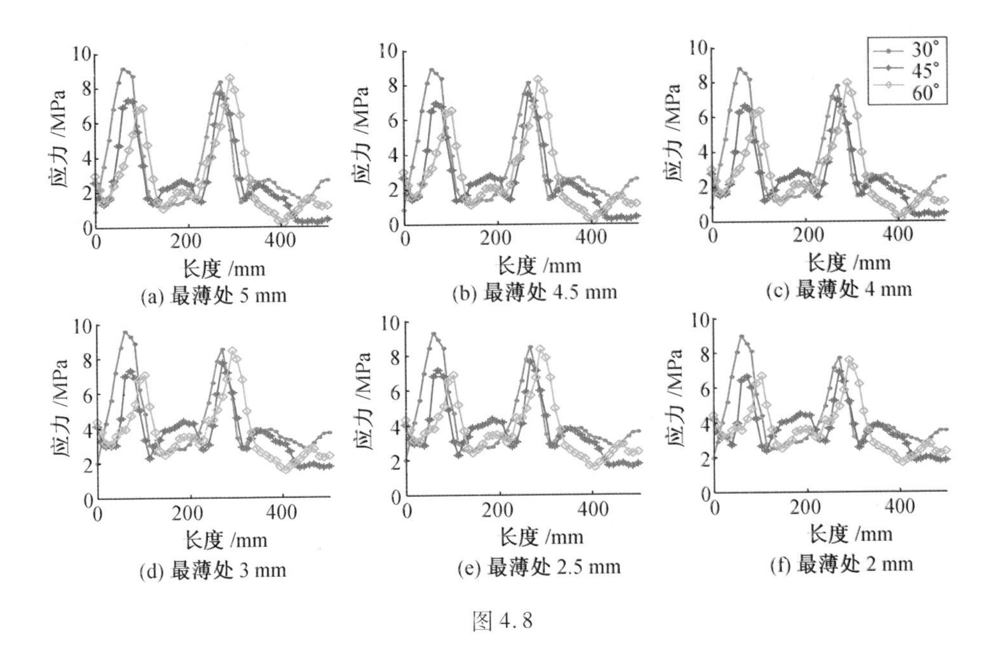
应力 /MPa
长度 /mm
30°
45°
60°
(a) 最薄处 5 mm
(b) 最薄处 4.5 mm
(c) 最薄处 4 mm
(d) 最薄处 3 mm
(e) 最薄处 2.5 mm
(f) 最薄处 2 mm

图 4.8

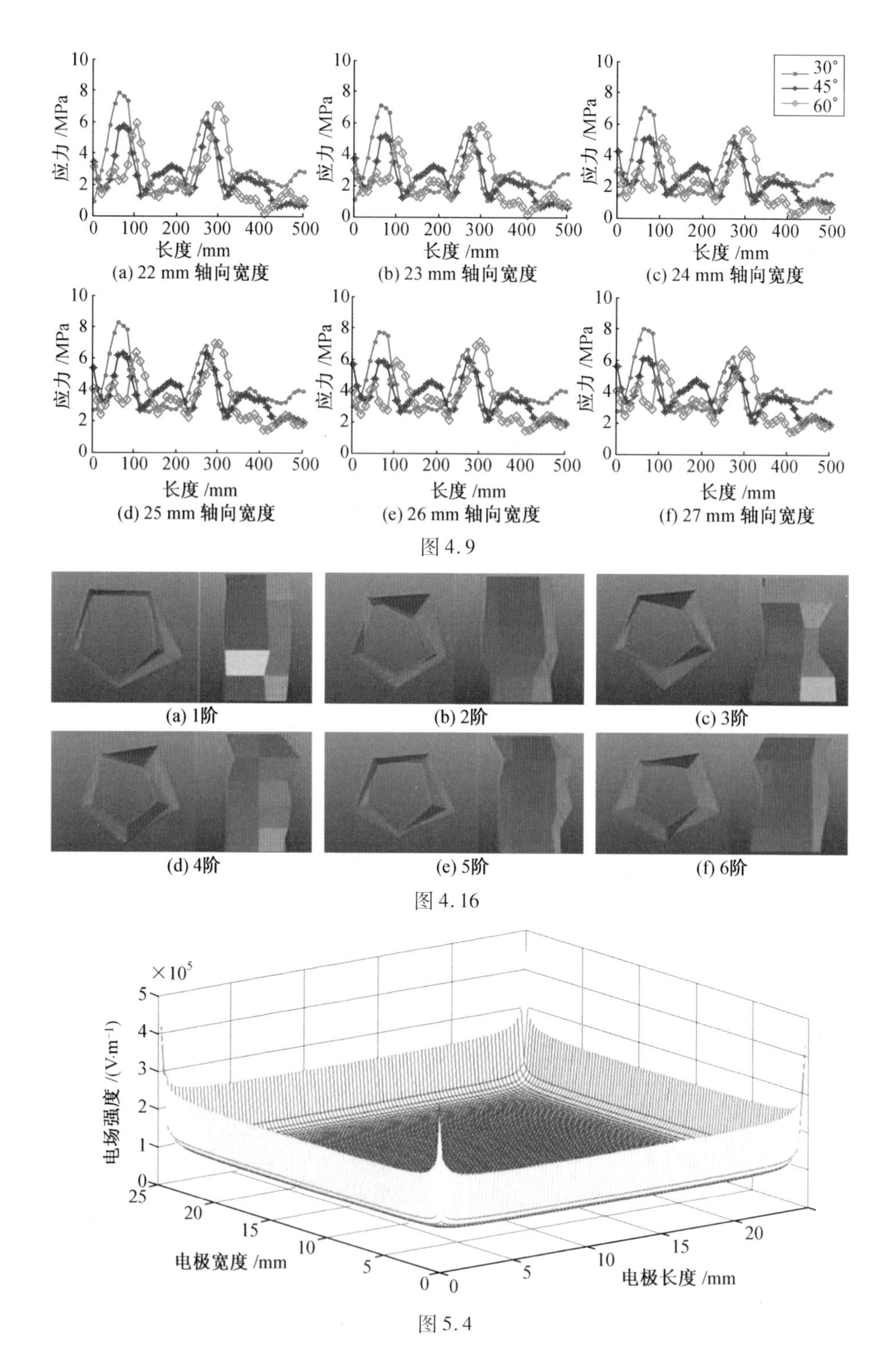

(a) 22 mm 轴向宽度 (b) 23 mm 轴向宽度 (c) 24 mm 轴向宽度

(d) 25 mm 轴向宽度 (e) 26 mm 轴向宽度 (f) 27 mm 轴向宽度

图 4.9

(a) 1阶 (b) 2阶 (c) 3阶

(d) 4阶 (e) 5阶 (f) 6阶

图 4.16

图 5.4

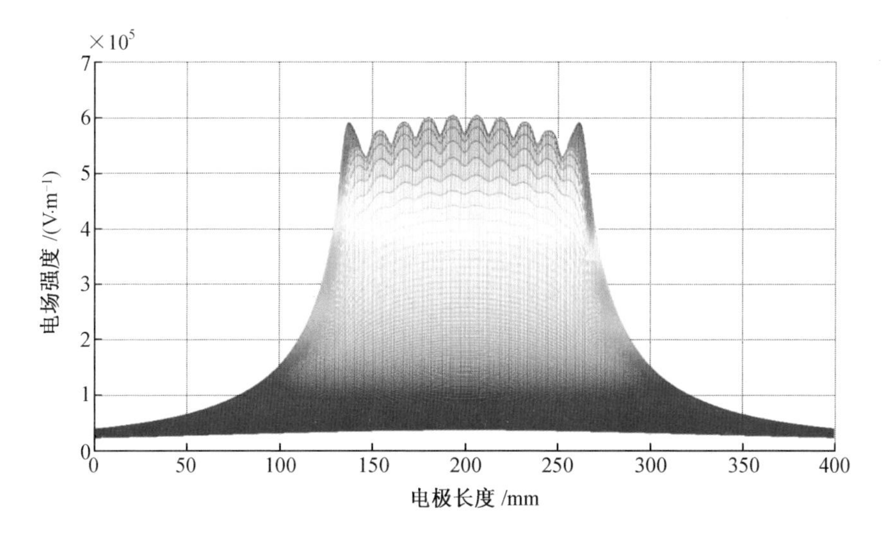

图 5.5

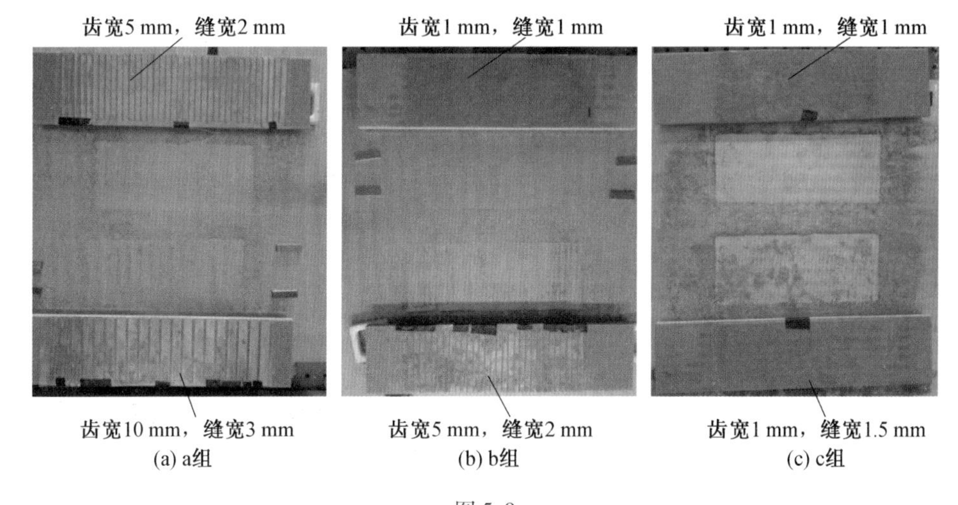

(a) a组　(b) b组　(c) c组

图 5.9

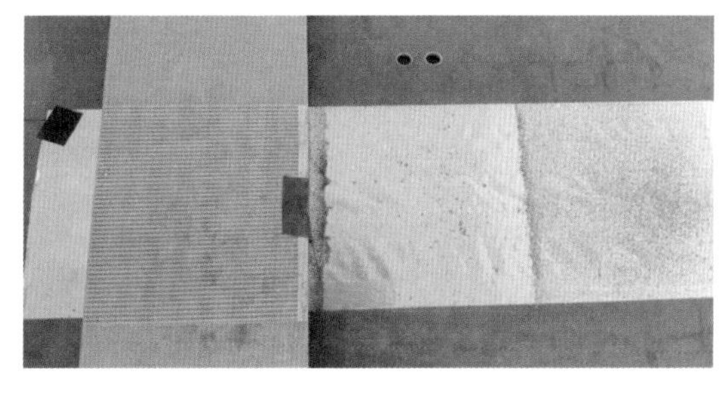

图 5.10

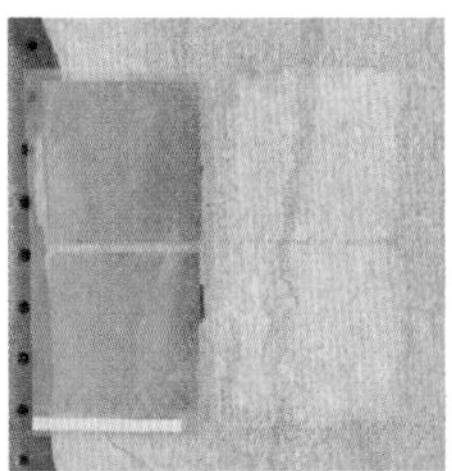
(a) 金属表面除尘效果

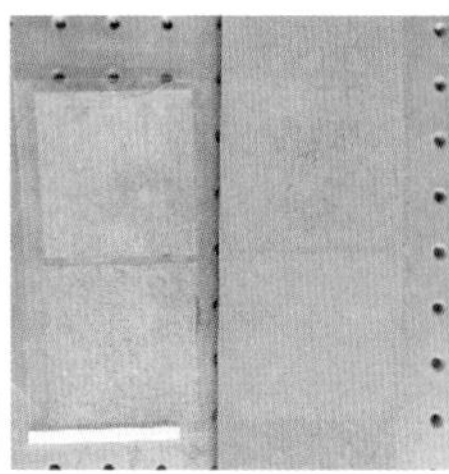
(b) 环氧表面除尘效果

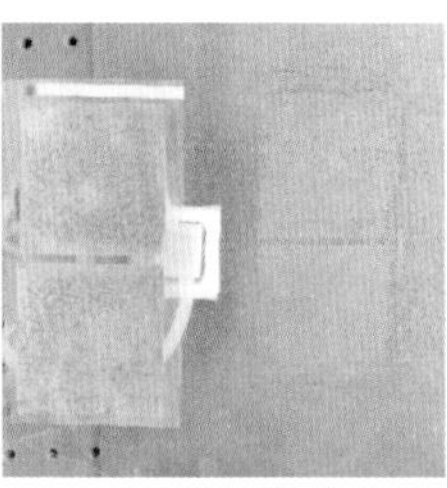
(c) 理石表面除尘效果

(d) 玻璃表面除尘效果

图 5.13

(a) 电极面积为100 mm×100 mm

(b) 电极面积为400 mm×100 mm

图 5.14

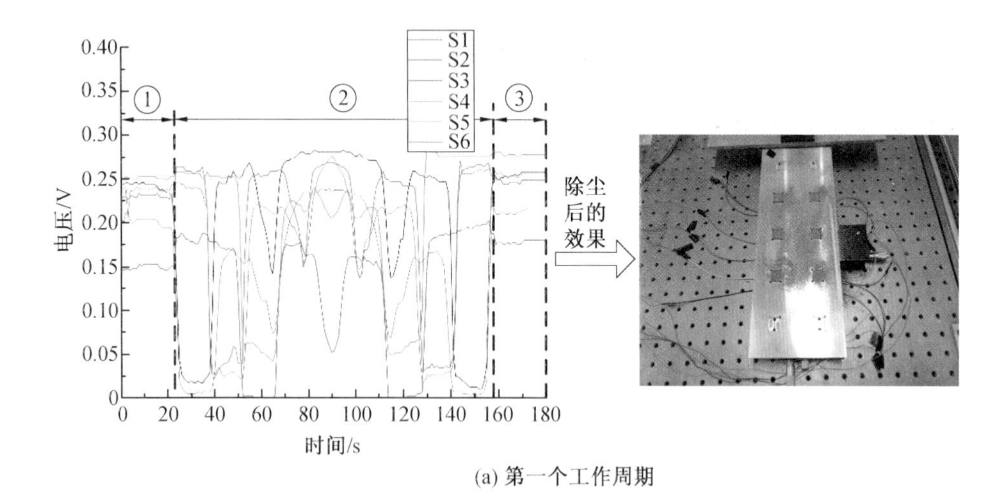

(a) 第一个工作周期

图 5.20

（区域 ① 为除尘前；区域 ② 为除尘中；区域 ③ 为除尘后）

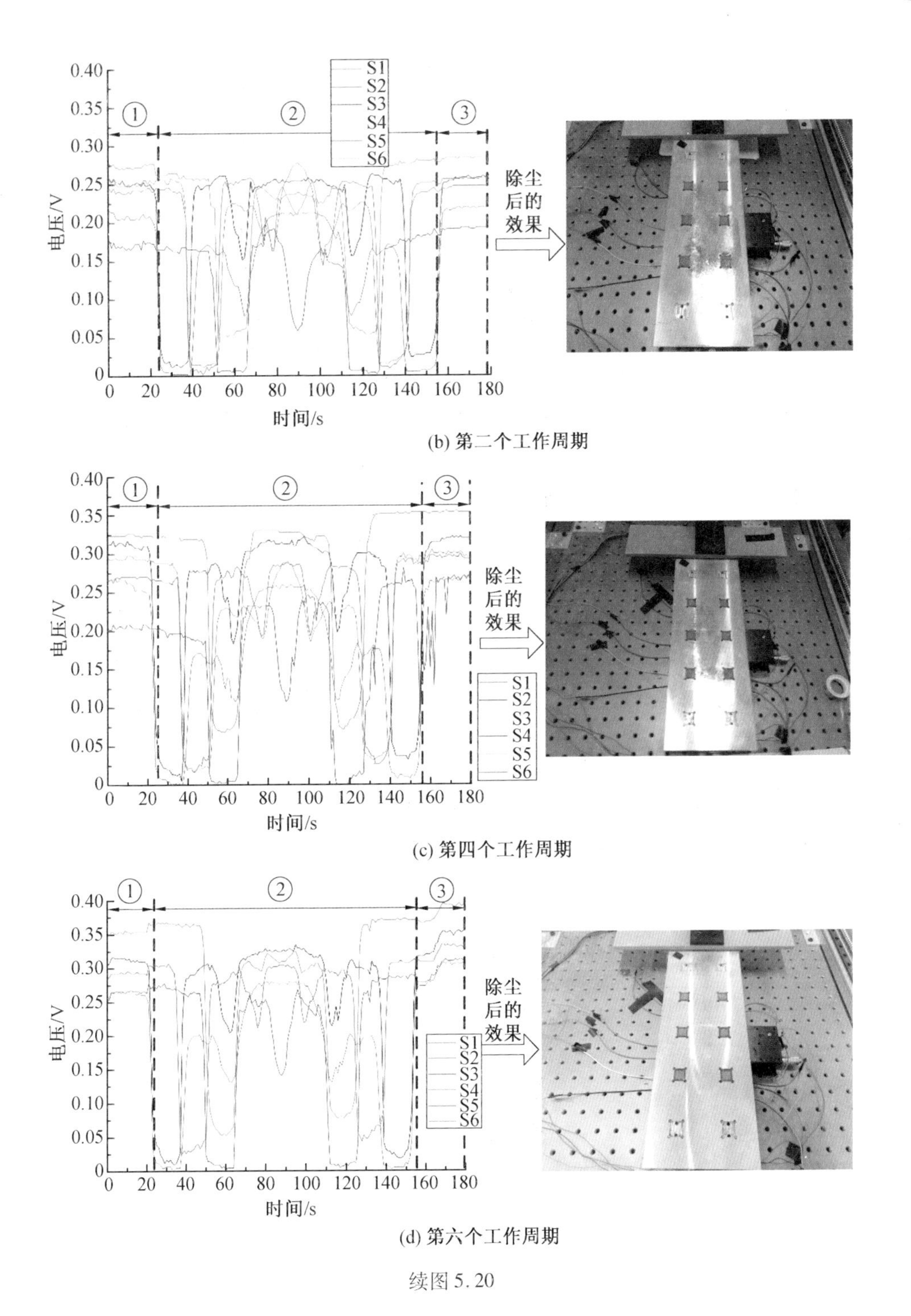

(b) 第二个工作周期

(c) 第四个工作周期

(d) 第六个工作周期

续图 5.20

(a) 快速第一周期除尘效果
(除尘率为42.2%)

(b) 快速第二周期除尘效果
(除尘率为61.3%)

(c) 慢速第一周期除尘效果
(除尘率为79.5%)

(d)慢速第二周期除尘效果
(除尘率为88.4%)

(e) 慢速第三周期除尘效果
(除尘率为96.1%)

图 5.22

(a) 动态除尘未除尘

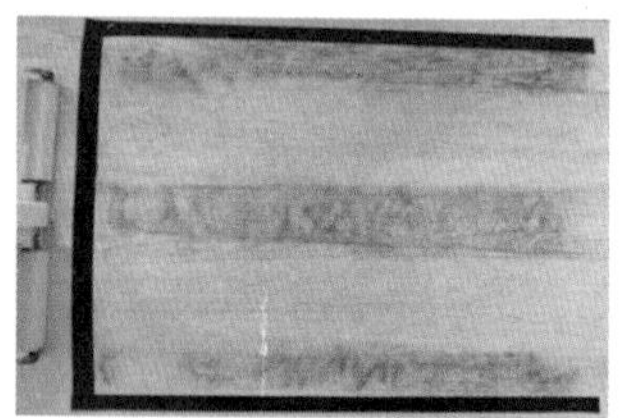
(b) 动态除尘五次除尘效果

(c) 静态除尘两次除尘效果

图 5.23

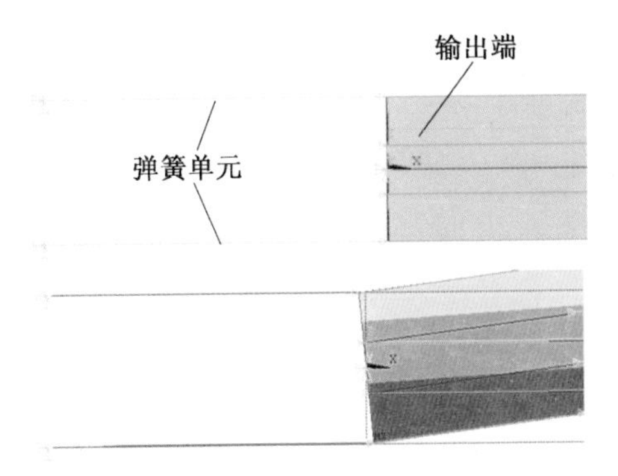
输出端
弹簧单元

图 7.5

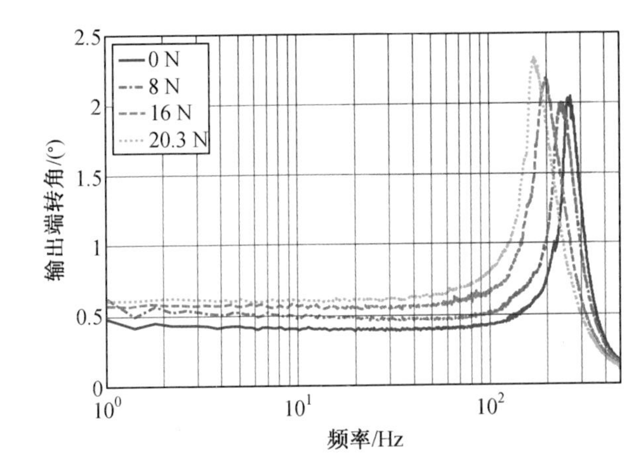
0 N
8 N
16 N
20.3 N
输出端转角/(°)
频率/Hz

图 7.9

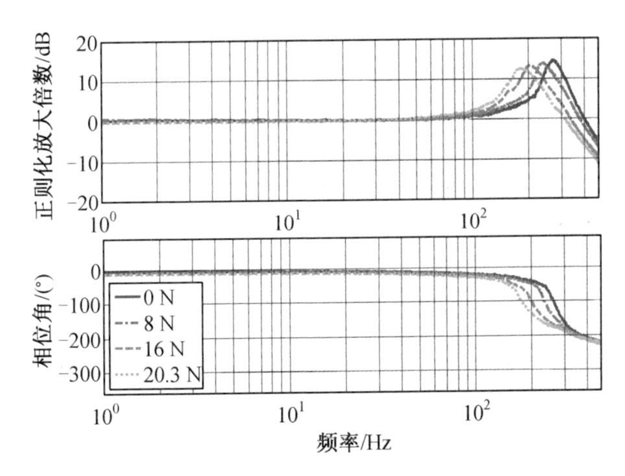
正则化放大倍数/dB
相位角/(°)
0 N
8 N
16 N
20.3 N
频率/Hz

图 7.10

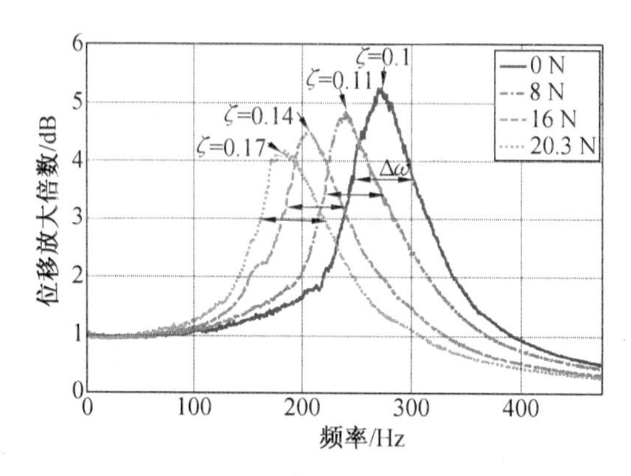

图 7.11

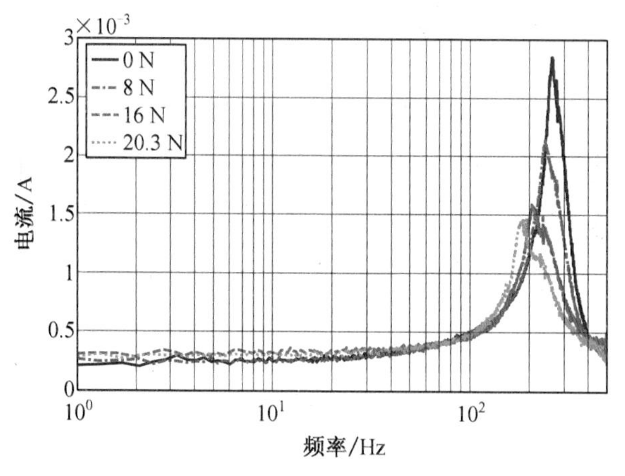

图 7.14

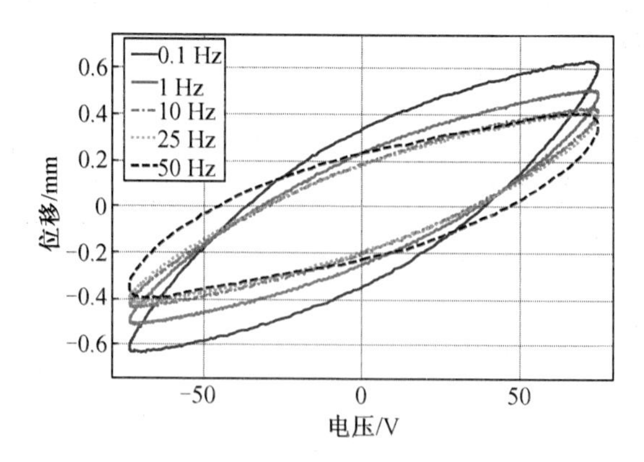

图 7.16

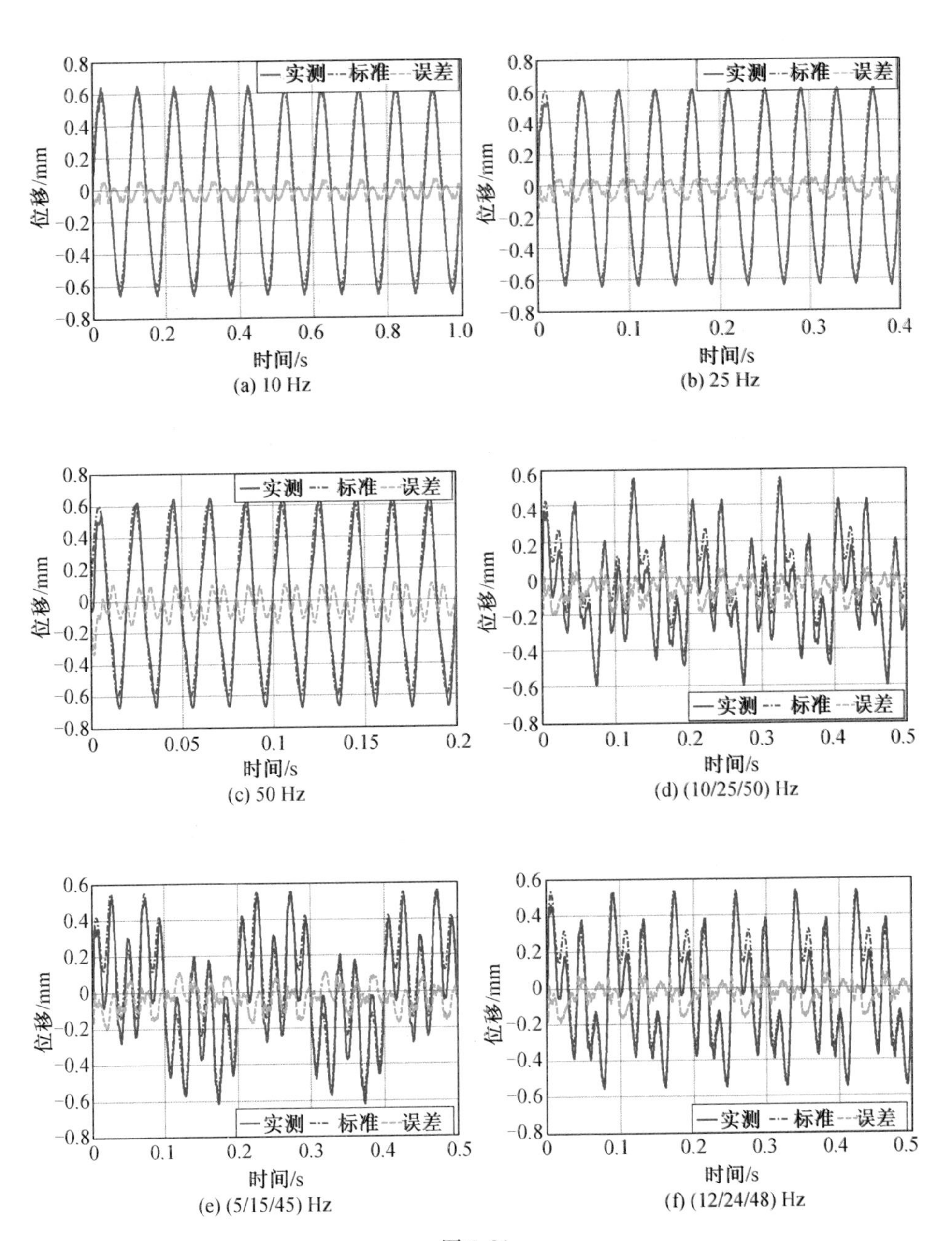

0.8
0.6
0.4
0.2
0
-0.2
-0.4
-0.6
-0.8
位移/mm
时间/s
—实测 -·-标准 ---误差
0
0.2
0.4
0.6
0.8
1.0
(a) 10 Hz
0.1
0.3
(b) 25 Hz
0.05
0.15
(c) 50 Hz
0.5
(d) (10/25/50) Hz
(e) (5/15/45) Hz
(f) (12/24/48) Hz

图 7.21

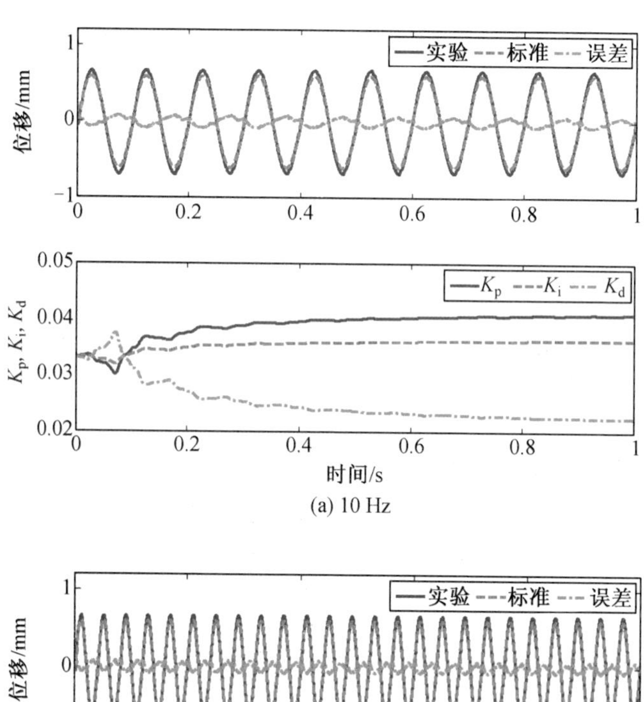

(a) 10 Hz

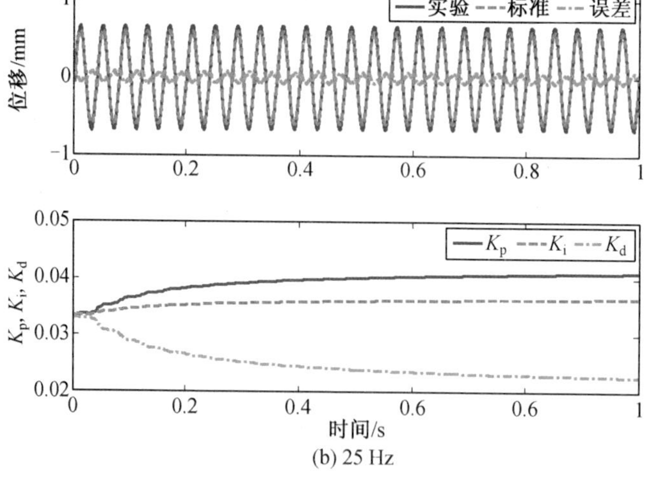

(b) 25 Hz

图 7.24

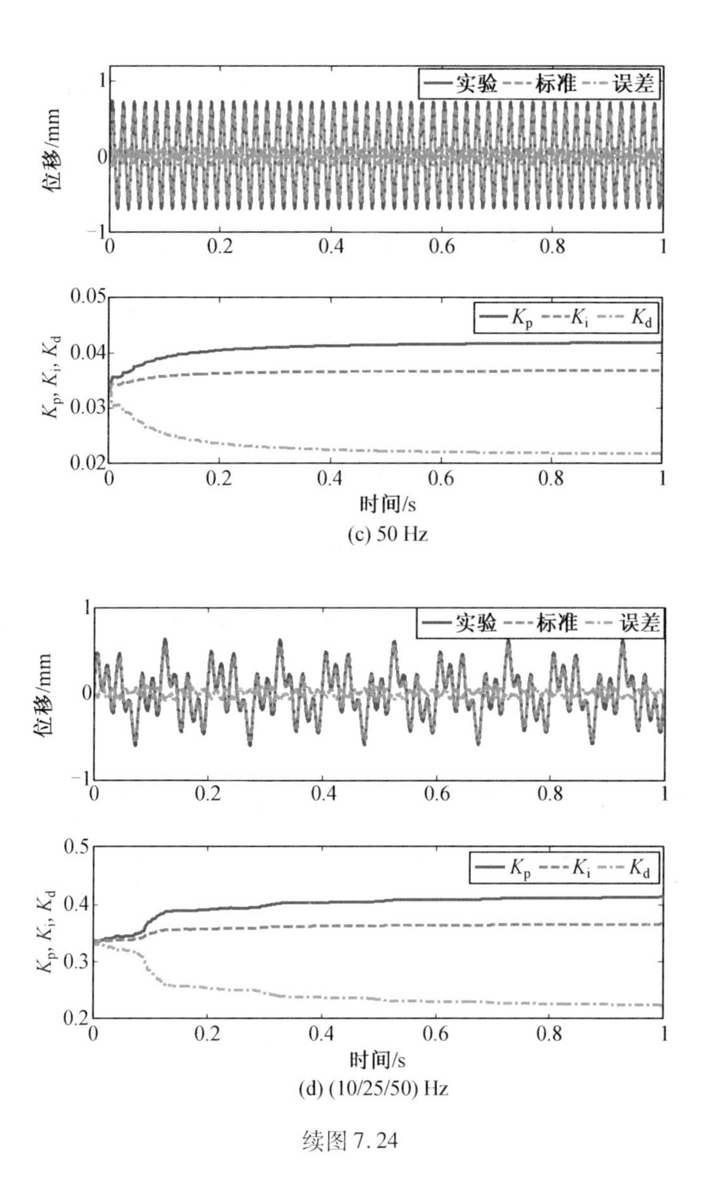

(c) 50 Hz

(d) (10/25/50) Hz

续图 7.24

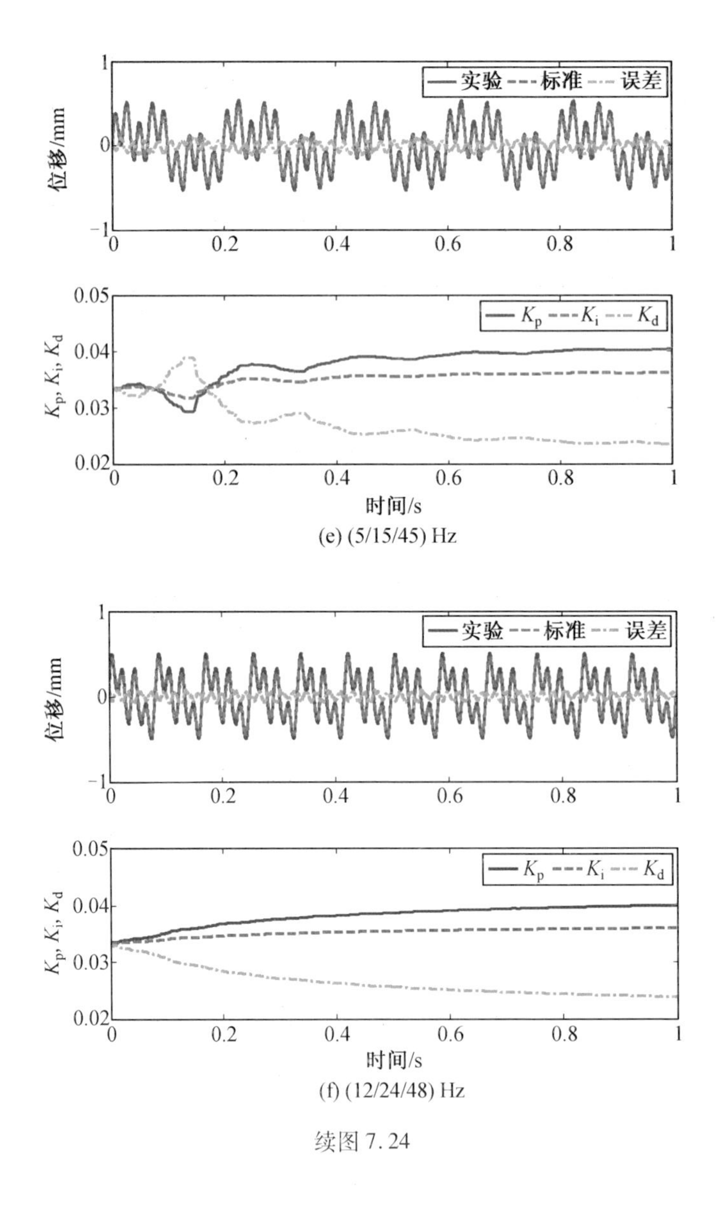

续图 7.24

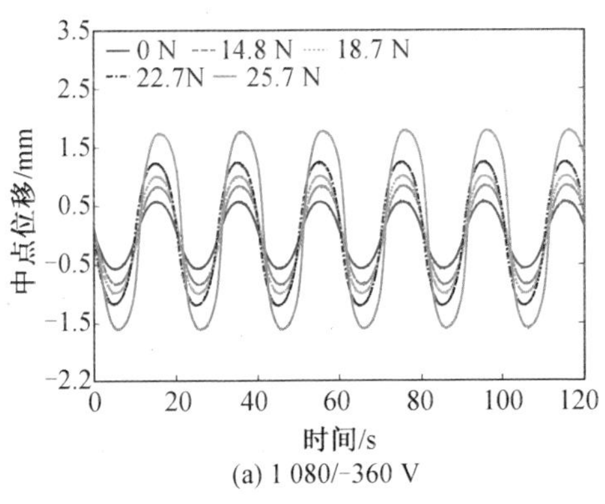

(a) 1 080/−360 V

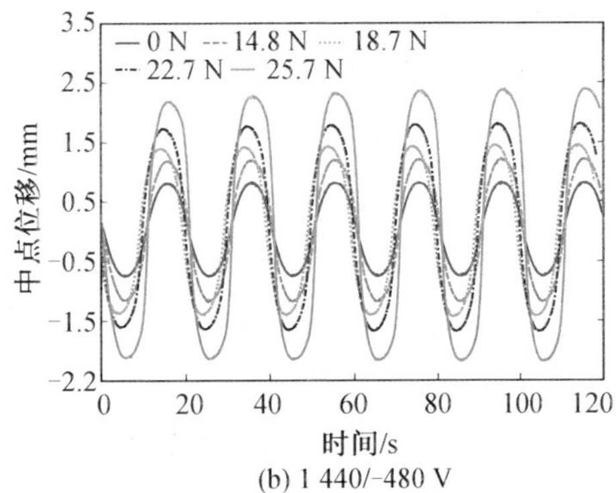

(b) 1 440/−480 V

图 7.36

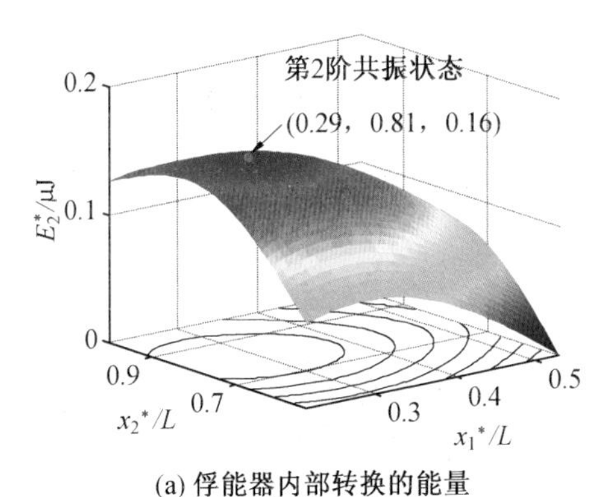

(a) 俘能器内部转换的能量

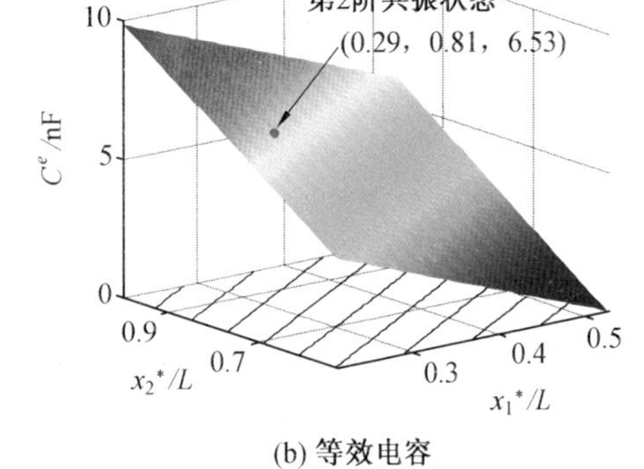

(b) 等效电容

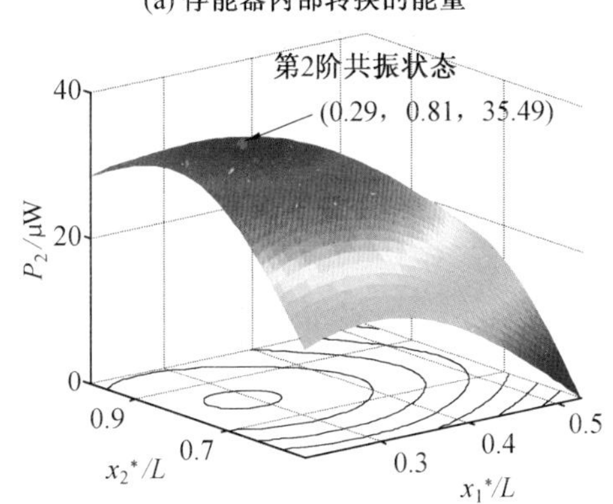

(c) 有效输出功率

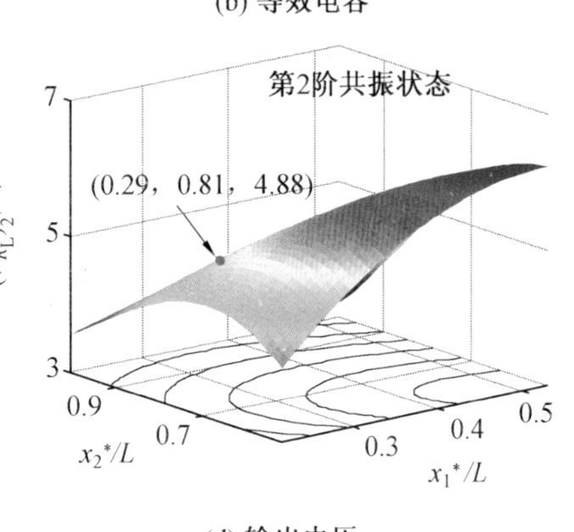

(d) 输出电压

图 8.10

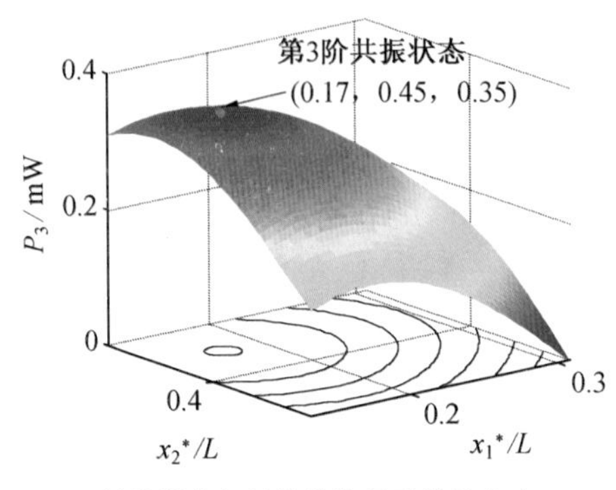

(a) 俘能器内部转换的能量及等效电容

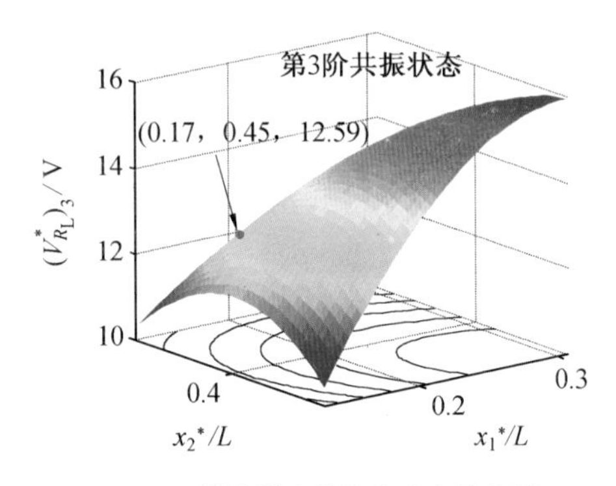

(b) 俘能器有效输出功率及电压

图 8.13

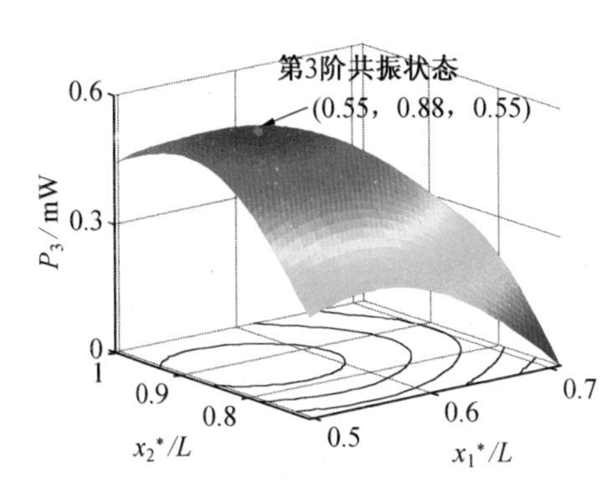

(a) 俘能器内部转换的能量及等效电容

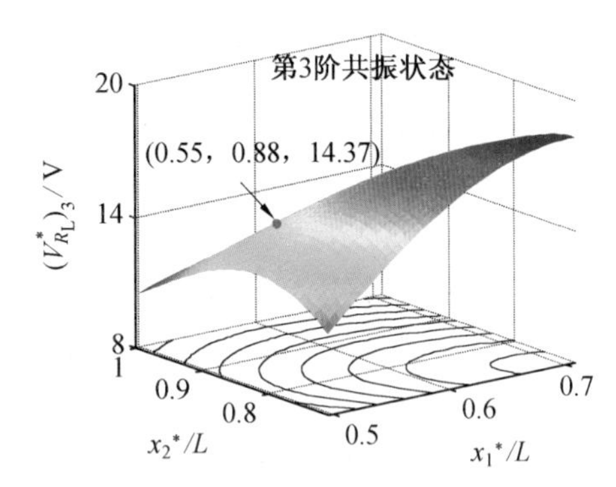

(b) 俘能器有效输出功率及电压

图 8.14

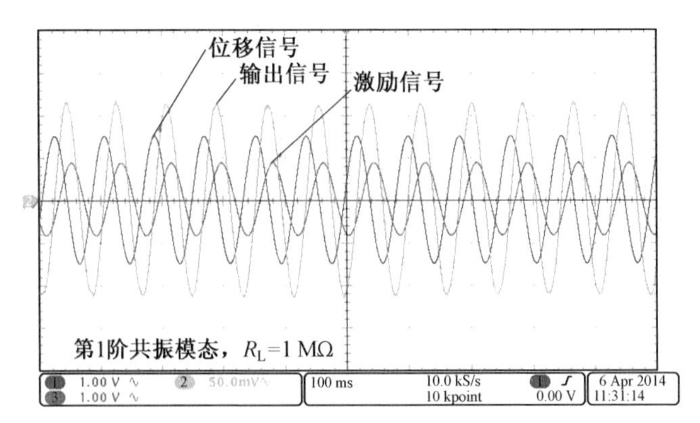

图 8.16